Peter Bothner und Wolf-Michael Kähler

# Programmieren in PROLOG

Peter Bothner und Wolf-Michael Kähler

# Programmieren in
# PROLOG

## Eine umfassende
## und praxisgerechte Einführung

Der Verlag Vieweg ist ein Unternehmen der Verlagsgruppe Bertelsmann International.

Umschlaggestaltung: Schrimpf und Partner, Wiesbaden

ISBN-13: 978-3-528-05158-7     e-ISBN-13: 978-3-322-87223-4
DOI:   10.1007/978-3-322-87223-4

**Vorwort**

In der traditionellen Datenverarbeitung werden klassische Programmiersprachen wie z.B. FORTRAN, COBOL und PASCAL eingesetzt, um Lösungen von Problemstellungen zu beschreiben. Bei den Lösungsplänen muß angegeben werden, welche Lösungsschritte jeweils im einzelnen auszuführen sind. Dieses Vorgehen kennzeichnet die prozedurale Lösungsbeschreibung. Deshalb werden die klassischen Programmiersprachen FORTRAN, COBOL und PASCAL prozedurale Sprachen genannt.

Seit Beginn der siebziger Jahre wurden Programmiersprachen (der 5. Generation) entwickelt, mit denen sich Informationen bearbeiten lassen, die in einem logischen Zusammenhang zueinander stehen. Die zwischen Informationen bestehenden "logischen" Abhängigkeiten werden durch geeignete Regeln beschrieben, die auf den Prinzipien des "logischen Schließens" beruhen. Deshalb werden diese (nicht-prozeduralen) Programmiersprachen logikbasierte Sprachen genannt, und die Entwicklung einer Lösungsbeschreibung wird als "logik-basierte Programmierung" bezeichnet.

Als bedeutsamer Anwendungsbereich von logik-basierten Sprachen ist die Entwicklung von wissensbasierten Systemen wie z.B. Expertensystemen zu nennen. Diese Systeme sollen das Wissen und die Erfahrungen von Experten auf ihren Wissensgebieten so zugänglich machen, daß Informationen in einfacher Weise abgefragt werden können. Dazu verfügen diese Systeme über eine Wissensbank, in der die Kenntnisse über bestimmte Sachverhalte als abrufbare Informationen in geeigneter Form gespeichert sind.

Bei der Entwicklung von wissensbasierten Systemen hat die logik-basierte Programmiersprache PROLOG (PROgramming in LOGic) eine zentrale Bedeutung erlangt. Diese zu Beginn der siebziger Jahre von Alain Colmerauer an der Universität von Marseilles entwickelte Sprache ist Gegenstand dieser Einführungsschrift. Wir geben eine anwendungs-orientierte Darstellung und erläutern die Sprachelemente von PROLOG an einem durchgängigen Beispiel.

Im Kapitel 1 stellen wir einführend dar, aus welchen Komponenten ein wissensbasiertes System aufgebaut ist. Anschließend beschreiben wir im Kapitel 2, wie sich eine Wissensbasis — im Hinblick auf einen im Rahmen einer Aufgabenstellung vorliegenden Sachverhalt — als PROLOG-Programm formulieren läßt. Dieses PROLOG-Programm muß dem PROLOG-System als Wissensbasis bereitgestellt werden, damit dieses wissensbasierte System Anfragen im Hinblick auf die vorgegebene Aufgabenstellung bearbeiten kann. Zur Überprüfung, ob sich die innerhalb einer Anfrage enthaltene(n) Aussage(n) aus der Wissensbasis ableiten lassen, setzt das PROLOG-System einen Inferenz-Algorithmus ein. Die Kenntnis über dessen Arbeitsweise ist von grundlegender Bedeutung für die logik-basierte Programmierung mit PROLOG. Deswegen erläutern wir die einzelnen Schritte dieses Algorithmus in aller Ausführlichkeit. Dabei lernen wir die Begiffe "Instanzierung", "Unifizierung" und "Backtracking" kennen, die von zentraler Bedeutung für das Verständnis des Inferenz-Algorithmus sind.

Im Kapitel 3 wird beschrieben, wie rekursive Regeln vereinbart und bei der Ableitungs-Prüfung bearbeitet werden. Hieran schließt sich die Diskussion der Probleme an, die beim Einsatz rekursiver Regeln auftreten können: mögliche Programmzyklen und Änderungen der deklarativen bzw. prozeduralen Bedeutung eines PROLOG-Programms.

Um Dialog-, Erklärungs- und Wissenserwerbskomponenten programmieren zu können, stellt PROLOG eine Vielzahl von Standard-Prädikaten zur Verfügung. Im Kapitel 4 werden ausgewählte Prädikate zur Bearbeitung und zur Sicherung der Wissensbasis vorgestellt.

Im Kapitel 5 beschreiben wir, wie das Backtracking durch die Prädikate "fail" und "cut" beeinflußt werden kann, so daß sich einerseits mehrere Lösungen ableiten lassen und andererseits ein mögliches Backtracking gezielt unterbunden werden kann.

Die Beschreibung wie sich Werte direkt bzw. erst nach einer Zwischenspeicherung in der Wissensbasis verarbeiten lassen, ist Gegenstand von Kapitel 6. Es folgt die Darstellung der Operatoren, die in einem PROLOG-Programm eingesetzt werden können. Daran anschließend geben wir an, wie Operatoren ausgewertet werden und wie sich neue Operatoren vereinbaren lassen.

Im Kapitel 7 erläutern wir, wie Werte in Form von Listen zusammengefaßt werden können. Da das Verständnis der Listen-Verarbeitung erfahrungsgemäß zu den schwierigsten Problemen bei der PROLOG-Programmierung zählt, wird in aller Ausführlichkeit gezeigt, wie sich Listen aufbauen und bearbeiten lassen.

Außer in Listen können Werte in Form von Strukturen zusammenfaßt werden. Im Kapitel 8 wird der Umgang mit Strukturen erläutert, und es wird beschrieben, in welchem Verhältnis die Sprachelemente "Prädikat", "Liste" und "Struktur" zueinander stehen.

Die Ausführung von PROLOG-Programmen erläutern wir für das PROLOG-System "IF/Prolog" der Firma InterFace GmbH. Dieses System stellt den Industrie-Standard dar und ist sowohl unter MS-DOS als auch unter UNIX einsetzbar. Um auch der Tatsache Rechnung zu tragen, daß das PDC-Prolog der Firma Prolog Development Center — ehemals als "Turbo Prolog" von der Firma Borland International vertrieben — unter MS-DOS und OS/2 weit verbreitet ist, haben wir immer dort, wo Abweichungen zwischen beiden Systemen vorliegen, ergänzende Hinweise gegeben. Darüberhinaus haben wir alle Beispielprogramme, die wir zunächst in einer unter "IF/Prolog" unmittelbar ausführbaren Form vorstellen, im Anhang in der unter PDC-Prolog ausführbaren Form zusammengestellt. Um den spontanen Einsatz dieser beiden Systeme zu erleichtern, sind im Anhang geeignete Hinweise angegeben. Insbesondere erschien es uns wichtig, die Möglichkeiten der Trace- und Debug-Module zur Überprüfung der Ableitbarkeits-Prüfungen zu erläutern. Die Darstellung ist so gehalten, daß zum Verständnis keine Vorkenntnisse aus dem Bereich der elektronischen Datenverarbeitung vorhanden sein müssen. Das Buch eignet sich zum Selbststudium und als Begleitlektüre für Veranstaltungen, in denen eine Einführung in die Programmiersprache PROLOG gegeben wird.

Zur Lernkontrolle sind Aufgaben gestellt, deren Lösungen im Anhang in einem gesonderten Lösungsteil angegeben sind.

Das diesem Buch zugrundeliegende Manuskript wurde in Lehrveranstaltungen eingesetzt, die am Rechenzentrum der Universität Bremen durchgeführt wurden.

Wir danken Herrn Dr. R. Weibezahn für seine Hinweise im Zusammenhang mit der LaTeX-Formatierung des Manuskripts.

Dem Vieweg Verlag möchten wir für die gewohnt gute Zusammenarbeit und der Firma InterFace GmbH für ihre freundliche Unterstützung danken.

Bremen/Ritterhude       Peter P. Bothner und Wolf-Michael Kähler
im November 1990

# Inhaltsverzeichnis

# 1 Arbeitsweise eines wissensbasierten Systems

## 1.1 Aussagen und Prädikate

Unter einem *wissensbasierten System* (englisch: knowledge based system)
wird ein auf EDV-Anlagen ausführbares Progammsystem verstanden, das
einem Anwender — auf Anfragen hin — Informationen aus einem bestimmten Erfahrungsbereich, der sich an einem vorgegebenen Bezugsrahmen ori-
entiert, bereitstellen kann. Um eine Vorstellung davon zu bekommen, aus
welchen Komponenten ein wissensbasiertes System aufgebaut ist und wie
diese Komponenten zusammenwirken, betrachten wir die folgende Aufgabenstellung:

- Nach Bekanntgabe von Abfahrts- und Zielort soll sich ein Bahnreisen-
  der — als Anwender des Systems — anzeigen lassen können, ob es
  zwischen diesen beiden Orten eine Zugverbindung im Intercity (IC)-
  Netz der Bundesbahn gibt.

Bei der Erörterung dieser Aufgabenstellung legen wir das folgende, stark
vereinfachte Teilnetz mit insgesamt fünf IC-Stationen zugrunde[1]:

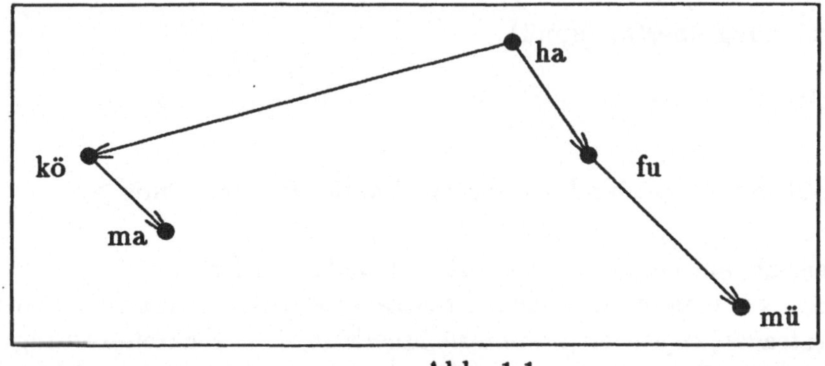


Abb. 1.1

---

[1]Wir orientieren uns fortan an den eingetragenen Richtungen, unabhängig davon, daß
es im "richtigen Bahnnetz" natürlich auch die Verbindungen in der Gegenrichtung gibt.

Dieses Netz enthält die Stationen Hamburg ("ha"), Köln ("kö"), Fulda ("fu"), Mainz ("ma") und München ("mü"). Der Zeichnung entnehmen wir, daß die folgende *Aussage* (engl.: assertion) zutrifft:

<es gibt eine IC-Verbindung von "ha" nach "mü" über "fu">

Innerhalb dieser Aussage wird ein Sachverhalt in der Form

<es gibt eine IC-Verbindung von ... nach ... über ...>

als *Beziehung* zwischen den *Objekten* "ha", "mü" und "fu" beschrieben. Wir bezeichnen diese Beziehung als *Prädikat* (engl.: predicate) und wählen für sie eine abkürzende Darstellung, indem wir sie wie folgt kennzeichnen:

ic_verbindung_über(ha,mü,fu)

In dieser formalisierten Form wird das Prädikat durch den *Prädikatsnamen* "ic_verbindung_über" bezeichnet. Anschließend folgen — durch öffnende runde Klammer "(" und schließende runde Klammer ")" eingefaßt und durch Kommata voneinander getrennt — die Objekte "ha", "mü" und "fu" als *Argumente* des Prädikats. Die Reihenfolge der drei Argumente läßt sich zunächst willkürlich festlegen. Ist jedoch die Reihenfolge einmal bestimmt, so ist sie bedeutungsvoll im Hinblick auf die Position, an der die Argumente innerhalb des Prädikats einzusetzen sind. Verändern wir nämlich die Reihenfolge der Argumente, so würde z.B.

ic_verbindung_über(ha,fu,mü)

die Aussage

<es gibt eine IC-Verbindung von "ha" nach "fu" über "mü">

kennzeichnen, die auf der Basis von Abb. 1.1 *nicht* zutrifft.
Fortan nennen wir eine in Form eines Prädikats formalisierte Aussage einen *Fakt* (eine Tatsache, engl.: fact), wenn sie innerhalb eines konkreten Bezugsrahmens eine *zutreffende Aussage* ist. Das bedeutet *nicht*, daß es sich um eine grundsätzlich, nach allgemeinen Maßstäben gültige Aussage handelt. Hätten wir nämlich in Abb. 1.1 die Benennungen "mü" und "fu" vertauscht,

so wäre das Prädikat

    ic_verbindung_über(ha,fu,mü)

ebenfalls ein Fakt — im Hinblick auf den von uns durch die geänderte Zeichnung gesetzten Bezugsrahmen.

## 1.2  Wissensbasis und Regeln

Um den gesamten in Abb. 1.1 angegebenen Sachverhalt — im Hinblick auf alle bestehenden IC-Verbindungen — zu beschreiben, können wir z.B. das folgende Prädikat verwenden:

    <es gibt eine IC-Verbindung von ... nach ...>

Kennzeichnen wir dieses Prädikat durch den Prädikatsnamen "ic", so geben die Fakten

    ic(ha,kö)
    ic(kö,ma)
    ic(ha,ma)
    ic(ha,fu)
    ic(fu,mü)
    ic(ha,mü)

den durch Abb. 1.1 gesetzten Bezugsrahmen wieder. Das Prädikat "ic" besitzt somit zwei Argumente, wobei das erste Argument den Abfahrts- und das zweite Argument den Ankunftsort enthält. Zum Beispiel bedeutet "ic(fu,mü)", daß es eine IC-Verbindung von "fu" nach "mü" gibt.

Fortan fassen wir eine Sammlung von Fakten — als vorliegendes Wissen über einen Sachverhalt — unter dem Begriff *"Wissensbasis"* (kurz: Wiba, engl.: knowledge base) zusammen.

Jedes wissensbasierte System enthält eine *Wiba* — als gespeichertes Wissen. Im Hinblick auf die Lösung der eingangs gestellten Aufgabe sind dem wissensbasierten System die Elemente der Wiba mitzuteilen. Dazu enthält das System eine *Wissenserwerbskomponente* (engl.: knowledge acquisition), mit welcher der Entwickler eines wissensbasierten Systems die oben angegebenen Fakten in die Wiba übertragen muß.

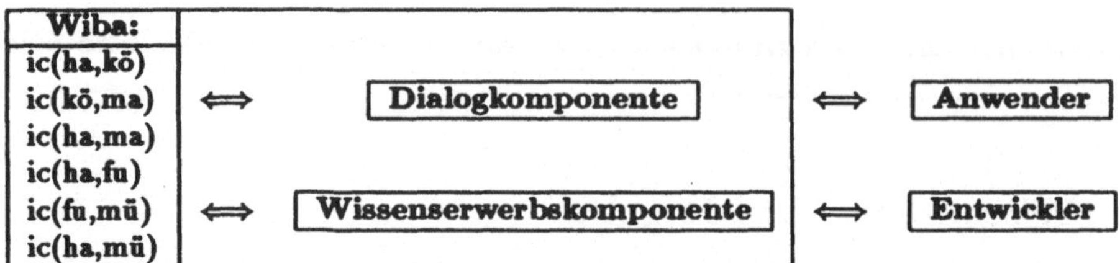

Abb. 1.2

Zur Kommunikation mit dem Anwender besitzt das System eine *Dialog-komponente* (engl.: dialog management). Auf eine Eingabeanforderung der Dialogkomponente hin, kann der Anwender eine Anfrage stellen, die aus einer oder mehreren (miteinander verknüpften) Aussagen besteht. Auf der Basis der oben angegebenen Wiba ist es z.B. sinnvoll, eine Anfrage danach zu stellen, ob die folgende Aussage zutrifft:

<es gibt eine IC-Verbindung von "ha" nach "fu">

und

<es gibt eine IC-Verbindung von "fu" nach "mü">

Nach der Eingabe derartiger Anfragen überprüft das System, ob die innerhalb der Anfrage enthaltene(n) Aussage(n) aus der Wiba *ableitbar* (engl.: provable) ist (sind) oder nicht. Ist dies der Fall, so wird eine positive, andernfalls eine negative Antwort angezeigt.

Eine besondere Bedeutung kommt der *Aktualität* der jeweiligen Wiba zu. Erweitern wir z.B. das Netz um eine Station, indem wir etwa den Ort Frankfurt ("fr") ergänzen, so stellt sich das Netz wie folgt dar:

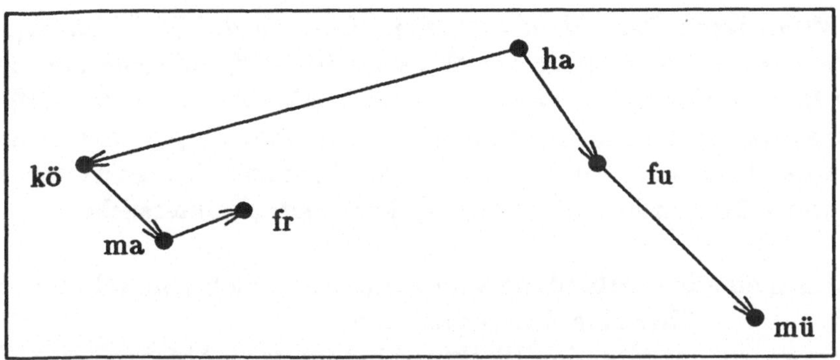



Abb. 1.3

Auf der Basis dieses Netzes muß unsere oben angegebene Wiba um die drei
folgenden Fakten ergänzt werden:

    ic(ha,fr)
    ic(kö,fr)
    ic(ma,fr)


Dies deutet an, daß eine Erweiterung einer Wiba umso problematischer wird,
je komplexer das Netz ist. Bei einem realistisch großen Netz ist eine Be-
standsführung der Wiba — im Hinblick auf eine Ergänzung oder Löschung
von Stationen — nur mit großem Aufwand zu leisten. Insofern stellt sich
die Frage, ob es überhaupt erforderlich ist, *alle* Verbindungen innerhalb des
Bahnnetzes auch innerhalb der Wiba zu führen. Im Hinblick auf unsere oben
angegebene Aufgabenstellung würde es sicherlich ausreichen, allein alle bestehenden *Direktverbindungen* in die Wiba aufzunehmen, sofern das System
befähigt ist, Anfragen nach Verbindungen auf die Überprüfung von Direktverbindungen zurückzuführen.
Es müßte also in der Lage sein, z.B. auf der Basis der Anfrage

    <es gibt eine IC-Verbindung von "ha" nach "mü">


die Wiba daraufhin zu überprüfen, ob es eine Direktverbindung zwischen
"ha" und "mü" gibt, oder ob sich aus der Wiba *ableiten* läßt, daß es einen
oder mehrere Orte gibt, die als Zwischenstationen eine Kette von Direktverbindungen vom Abfahrtsort "ha" bis zum Zielort "mü" darstellen.
Wenn dies möglich wäre, ließe sich die Gesamtheit der Fakten — *Universum*
(engl.: universe) genannt — auf ein Mindestmaß von Fakten reduzieren,

so daß die Wiba *keine Redundanz* enthielte. Dies würde die Wiba übersichtlicher machen und die **Pflege** der Wiba im Hinblick auf neue oder zu
entfernende Bahnstationen im IC-Netz erheblich erleichtern. Somit müßte
das wissensbasierte System im Hinblick auf unsere oben angegebene Situation etwa in der Lage sein, die Wiba nach der folgenden (zunächst verbal
gehaltenen und später zu formalisierenden) *Vorschrift* zu untersuchen:

es gibt **dann** eine IC-Verbindung vom Abfahrtsort zum Ankunftsort
über eine Zwischenstation,
**wenn** gilt: es gibt eine Direktverbindung vom Abfahrtsort
zu einer Zwischenstation
**und** es gibt eine Direktverbindung von dieser
Zwischenstation zum Ankunftsort.

Wissensbasierte Systeme besitzen die Eigenschaft, daß sie nach derartigen
Vorschriften die jeweils zugrundegelegte Wiba bearbeiten können. Solche
Vorschriften, nach denen überprüft werden kann, ob sich Aussagen als Fakten aus der Wiba *ableiten* lassen, werden *"Regeln"* (engl.: rules) genannt.
Es liegt auf der Hand, daß Regeln genauso wie Fakten nach bestimmten,
system-spezifischen Konventionen geschrieben werden müssen (wir verzichten an dieser Stelle auf die formale Darstellung und verweisen dazu auf
Abschnitt 2.5). Auf der Basis der angegebenen Regel ließe sich das gesamte
Wissen, das wir aus Abb. 1.1 im Hinblick auf IC-Verbindungen entnehmen
können, somit auf die Direktverbindungen und damit auf die folgenden Fakten reduzieren:

dic(ha,kö)
dic(ha,fu)
dic(kö,ma)
dic(fu,mü)

Dabei soll das — aus zwei Argumenten bestehende — Prädikat mit dem
Prädikatsnamen "dic" kennzeichnen, daß es eine Direktverbindung vom *ersten* zum *zweiten* Argument gibt.

## 1.3 Anfragen an die Wissensbasis

Sofern die Wiba aus den oben angegebenen Fakten mit den *Direktverbindungen* aufgebaut und die oben angegebene Regel zur Verfügung steht, kann entschieden werden, ob eine Anfrage nach einer Verbindung aus der Wiba *ableitbar* ist oder nicht.

Zur Durchführung dieser Überprüfung enthalten wissensbasierte Systeme eine *Inferenzkomponente* (engl.: inference engine). Mit diesem Baustein entscheidet das System, ob — im Hinblick auf eine Anfrage — eine oder mehrere Aussagen als Fakt(en) innerhalb der Wiba enthalten sind, oder ob sie sich über Regeln aus der Wiba ableiten (schluß-folgern, beweisen) lassen. Das Verfahren, nach dem diese Überprüfung durchgeführt wird, heißt *"Inferenz-Algorithmus"*.

In unserem Fall läßt sich z.B. eine Anfrage, ob es — im Hinblick auf die oben angegebene Regel — eine IC-Verbindung zwischen "ha" und "mü" gibt, darauf zurückführen, ob eine Zwischenstation existiert, zu der von "ha" *aus* — und von der zu "mü" *hin* — eine Direktverbindung besteht. Durch den Inferenz-Algorithmus wird das wissensbasierte System die Station "fu" als die gesuchte Zwischenstation identifizieren und somit die Aussage

<es gibt eine IC-Verbindung von "ha" nach "mü">

als aus der Wiba *ableitbar* kennzeichnen.

Nennen wir die Gesamtheit der Regeln und Fakten der Wissensbasis eine *Wissensbank* (ebenfalls abgekürzt durch "Wiba", engl.: knowledge base), so kann das wissensbasierte System durch den Einsatz der Inferenzkomponente feststellen, ob eine in einer Anfrage enthaltene Aussage Bestandteil des *Universums* ist, d.h. aus der Wiba ableitbar ist oder nicht[2].

---

[2]In diesem Zusammenhang ist der Begriff "Annahme einer geschlossenen Welt" (engl.: closed world assumption) von Bedeutung. Dieser Begriff besagt, daß Fakten, die *nicht* als *wahr* bekannt sind, als *falsch* angenommen werden. Kann eine Anfrage *nicht* abgeleitet werden, so bedeutet dies somit, daß sie aus den Fakten der Wiba *nicht* ableitbar ist. Dies bedeutet *nicht* die "Falschheit" einer Aussage.

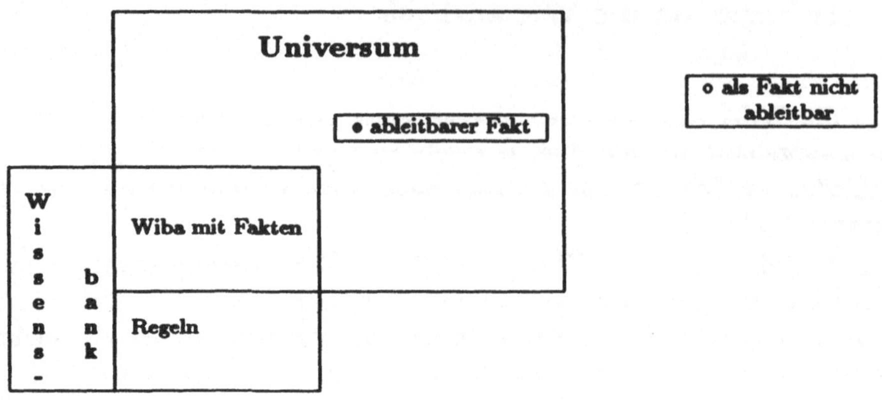


Abb. 1.4

Auf die Art und Weise, wie Fakten überprüft und Regeln benutzt werden,
hat der Entwickler eines wissensbasierten Systems — im Normalfall — keinen Einfluß. Er gibt einzig und allein die Objekte der Wiba in Form von
Fakten und Regeln vor, auf denen der Inferenz-Algorithmus — in Abhängigkeit von den jeweils möglichen Anfragen — zu arbeiten hat.

Damit für den Anwender nachvollziehbar ist, *wie* der Inferenz-Algorithmus
die Ableitbarkeit oder Nicht-Ableitbarkeit einer Aussage feststellt, enthält
ein wissensbasiertes System eine *Erklärungskomponente* (engl.: explanation
component). Mit dieser Komponente läßt sich — dialog-orientiert — ermitteln, welche Fakten und Regeln zu welchem Zeitpunkt von der Inferenzkomponente untersucht werden.

Mit der Wissenserwerbskomponente kann nicht nur ursprüngliches Wissen
in die Wiba aufgenommen werden, sondern mit dieser Komponente lassen
sich z.B. auch aus der Wiba abgeleitete Fakten — auf eine spezifische Anforderung hin — in einen zusätzlichen Teil der Wiba eintragen. Im Gegensatz
zur oben beschriebenen *(statischen)* Wiba wird dieser Teil der Wiba als
*"dynamische Wiba"* bezeichnet.

Die Möglichkeit, mit einer dynamischen Wiba arbeiten zu können, bietet z.B. den Vorteil, daß Fakten, die durch eine (aufwendige) Untersuchung mit Hilfe von Regeln abgeleitet werden konnten, für spätere Anfragen spontan zur Verfügung gestellt werden können. Somit läßt sich das *Universum* als Gesamtheit der Fakten auffassen, die aus der statischen und dynamischen Wiba ableitbar sind:

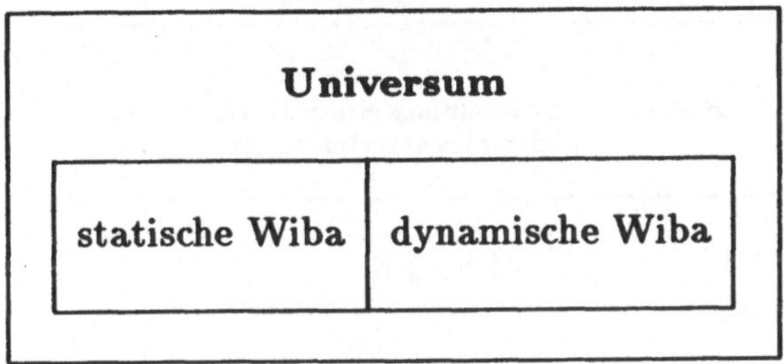


Abb. 1.5

Kennzeichnen wir — auf der Basis von Abb. 1.1 — durch den Prädikatsnamen "ic" ("dic") die Beziehung, daß zwischen zwei Orten eine IC-Verbindung (Direktverbindung) existiert, so könnte die dynamische Wiba die Fakten

 ic(ha,kö)
 ic(kö,ma)
 ic(ha,ma)
 ic(ha,fu)
 ic(fu,mü)
 ic(ha,mü)

oder Teile davon enthalten, während die statische Wiba aus den Fakten

 dic(ha,kö)
 dic(ha,fu)
 dic(kö,ma)
 dic(fu,mü)

und der oben angegebenen Regel zur Bestimmung der IC-Verbindungen besteht. Diese Situation läßt sich wie folgt skizzieren:

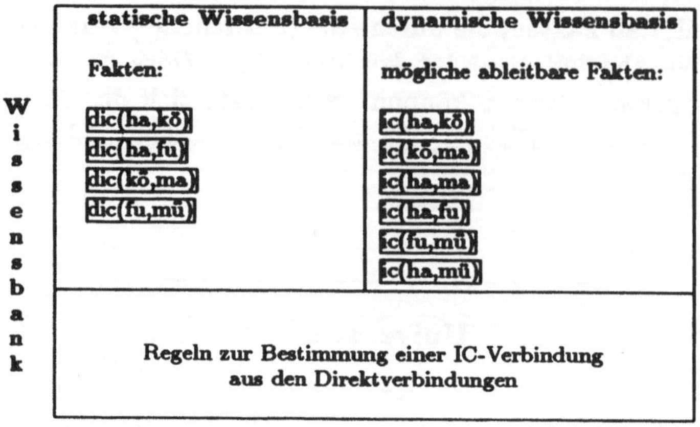

Abb. 1.6

## 1.4  Struktur von wissensbasierten Systemen

Durch die vorausgehende Darstellung haben wir deutlich gemacht, daß
wissensbasierte Systeme Angaben darüber machen können, ob Aussagen
bezüglich einer *konkreten* Wiba ableitbar sind oder nicht. Im Hinblick auf
die zuvor beschriebenen Komponenten läßt sich das allgemeine Schema eines
wissensbasierten Systems somit wie folgt angeben:

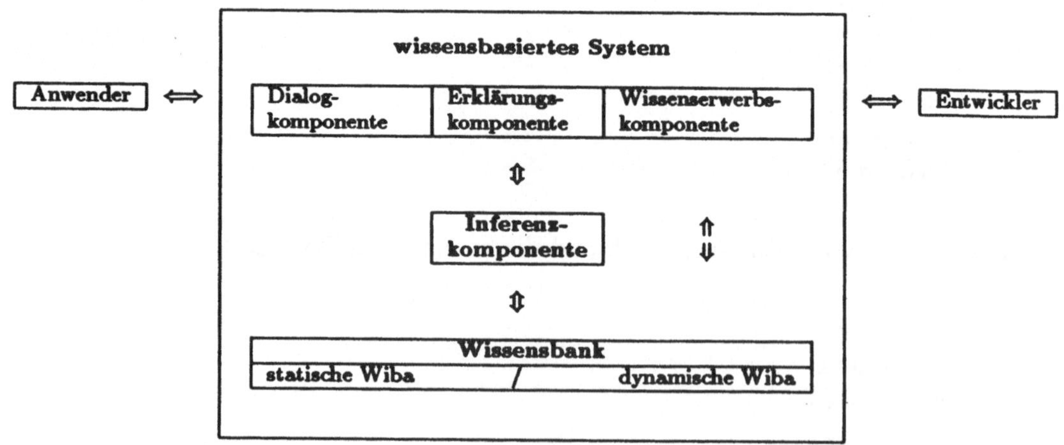



Abb. 1.7

Dabei besitzen die einzelnen Komponenten die folgenden Funktionen:

- die Wissensbank (knowledge base) faßt das bekannte Wissen in Form von Fakten und Regeln zusammen,

- die Wissenserwerbskomponente (knowledge acquisition) dient zur Aufnahme des ursprünglichen Wissens in die statische Wiba und bereits abgeleiteten Wissens in die dynamische Wiba,

- die Dialogkomponente (dialog management) führt die Kommunikation mit dem Anwender durch,

- die Inferenzkomponente (inference engine) untersucht durch die Ausführung des Inferenz-Algorithmus, ob sich Anfragen aus der Wiba ableiten lassen oder nicht, und

- die Erklärungskomponente (explanation component) legt die Gründe dar, warum eine bestimmte Aussage aus der Wiba ableitbar oder nicht ableitbar ist.

# 2 Arbeiten mit dem PROLOG-System

## 2.1 Programme als Wiba des PROLOG-Systems

Nachdem wir dargestellt haben, wie ein wissensbasiertes System strukturiert ist und in welcher Form von diesem System Anfragen bearbeitet werden, wollen wir im folgenden beschreiben, wie sich wissensbasierte Anwendersysteme durch den Einsatz eines PROLOG-Systems entwickeln lassen. Ein *PROLOG-System* kann als wissensbasiertes System aufgefaßt werden, dem eine konkrete Wiba vorzugeben ist, damit es sich — gegenüber einem Anwender — wie dasjenige wissensbasierte System verhält, das Anfragen auf der Basis einer vorgegebenen Aufgabenstellung bearbeiten kann. Somit können wir das Schema eines wissensbasierten Anwendersystems wie folgt angeben:

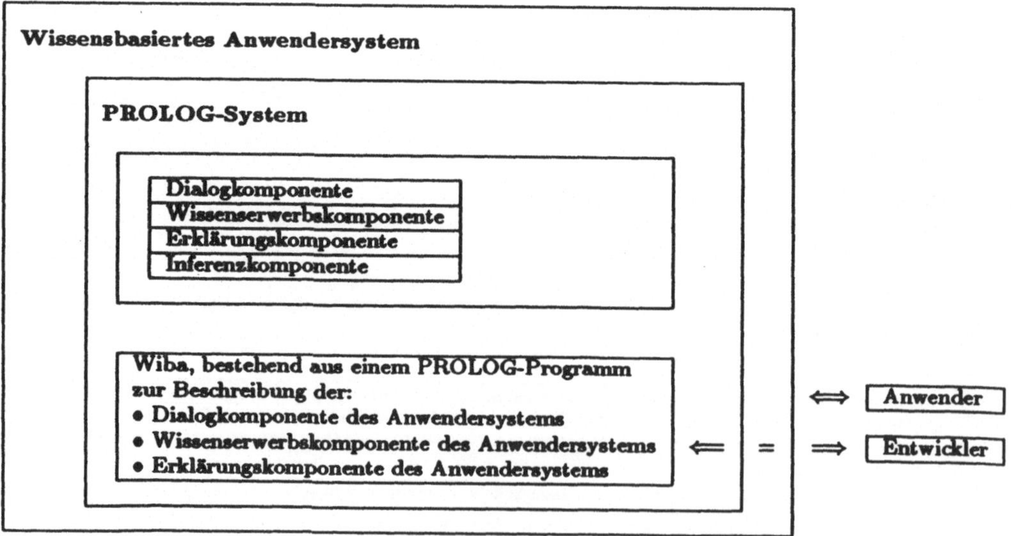


Abb. 2.1

Um die zu einer vorgegebenen Aufgabenstellung entwickelte Wiba in der erforderlichen Form zu beschreiben, setzen wir die zum PROLOG-System gehörende *Programmiersprache PROLOG* ein. Mit den Elementen dieser Sprache ist die für das wissensbasierte Anwendersystem benötigte Wiba als *PROLOG-Programm* anzugeben.

PROLOG ist eine *logik-basierte* Programmiersprache, da PROLOG-Programme aus Prädikaten und logischen Beziehungen von Prädikaten in Form von logischen UND- und logischen ODER-Beziehungen aufgebaut sind. Die logik-basierte Programmierung in PROLOG besteht darin, die — im Hinblick auf eine Aufgabenstellung — jeweils benötigten Prädikate gemäß der Syntax von PROLOG zu vereinbaren und die den Sachverhalt kennzeichnenden Fakten und Regeln in formalisierter, syntax-gerechter Form anzugeben.

Das jeweils resultierende PROLOG-Programm ist dem PROLOG-System — als Wiba für die aus der Aufgabenstellung resultierenden Anfragen — bereitzustellen, so daß Anfragen vom PROLOG-System — mit Hilfe seiner Inferenzkomponente — durch die Ausführung des PROLOG-Programms auf ihre Ableitbarkeit hin untersucht werden können.

Wir wollen jetzt darstellen, wie die logik-basierte Programmiersprache PROLOG einzusetzen ist, um eine Wiba zur Lösung einer vorgegebenen Aufgabenstellung zu formulieren. Zur Erklärung der grundlegenden Sprachelemente von PROLOG und der Arbeitsweise des PROLOG-Systems stellen wir uns zunächst die Aufgabe,

- ein PROLOG-Programm zu entwickeln, mit dem Anfragen nach Direktverbindungen beantwortet werden können (AUF1).

Dazu legen wir das IC-Netz von Abb. 1.1 zugrunde, das aus den fünf Stationen "ha", "fu", "mü", "kö" und "ma" mit vier Direktverbindungen besteht.

## 2.2  Fakten

Wir wählen zur Kennzeichnung der Beziehung, daß zwischen zwei Orten eine Direktverbindung besteht, den Prädikatsnamen *"dic"*. Als *erstes* Argument geben wir den Abfahrtsort und als *zweites* Argument den Ankunftsort an. Die Tatsache, daß es z.B. eine Direktverbindung von "ha" nach "kö" gibt, beschreiben wir somit als Fakt in der folgenden Form:

dic(ha,kö).

Diese Angabe besteht aus dem Prädikatsnamen "dic" und zwei Argumenten, die in öffnende und schließende runde Klammern "(" und ")" eingeschlossen und durch ein Komma "," voneinander getrennt sind[1]. Dabei muß die Stellung der Argumente berücksichtigt werden, weil durch sie die *Richtung* der Direktverbindung von "ha" nach "kö" festgelegt wird.

Ein *Prädikatsname* besteht aus den alphanumerischen Zeichen ("A–Z", "a–z", "0–9"), sowie dem Unterstrich " _ " und muß stets mit einem *Kleinbuchstaben* beginnen. Prädikate werden nach ihrem Namen und der Anzahl ihrer Argumente, die *Arity* oder *Stelligkeit* genannt wird, unterschieden[2]. Da die Argumente des Prädikats "dic" *Konstante*, d.h. *konkrete* individuelle Objekte bezeichnen, sind sie gleichfalls durch einen *Kleinbuchstaben* einzuleiten[3]. Ferner ist zu beachten, daß jeder Fakt mit einem *Punkt* "." abzuschließen ist.

Somit können wir unsere Wiba im Hinblick auf Anfragen nach Direktverbindungen innerhalb des Intercity-Netzes — auf der Basis von Abb. 1.1 — durch das folgende *PROLOG-Programm* beschreiben[4]:

```
/* AUF1: */
/* Anfrage nach Direktverbindungen
mit dem Prädikat "dic" als Goal;
Bezugsrahmen: Abb. 1.1 */
dic(ha,kö).
dic(ha,fu).
dic(kö,ma).
dic(fu,mü).
```

PROLOG-Systeme unterscheiden sich hinsichtlich ihrer Leistungsfähigkeit und im Umfang der jeweils zulässigen PROLOG-Sprachelemente. Inner-

---

[1] Zwischen dem Prädikatsnamen und der öffnenden Klammer darf *kein* Leerzeichen "⊔" auftreten.

[2] Unterscheiden sich zwei gleichnamige Prädikate in der *Anzahl* ihrer Argumente, so gelten sie trotz gleichen Namens als *verschieden*.

[3] Eine Konstante wird aus den alphanumerischen Zeichen ("A–Z", "a–z" und "0–9") gebildet.

[4] Die eingetragenen waagerechten und senkrechten Linien sind *nicht* Bestandteile des PROLOG-Programms. Diese Linien sollen den Namen der Aufgabenstellung herausheben und den Anfang und das Ende des erläuternden Textes sowie das Programmende kennzeichnen. Ob innerhalb eines PROLOG-Programms Umlaute und das Sonderzeichen "ß" verwendet werden dürfen, ist vom jeweils eingesetzten PROLOG-System abhängig.

halb der nachfolgenden Darstellung werden wir uns fortan an einem konkreten PROLOG-System orientieren. Wir wählen das System "IF/Prolog" der Firma InterFace GmbH, das sowohl für die Arbeit unter dem Betriebssystem MS-DOS als auch unter dem Betriebssystem UNIX zur Verfügung steht. Dieses System ist marktführend und enthält diejenigen PROLOG-Sprachelemente, die in dem grundlegenden Werk von CLOCKSIN W.F. und MELLISH C.S. zur Programmiersprache PROLOG beschrieben sind[5].

Da das System "Turbo Prolog" der Firma Borland International Inc.[6] — für das Arbeiten unter dem Betriebssystem MS-DOS — ebenfalls sehr verbreitet ist, nehmen wir in unserer Beschreibung auch auf dieses System Bezug, indem wir Abweichungen zum "IF/Prolog"-System hervorheben.

Grundsätzlich geben wir unsere Programme so an, daß sie *unmittelbar* mit dem System "IF/Prolog" verarbeitet werden können. Somit ist das oben angegebene Programm AUF1 direkt unter dem "IF/Prolog"-System ausführbar.

Soll das Programm AUF1 unter dem System "Turbo Prolog" zur Ausführung gebracht werden, so sind die verwendeten Prädikate *vor* den Fakten — zwischen den Schlüsselwörtern " *"predicates"* und *"clauses"* — zu spezifizieren.

In unserem Fall sind diese zusätzlichen Angaben in der folgenden Form einzutragen[7]:

```
predicates
        dic(symbol,symbol)
clauses
```

Somit stellt sich das Programm AUF1 für die Verarbeitung mit dem "Turbo Prolog"-System insgesamt wie folgt dar:

---

[5] CLOCKSIN W.F., MELLISH C.S. Programming in PROLOG, Springer Verlag, Berlin, Heidelberg, New York, 1987.

[6] Dieses System wird von der Firma Prolog Development Center (PDC), Kopenhagen unter dem Namen "PDC-Prolog" vertrieben und weiterentwickelt. Es ist sowohl unter MS-DOS als auch unter OS/2 einsetzbar. In dieser Schrift werden wir fortan die Bezeichnung "Turbo Prolog"-System verwenden.

[7] Im "Turbo Prolog"-System müssen neben den im Programm eingesetzten Prädikaten auch die Typen ihrer Argumente vereinbart werden. Das Schlüsselwort *"symbol"* ist dann anzugeben, wenn Text-Konstante als Argumente verwendet werden sollen. Diese Angaben sind *nicht* durch einen Punkt "." abzuschließen.

```
/* AUF1: */
/* Anfrage nach Direktverbindungen
mit dem Prädikat "dic" als Goal;
Bezugsrahmen: Abb. 1.1 */
predicates
        dic(symbol,symbol)
clauses
        dic(ha,kö).
        dic(ha,fu).
        dic(kö,ma).
        dic(fu,mü).
```

Zur Erläuterung der Wiba haben wir in beiden Programmen jeweils die ersten vier Programmzeilen mit Kommentaren gefüllt. Ein *Kommentar* wird durch einen Schrägstrich mit nachfolgendem Sternzeichen "/*" (siehe Zeile 1 und Zeile 2) eingeleitet und durch ein Sternzeichen mit nachfolgendem Schrägstrich "*/" (siehe Zeile 1 und Zeile 4) abgeschlossen. Dies gilt sowohl für das System "IF/Prolog" als auch für das "Turbo Prolog"-System.

Bei der nachfolgenden Beschreibung des PROLOG-Systems werden wir uns standardmäßig auf das System "IF/Prolog" beziehen. An den Stellen, an denen Unterschiede zum "Turbo Prolog"-System vorliegen, weisen wir auf die jeweils erforderlichen Ergänzungen bzw. Änderungen gesondert hin.

## 2.3   Start des PROLOG-Systems und Laden der Wiba

Nachdem wir unser erstes PROLOG-Programm entwickelt haben, muß es dem PROLOG-System als Wiba bereitgestellt werden, so daß Anfragen vom System beantwortet werden können. Wie wir dabei vorzugehen haben, stellen wir im folgenden dar.

Bevor wir das System "IF/Prolog" erstmalig starten[8], übertragen wir die folgenden beiden Zeilen mit Hilfe eines Editierprogramms in eine Datei mit dem Namen *"start.pro"*[9]:

```
:-national_letters(_,'ÄäÖöÜüßß').
```

---

[8]Wie Programme bei der Arbeit mit dem System "Turbo Prolog" in die Wiba geladen und zur Ausführung gebracht werden, stellen wir im Anhang A.1 dar.

[9]Hierdurch legen wir fest, daß Umlaute und das Sonderzeichen "ß" innerhalb eines PROLOG-Programms zulässig sind. Ferner geben wir dasjenige Editierprogramm an, das wir beim Arbeiten mit dem "IF/Prolog"-System einsetzen wollen.

    :-editor(_,*name*).

Dabei setzen wir für *"name"* den Kommandonamen ein, mit dem das Editierprogramm unter dem jeweiligen Betriebssystem gestartet wird. So geben wir z.B.

    :-editor(_,*e*).

an, wenn wir den TEN/PLUS-Editor unter dem UNIX-Betriebssystem verwenden wollen.

Anschließend starten wir das PROLOG-System durch das Kommando[10]:

    ifprolog −c *start*

Daraufhin wird der Text

    consult: file start.pro loaded in 0 sec.

und anschließend die Zeichen

    ?−

zur Anforderung einer Anfrage am Bildschirm angezeigt[11]. Zunächst aktivieren wir das Editierprogramm durch die Eingabe von[12]:

    ?− edit(auf1).

Anschließend geben wir die Programmzeilen des Programms AUF1 ein und sichern sie (durch einen geeigneten Editor-Befehl) in der Datei *"auf1.pro"*. Nach Beendigung der Editierung wird der folgende Text am Bildschirm angezeigt:

    reconsult: file auf1.pro loaded in 0 sec.

---

[10] Durch die Angabe *"−c start"* wird der Inhalt der Datei *"start.pro"* geladen und ausgeführt.

[11] Im folgenden leiten wir jede Anforderung durch die Zeichen *"?−"* ein. Dies dient allein der Darstellung und soll *nicht* bedeuten, daß diese Zeichen mit einzugeben sind. Jede Eingabe einer Anforderung muß mit einem Punkt *"."* abgeschlossen werden.

[12] Durch den Namen *"auf1"* legen wir fest, daß die zu erfassenden Programmzeilen in einer Datei namens *"auf1.pro"* gespeichert werden sollen.

Dies bedeutet, daß die Datei "aufl.pro" *konsultiert* wurde, d.h. das in dieser Datei enthaltene PROLOG-Programm wurde als aktuelles Wissen in die Wiba übernommen (geladen).

Soll das in der Datei "aufl.pro" gespeicherte PROLOG-Programm nachträglich geändert werden, so läßt sich dazu das Editierprogramm durch die (verkürzte) Anforderung

     ?– edit.

erneut aktivieren.

Wollen wir die Arbeit mit dem PROLOG-System beenden, so müssen wir die Anforderung

     ?– end.

eingeben.

Nach einem erneuten Start des PROLOG-Systems können wir das zuvor erstellte PROLOG-Programm — wie oben beschrieben — durch den Aufruf des Editierprogramms oder — alternativ — durch die Eingabe von

     ?– [ 'aufl' ].

in die Wiba laden.


## 2.4   Anfragen

Nachdem wir unser PROLOG-Programm dem PROLOG-System als Wiba zur Bearbeitung übertragen haben, kann das PROLOG-System Anfragen im Rahmen unserer oben angegebenen Aufgabenstellung beantworten. Dazu zeigt die Dialogkomponente des PROLOG-Systems ihre Bereitschaft zur Entgegennahme einer Anfrage durch die Ausgabe der Zeichen[13]

     ?–

an. Auf diese Aufforderung hin geben wir eine (erste) Anfrage in der Form

---

[13]Im "Turbo Prolog"-System wird zur Anforderung einer Anfrage der Text "Goal:" im Dialog-Fenster angezeigt.

?– dic(ha,kö).

ein. Dadurch wollen wir uns anzeigen lassen, ob sich aus den Fakten des
PROLOG-Programms AUF1 die Aussage, daß eine Direktverbindung von
"ha" nach "kö" existiert, ableiten (beweisen) läßt. Wir können diese Anfrage auch als eine Behauptung (Hypothese) in der Form

<es gibt eine Direktverbindung von "ha" nach "kö">

auffassen. Die Anfrage "dic(ha,kö)" stellt ein zu beweisendes *Ziel* (engl.:
goal) dar und wird auch *Goal* genannt. Ein Goal wird — ebenso wie ein
Fakt — *mit* abschließendem Punkt "." eingegeben[14].
Nachdem wir die Anfrage "dic(ha,kö)" dem PROLOG-System übergeben
haben, überprüft die Inferenzkomponente des PROLOG-Systems, ob sich
diese Anfrage aus dem PROLOG-Programm — unserer Wiba — *ableiten läßt*
oder *nicht*. Anschließend wird die Anfrage mit "yes" (Ableitung möglich)
oder "no" (Ableitung *nicht* möglich) beantwortet[15].
Da der Fakt "dic(ha,kö)." in der Wiba vorhanden ist, wird der Text "yes"
auf die oben angegebene Anfrage hin angezeigt.
Wird von uns dagegen die Anfrage

?– dic(kö,ka).

gestellt, so wird die Antwort "no" ausgegeben. Dies liegt daran, daß sich der
Fakt "dic(kö,ka)." *nicht* in der Wiba befindet und die Inferenzkomponente
somit das Goal "dic(kö,ka)" *nicht* ableiten kann.
Wollen wir prüfen lassen, ob es eine Direktverbindung von "ha" nach "fu"
*und* eine Direktverbindung von "fu" nach "mü" gibt, so können wir das —
aus *zwei* Prädikaten zusammengesetzte — Goal

?– dic(ha,fu),dic(fu,mü).

formulieren. Da beide Prädikate Bestandteil der Wiba sind, erhalten wir

---

[14]Im "Turbo Prolog"-System ist es *nicht* notwendig, das Goal "dic(ha,kö)" durch einen
Punkt "." zu beenden.
[15]Im "Turbo Prolog"-System werden "Yes" oder "No" als Antwort angezeigt.

yes

als Ergebnis angezeigt.

Bei der Formulierung des letzten Goals haben wir zur Kennzeichnung der *logischen UND-Verbindung* das *Komma* "," zwischen den beiden Prädikaten eingesetzt. Dies bedeutet, daß das Goal *nur* dann ableitbar ist, wenn *sowohl* das Prädikat "dic(ha,fu)" *als auch* das Prädikat "dic(fu,mü)" abgeleitet werden kann.

Sind wir dagegen daran interessiert, ob eine Direktverbindung von "kö" nach "ka" *oder* eine Direktverbindung von "ha" nach "kö" existiert, so können wir diese Anfrage in der Form

    ?– dic(kö,ka);dic(ha,kö).

eingeben. Dabei kennzeichnet das *Semikolon* ";" die *logische ODER-Verbindung*. Dies bedeutet, daß das Goal dann ableitbar ist, wenn *mindestens* eines der Prädikate des Goals ableitbar ist. Obwohl es keine Direktverbindung von "kö" nach "ka" gibt, erhalten wir als Antwort auf diese Anfrage den Text "yes" angezeigt, da das *zweite* Prädikat "dic(ha,kö)" (hinter dem logischen "ODER") als Alternative abgeleitet werden kann.


## 2.5  Regeln

In den beiden vorigen Abschnitten haben wir uns für Anfragen nach Direktverbindungen interessiert. Jetzt erweitern wir die Aufgabenstellung,

- indem Anfragen nach IC-Verbindungen beantwortet werden sollen, die aus *zwei* Direktverbindungen über eine *Zwischenstation* bestehen (AUF2).

Eine derartige Verbindung besteht z.B. zwischen "ha" und "mü" über die Zwischenstation "fu". Im Hinblick auf die Untersuchung dieses Sachverhalts wollen wir eine geeignete Regel angeben, die — in formalisierter Form — von der Inferenzkomponente des PROLOG-Systems bearbeitet werden kann.

Für unsere Aufgabenstellung haben wir bereits im ersten Kapitel eine diesbezügliche Regel in der folgenden, verbalen Form formuliert:

es gibt **dann** eine IC-Verbindung vom Abfahrtsort zum Ankunftsort
über eine Zwischenstation,
**wenn** gilt: es gibt eine Direktverbindung vom Abfahrtsort
zu einer Zwischenstation
**und** es gibt eine Direktverbindung von dieser
Zwischenstation zum Ankunftsort.

In dieser Regel sind zwei Prädikate enthalten. Das eine Prädikat stellt sich
in der Form

<es gibt eine Direktverbindung von ... nach ...>

dar. Es stimmt mit dem von uns oben durch den Prädikatsnamen "dic" gekennzeichneten Prädikat überein, so daß wir die oben angegebenen Fakten

```
dic(ha,kö).
dic(ha,fu).
dic(kö,ma).
dic(fu,mü).
```

unmittelbar aus dem oben angegebenen PROLOG-Programm AUF1 übernehmen können.

Das zweite Prädikat, das wir der Regel entnehmen können, hat die Form:

<es gibt eine IC-Verbindung von...nach...über eine Zwischenstation>

Diesem Prädikat geben wir den Namen "zwischen". Es besitzt zwei
Argumente, wobei der Abfahrtsort als erstes Argument und der Ankunftsort als zweites Argument angegeben werden soll. Somit stellt z.B.
"zwischen(ha,mü)." einen möglichen Fakt der Wiba dar.

Im Hinblick auf den Einsatz der oben angegebenen Regel nehmen wir Fakten
mit dem Prädikatsnamen "zwischen" *nicht* in die Wiba auf[16], sondern stellen
uns auf den Standpunkt, daß wir *allein* die oben mit dem Prädikatsnamen
"dic" angegebenen Fakten innerhalb der Wiba bereitstellen wollen.

Wir haben bereits oben angemerkt, daß wir unter einer *Regel* eine Vorschrift
verstehen, mit der überprüft werden kann, ob sich Aussagen als Fakten aus

---

[16]Dies hat allein den Grund, daß wir zunächst erklären wollen, wie Fakten mit Hilfe
einer Regel aus der Wiba abgeleitet werden.

der Wiba ableiten lassen.

So ist z. B. der Fakt "zwischen(ha,mü)." gemäß der oben angegebenen Regel deswegen aus der Wiba ableitbar, weil es die Station "fu" gibt, so daß es sich sowohl bei "dic(ha,fu)." als auch bei "dic(fu,mü)." um Fakten der Wiba handelt. Diese Beziehung formalisieren wir und geben sie in der Form

$$\text{zwischen(ha,mü) :- dic(ha,fu),dic(fu,mü).}$$

an. Dies ist eine Konkretisierung der oben angegebenen Vorschrift für die Konstanten "ha", "fu" und "mü". Dabei haben wir die in der Regel enthaltene "**dann ... wenn**"-Beziehung durch die Zeichen Doppelpunkt ":" und Bindestrich "-" gekennzeichnet. Der abgeleitete Fakt steht auf der linken Seite von "-":-", und das *Komma* "," kennzeichnet die *logische UND-Verbindung* (siehe Abschnitt 2.4).

Die angegebene Beziehung bedeutet somit, daß *sowohl* "dic(ha,fu)." *als auch* "dic(fu,mü)." ein Fakt der Wiba sein muß, wenn das Prädikat "zwischen(ha,mü)" ableitbar sein soll.

Der wesentliche Sinngehalt einer Regel besteht *nicht* darin, einen konkreten Sachverhalt anzugeben. Es muß vielmehr eine *allgemein* gehaltene Form der Beschreibung gewählt werden, um die Beziehung zwischen den Prädikaten zu kennzeichnen. Somit müssen wir *Platzhalter* als Stellvertreter von Konstanten an die jeweiligen Positionen innerhalb der formalen Darstellung einsetzen. Diese Platzhalter werden *Variable* genannt. Der Name einer Variablen besteht aus den alphanumerischen Zeichen ("A–Z", "a–z", "0–9"), sowie dem *Unterstrich* " _ " und ist durch einen *Großbuchstaben* oder durch den Unterstrich " _ " einzuleiten. Wählen wir z.B. die Namen "Von", "Nach" und "Z" zur Bezeichnung von Variablen, so können wir die oben aufgeführte Regel in der folgenden Form angeben:

**Regelkopf**                    **Regelrumpf**

$$\boxed{\text{zwischen(Von,Nach): } - \quad \text{dic(Von,Z)} \ , \ \text{dic(Z,Nach).}}$$

Regeln werden — ebenso wie Fakten — mit einem *Punkt* "." abgeschlossen. Das Prädikat "zwischen(Von,Nach)" heißt *Regelkopf*[17]. Die beiden Prädikate "dic(Von,Z)" und "dic(Z,Nach)" bilden — zusammen mit dem Komma "," zur Kennzeichnung der logischen UND-Verbindung — den *Regelrumpf*.

---

[17]Im Regelkopf einer Regel ist nur *ein* Prädikat zugelassen.

Die PROLOG-Zeichen ":-" werden als "**dann ... wenn**" gelesen[18].

Die gewählte formale Darstellung der Regel ist wie folgt zu interpretieren:

- Der Regelkopf "zwischen(Von,Nach)" ist genau dann für eine konkrete Besetzung der Variablen "Von" (z.B. durch "ha") und "Nach" (z.B. durch "mü") *ableitbar*, wenn sich jedes der beiden durch "," verknüpften Prädikate "dic(Von,Z)" und "dic(Z,Nach)" (des Regelrumpfs) aus der Wiba ableiten läßt. Dies bedeutet, daß es eine Konstante (wie z.B. "fu") als konkrete Besetzung der Variablen "Z" geben muß, so daß für die gewählten Konstanten sowohl "dic(Von,Z)" (d.h. "dic(ha,fu).") als auch "dic(Z,Nach)" (d.h. "dic(fu,mü).") als Fakten der Wiba vorhanden sein müssen.

Die von uns konzipierte Regel stellen wir mit den oben angegebenen Fakten in der folgenden Form als PROLOG-Programm zusammen[19]:

```
/* AUF2: */
/* Anfrage nach Verbindungen, die aus zwei Direkt-
verbindungen mit einer Zwischenstation bestehen
mit dem Prädikat "zwischen" als Goal;
Bezugsrahmen: Abb. 1.1 */
dic(ha,kö).
dic(ha,fu).
dic(kö,ma).
dic(fu,mü).

zwischen(Von,Nach) :- dic(Von,Z),dic(Z,Nach).
```

- Fakten und Regeln lassen sich unter dem Begriff der *"Klausel"* zusammenfassen. Unter einem *Klauselkopf* soll fortan ein Regelkopf oder ein Fakt verstanden werden. Während der *Klauselrumpf* einer Regel gleich dem Regelrumpf ist, besitzt ein Fakt *keinen* Rumpf.

Unser Programm besteht aus insgesamt vier Fakten und einer Regel und somit aus fünf Klauseln. Die ersten vier Klauseln (Fakten) tragen den Prädikatsnamen "dic", und die fünfte Klausel enthält diesen Prädikatsnamen im

---

[18]Statt der Zeichen ":-" können wir im "Turbo Prolog"-System auch "if" angeben.

[19]Zur Bearbeitung des Programms AUF2 mit dem "Turbo Prolog"-System müssen wir die Prädikate "dic" und "zwischen" durch die Angaben "dic(symbol,symbol)" und "zwischen(symbol,symbol)" (siehe Abschnitt 2.2) vereinbaren. Außerdem müssen wir die Klauseln gleichnamiger Klauselköpfe gruppieren. Das vollständige Programm ist im Anhang unter A.4 aufgeführt.

Klauselrumpf und den zusätzlichen Prädikatsnamen "zwischen" im Klauselkopf. Während die ersten vier Klauseln (Fakten) nur einen Klauselkopf und *keinen* Klauselrumpf besitzen, enthält die fünfte Klausel (eine Regel) als Klauselkopf den Regelkopf "zwischen(Von,Nach)" und den zugehörigen Regelrumpf mit den beiden Prädikaten "dic(Von,Z)" und "dic(Z,Nach)" als *Komponenten* einer logischen UND-Verbindung.

Auf der Basis der zuvor erläuterten Begriffe läßt sich die allgemeine Struktur eines PROLOG-Programms wie folgt kennzeichnen:

- Jedes PROLOG-Programm besteht aus Klauseln, die jeweils durch einen Punkt "." zu beenden sind. Bei Regeln ist der Regelkopf durch die Zeichen ":-" vom Regelrumpf zu trennen.

## 2.6   Die Arbeitsweise der PROLOG-Inferenzkomponente

Weil die Kenntnis des Inferenz-Algorithmus von *zentraler* Bedeutung bei der logik-basierten Programmierung ist, werden wir jetzt näher erläutern, *wie* die Inferenzkomponente des PROLOG-Systems überprüft, ob sich eine als Goal angegebene Aussage (als Behauptung) aus der Wiba ableiten läßt oder nicht[20].

Wir demonstrieren dies mit dem PROLOG-Programm AUF2, indem wir die Anfrage

      ?– zwischen(ha,mü).

bearbeiten lassen.

### 2.6.1   Instanzierung und Unifizierung

Um ein Goal auf seine Ableitbarkeit hin zu überprüfen, sucht die Inferenzkomponente — beginnend mit der 1. Klausel der Wiba — nach dem ersten

---

[20]Das Beweisverfahren, nach dem der Inferenz-Algorithmus in PROLOG vorgeht, wird als *Backwardchaining* oder zielgesteuerte Suche (engl.: goal-driven-search) bezeichnet. Dabei wird versucht, die zu beweisende Aussage auf die Existenz von Fakten der Wiba zurückzuführen. Ein anderes Beweisverfahren ist das *Forwardchaining* oder datengesteuerte Suche (engl.: data-driven-search). Bei diesem Verfahren werden aus den Fakten und Regeln der Wiba ableitbare Aussagen bestimmt und dann überprüft, ob die zu beweisende Aussage sich unter den ableitbaren Aussagen befindet.

Klauselkopf, der *denselben* Prädikatsnamen und die *gleiche* Anzahl an Argumenten wie das Goal besitzt:

Goal:  $\boxed{\text{zwischen(ha,mü).}}$

Fakten:  $\boxed{\begin{array}{l}\text{dic(ha,kö).}\\ \text{dic(ha,fu).}\\ \text{dic(kö,ma).}\\ \text{dic(fu,mü).}\end{array}}$

Regel:  $\boxed{\text{zwischen(Von,Nach) :- dic(Von,Z),dic(Z,Nach).}}$

Im Hinblick auf das von uns angegebene Goal scheiden die Fakten hierbei aus. Es bleibt allein der Regelkopf "zwischen(Von,Nach)", der genau wie das Goal den Prädikatsnamen "zwischen" mit 2 Argumenten besitzt. Eine vollständige Übereinstimmung von Goal und Regelkopf ist dann gegeben, wenn die Variable "Von" durch die Konstante "ha" und die Variable "Nach" durch die Konstante "mü" ersetzt wird. Eine derartige Ersetzung wird *"Instanzierung"* (engl.: instantiation) genannt. Sie kennzeichnet den Vorgang, daß eine Variable mit einem Wert belegt und dadurch an einen Wert *gebunden* wird.

Grundsätzlich läßt sich jede Variable mit jedem beliebigen Wert (wie z.B. einer Text-Konstanten oder einem ganzzahligen Wert) instanzieren, so daß Wertetypen für die Instanzierung bedeutungslos und Variable auch nicht im Hinblick auf die Typen von instanzierbaren Werten zu unterscheiden sind.

Damit das Goal vollständig mit dem Regelkopf "zwischen(Von,Nach)" übereinstimmt, muß folglich die Variable "Von" mit dem Wert "ha" und die Variable "Nach" mit dem Wert "mü" instanziert werden.

Indem wir durch das Symbol ":=" die Bindung einer Variablen an eine Konstante kennzeichnen, beschreiben wir diese Instanzierung in der Form:

Von:=ha
Nach:=mü

- Die Durchführung derartiger Instanzierungen von Variablen im Hinblick darauf, daß ein Prädikat — als Zeichenmuster — *vollständig* mit einem Klauselkopf übereinstimmt, wird *Unifizierung* (engl.: unification) genannt.

Beim Unifizieren wird für die Prädikatsnamen und deren Argumente ein reiner *Abgleich von Zeichenmustern* (pattern matching) durchgeführt, indem — bei beiden Prädikaten — Zeichen für Zeichen miteinander verglichen wird. Ein Goal und ein Klauselkopf (ein Fakt oder ein Regelkopf) lassen sich dann *unifizieren* ("matchen", treffen, gleichmachen, in Übereinstimmung bringen), wenn

- die Prädikatsnamen des Goals und des Klauselkopfs identisch sind, und

- die Anzahl der Argumente in beiden Prädikaten gleich ist, und

  - falls in den Argumenten des Regelkopfs bzw. des Goals *Variable* auftreten, so müssen die Variablen im Regelkopf und im Goal so instanziert werden können, daß die korrespondierenden Argumente in beiden Prädikaten in ihren Zeichenmustern übereinstimmen, und

  - falls in den Argumenten des Regelkopfs bzw. des Goals *Konstante* vorkommen, so müssen diejenigen Konstanten, die bzgl. ihrer Argumentpositionen miteinander korrespondieren, identisch sein.

Beim Versuch, ein Goal *abzuleiten*, durchsucht die Inferenzkomponente das PROLOG-Programm *von oben nach unten*, bis eine (erste) Unifizierung des Goals mit einem Fakt oder einem Regelkopf möglich ist. Läßt sich *keine* Unifizierung durchführen, so ist das Goal *nicht* ableitbar.

In unserem Fall wird eine Unifizierung des Goals "zwischen(ha,mü)" mit dem Klauselkopf "zwischen(Von,Nach)" versucht:

```
Goal:   zwischen(ha,mü).
Regel:  zwischen(Von,Nach):-  dic(Von,Z) , dic(Z,Nach).
                                  ↑             ↑
                              1. Subgoal    2. Subgoal
```

Wie oben beschrieben, lassen sich das Goal "zwischen(ha,mü)" und der Regelkopf "zwischen(Von,Nach)" dadurch unifizieren, daß die Variablen "Von" und "Nach" mit den Werten "ha" bzw. "mü" instanziert werden.

Das Goal "zwischen(ha,mü)" ist — gemäß der Regel — somit dann aus der
Wiba ableitbar, wenn der Regelrumpf des unifizierten Regelkopfs ableitbar
ist:

|  |  |  |  |
|---|---|---|---|
| Goal: | zwischen(ha,mü). | | |
| Regel: | zwischen(Von,Nach):- | dic(Von,Z) , | dic(Z,Nach). |
| Instanzierung: | zwischen(ha,mü):- | dic(ha,Z)  , | dic(Z,mü). |
| | (Von:=ha,Nach:=mü) | ↑ | ↑ |
| | | 1. Subgoal | 2. Subgoal |

Dieser Regelrumpf — als *logische UND-Verbindung* zweier Prädikate — ist
dann ableitbar, wenn sich *sowohl* das 1. Prädikat "dic(ha,Z)" *als auch* das
2. Prädikat "dic(Z,mü)" — für eine geeignete Instanzierung von "Z" — ableiten lassen. Um dies überprüfen zu können, werden die beiden Prädikate
"dic(ha,Z)" und "dic(Z,mü)" als neue Goals — zur Unterscheidung nennen
wir sie *Subgoals (Teilziele)* — aufgefaßt. In dieser Situation wird das ursprüngliche Goal, das mit dem Klauselkopf unifiziert wurde, als *Parent-Goal
(Eltern-Ziel)* der jetzigen Subgoals bezeichnet.

Zunächst wird versucht, das 1. Subgoal "dic(ha,Z)" innerhalb der Wiba zu
unifizieren. Gelingt dies, so ist der Wert, mit dem die Variable "Z" bei dieser
Unifizierung instanziert wird, für die Variable "Z" im 2. Subgoal "dic(Z,mü)"
einzusetzen. Sofern das 2. Subgoal mit dieser Instanzierung von "Z" anschließend ebenfalls innerhalb der Wiba unifiziert werden kann, sind sowohl
die beiden Subgoals und — wegen der logischen UND-Verbindung — folglich
auch der Regelkopf und somit auch das Goal ableitbar.

Bei der Überprüfung der Ableitbarkeit des 1. Subgoals haben wir die folgende Ausgangssituation:

| CALL: dic(ha,Z) | | |
|---|---|---|
| dic(ha,kö). | | |
| dic(ha,fu). | | |
| dic(kö,ma). | | |
| dic(fu,mü). | | |

Mit diesem Schema beschreiben wir im folgenden den jeweiligen Stand der Ableitbarkeits-Prüfung. Dabei soll der in der ersten Zeile eingetragene Ausdruck durch das Schlüsselwort "CALL" anzeigen, daß das dahinter angegebene Prädikat das aktuelle Subgoal ist. Wie die jeweilige Untersuchung der (in der ersten Spalte untereinander eingetragenen) Fakten der Wiba verläuft, kennzeichnen wir innerhalb der 3. Spalte durch die Schlüsselwörter "EXIT", "REDO" und "FAIL". Dabei soll durch "EXIT" eine *erfolgreiche* Unifizierung, durch "REDO" eine *erneut* erforderliche Ableitbarkeits-Prüfung und durch "FAIL" das endgültige *Scheitern* der Ableitbarkeits-Prüfung des aktuellen Subgoals beschrieben werden. Sofern eine *erfolgreiche*, durch "EXIT" gekennzeichnete Unifizierung gelungen ist, werden wir die zugehörige Instanzierung in der 2. Spalte des Schemas vermerken.

Da sich die Programmiersprache PROLOG nach unserer Auffassung nur dann erfolgreich einsetzen läßt, wenn die Arbeit der Inferenzkomponente transparent ist, legen wir im folgenden großen Wert auf eine leicht nachvollziehbare Darstellung der Ableitbarkeits-Prüfung. Dem Leser wird zusätzlich dringend empfohlen, sich in der Praxis die Ausführung des Inferenz-Algorithmus durch den Einsatz eines PROLOG-Systems detailliert anzeigen zu lassen. Dazu stellen die PROLOG-Systeme als Hilfsmittel ein *Trace-Protokoll* zur Verfügung, in dem die Schlüsselwörter "CALL", "EXIT" (bzw. "RETURN"), "REDO" und "FAIL" in dem oben angegebenen Sinn verwendet werden. Da die Anforderung und die Anzeige dieses Trace-Protokolls systemabhängig ist, verzichten wir an dieser Stelle auf eine Beschreibung und verweisen auf den Anhang A.2.

Bei der Untersuchung, ob das 1. Subgoal "dic(ha,Z)" ableitbar ist, werden die in unserem PROLOG-Programm enthaltenen Klauseln mit dem Prädikatsnamen "dic" solange *von oben nach unten* überprüft, bis zum ersten Mal eine Unifizierung möglich ist. Verläuft eine derartige Suche *erfolglos*, so läßt sich das 1. Subgoal und folglich — wegen der logischen UND-Verbindung — auch das (Parent-) Goal "zwischen(ha,mü)" *nicht* ableiten, und die oben angegebene Anfrage wird mit "no" beantwortet.

Bei der Prüfung der Ableitbarkeit des 1. Subgoals läßt sich eine Unifizierung unmittelbar mit der 1. Klausel durchführen, indem die Variable "Z" mit dem Wert "kö" instanziert wird[21]:

---

[21]In der nachfolgenden Darstellung kennzeichnet der Pfeil "→" die aktuell untersuchte Klausel. In diesem Schema ist daher die bereits überprüfte (erste) Klausel durch einen Pfeil markiert und die erfolgte Instanzierung durch die Angaben von "EXIT" und "Z:=kö"

| CALL: dic(ha,Z) | | |
|---|---|---|
| → dic(ha,kö). | Z:=kö | EXIT:<br>*dic(ha,kö) |
| dic(ha,fu). | | |
| dic(kö,ma). | | |
| dic(fu,mü). | | |

Für die Variable "Z" müssen wir jetzt überall, wo diese Variable im Regelrumpf auftritt, den Wert "kö" einsetzen. Damit stellt sich das 2. Subgoal in der Form "dic(kö,mü)" dar.

Bevor die PROLOG-Inferenzkomponente versucht, dieses 2. Subgoal abzuleiten, markiert sie — intern — die Klausel "dic(ha,kö)." als *Backtracking-Klausel* (engl.: Choicepoint)[22]. Zu dieser Backtracking-Klausel wird dann zurückgekehrt, wenn der Versuch, das 2. Subgoal aus der Wiba abzuleiten, fehlschlägt. In einem derartigen Fall wird als nächstes die auf die Backtracking-Klausel folgende Klausel als weitere *Alternative* für eine mögliche Unifizierung des 1. Subgoals untersucht.

Die Überprüfung, ob das 2. Subgoal "dic(kö,mü)" ("Z" ist mit "kö" instanziert, d.h. "Z:=kö") aus der Wiba abgeleitet werden kann, ist von der zuvor durchgeführten Ableitbarkeits-Prüfung des 1. Subgoals *unabhängig*, da das aktuelle 2. Subgoal eine weitere Komponente der UND-Verbindung darstellt.

Um dies zu verdeutlichen, stellen wir uns für die Ableitbarkeits-Prüfung des 2. Subgoals ein *weiteres Exemplar* der Wiba vor[23]:

| CALL: dic(kö,mü) | | |
|---|---|---|
| dic(ha,kö). | | |
| dic(ha,fu). | | |
| dic(kö,ma). | | |
| dic(fu,mü). | | |

---

— in der 2. und 3. Spalte — gekennzeichnet.

[22]Die Eigenschaft, Backtracking-Klausel zu sein, haben wir — in der 3. Spalte — durch einen dem Prädikatsnamen vorangestellten Stern "*" gekennzeichnet.

[23]Dies deuten wir dadurch an, daß wir die Abbildung rechtsbündig plazieren.

Jetzt wird dieses *neue* Exemplar der Wiba wiederum — von oben nach unten — danach untersucht, ob eine Unifizierung mit dem jetzt aktuellen Subgoal "dic(kö,mü)" möglich ist. Die Ableitung des aktuellen Subgoals gelingt *nicht*, da es in unserem PROLOG-Programm *keinen* Fakt gibt, der sich mit "dic(kö,mü)" unifizieren läßt. Wir haben also die folgende Situation[24]:

| CALL: dic(ha,Z) | | |
| --- | --- | --- |
| → dic(ha,kö). | Z:=kö | EXIT: *dic(ha,kö) |
| dic(ha,fu). | | |
| dic(kö,ma). | | |
| dic(fu,mü). | | |

| CALL: dic(kö,mü) | | |
| --- | --- | --- |
| → dic(ha,kö). | | REDO: dic(kö,mü) |
| → dic(ha,fu). | | REDO: dic(kö,mü) |
| → dic(kö,ma). | | REDO: dic(kö,mü) |
| → dic(fu,mü). | | FAIL: dic(kö,mü) |

### 2.6.2  Das Backtracking

Die Unifizierung des 2. Subgoals ist fehlgeschlagen, d.h. die Instanzierung der Variablen "Z" bei der Unifizierung des 1. Subgoals führt *nicht* dazu, daß das 1. Subgoal und anschließend das 2. Subgoal— und somit der unifizierte Regelkopf "zwischen(ha,mü)" (als Parent-Goal) und folglich auch das ursprüngliche Goal — abgeleitet werden können. Es besteht somit nur noch die Hoffnung, daß eine *alternative* Unifizierung des 1. Subgoals möglich ist, die zu einer erfolgreichen Ableitung des 2. Subgoals (mit einer geeigneten Instanzierung von "Z") führt.

Um eine Alternative zu finden, kehrt die PROLOG-Inferenzkomponente zur (letzten) Backtracking-Klausel zurück, d.h. derjenigen Klausel, für welche die Unifizierung des 1. Subgoals (unmittelbar) zuvor gelungen war. Jetzt wird die zuvor durchgeführte Instanzierung "Z:=kö" wieder *aufgehoben*, so daß die Variable "Z" wieder *ungebunden* ist und somit — bei der Überprüfung der nächsten (weiter unten stehenden) Klausel der Wiba — erneut instanziert werden kann. Es wird also die Unifizierung des 1. Subgoals "dic(ha,Z)" *ab* derjenigen Klausel versucht, die *unmittelbar* hinter (unter) der Backtracking-Klausel im PROLOG-Programm enthalten ist.

---

[24]In der 3. Spalte haben wir "REDO" bzw. "FAIL" eingetragen. Dadurch kennzeichnen wir die Ableitbarkeits-Versuche bzw. das Scheitern der Ableitbarkeits-Prüfung.

- Der soeben geschilderte Vorgang, nach einem fehlgeschlagenen Unifizierungsversuch einen *alternativen* Ansatz zur Ableitung eines Goals bzw. Subgoals zu finden, wird *"Backtracking"* genannt.

- Kann also ein Subgoal *nicht* unifiziert werden, so werden beim Backtracking *alle* Instanzierungen von Variablen *gelöst*, die bei der Unifizierung des — innerhalb desselben Regelrumpfs — unmittelbar zuvor unifizierten (vorausgehenden, "links stehenden") Subgoals vorgenommen wurden. Anschließend wird eine erneute Unifizierung des vorausgehenden Subgoals ab derjenigen Klausel versucht, die der Backtracking-Klausel, d.h. der zuletzt unifizierten Klausel, folgt.

- Schlägt dieser erneute Versuch wiederum fehl, so erfolgt wiederum ein Backtracking zur Backtracking-Klausel des dem aktuellen Subgoal vorausgehenden Subgoals. Gibt es — wie in unserem Fall — kein weiteres Subgoal innerhalb desselben Regelrumpfs mehr, so ist — wegen der logischen UND-Verbindung — *endgültig* festgestellt, daß der unifizierte Regelkopf als (Parent-) Goal *nicht* aus der Wiba ableitbar ist[25].

Wir führen die oben begonnene Prüfung der Ableitbarkeit — nach dem Backtracking vom 2. Subgoal zum 1. Subgoal — fort. Die erhoffte erneute Unifizierung des 1. Subgoals läßt sich sogleich mit der 2. Klausel "dic(ha,fu)." durchführen, indem die Variable "Z" mit "fu" instanziert wird. Jetzt ist — wiederum auf der Basis eines *neuen* Exemplars der Wiba — eine Unifizierung mit dem jetzt aktuellen 2. Subgoal "dic(fu,mü)" zu versuchen[26]:

| REDO: dic(ha,Z) | | |
|---|---|---|
| dic(ha,kö). | | |
| dic(ha,fu). | Z:=fu | EXIT: *dic(ha,fu) |
| dic(kö,ma). | | |
| dic(fu,mü). | | |

| CALL: dic(fu,mü) | | |
|---|---|---|
| dic(ha,kö). | | |
| dic(ha,fu). | | |
| dic(kö,ma). | | |
| dic(fu,mü). | | |

Die gewünschte Unifizierung des Subgoals "dic(fu,mü)" gelingt mit der 4. Klausel "dic(fu,mü).", da beide Klauseln in ihrem Prädikatsnamen überein-

---

[25]Diese Endgültigkeit ist darin begründet, daß keine weiteren Regeln mit gleichem Regelkopf im PROLOG-Programm enthalten sind (siehe unten).

[26]Durch das in der ersten Zeile eingetragene Schlüsselwort "REDO" wird angezeigt, daß Backtracking bei der Ableitbarkeits-Prüfung des 1. Subgoals stattfindet.

stimmen und die gleichen Konstanten in ihren Argumenten besitzen. Innerhalb der Wiba stellt sich somit die folgende Situation dar:

| REDO: dic(ha,Z) | | |
|---|---|---|
| dic(ha,kö). | | |
| → dic(ha,fu). | Z:=fu | EXIT: *dic(ha,fu) |
| dic(kö,ma). | | |
| dic(fu,mü). | | |

| | CALL: dic(fu,mü) | |
|---|---|---|
| → dic(ha,kö). | | REDO: dic(fu,mü) |
| → dic(ha,fu). | | REDO: dic(fu,mü) |
| → dic(kö,ma). | | REDO: dic(fu,mü) |
| → dic(fu,mü). | | EXIT: dic(fu,mü) |

Somit konnte das 1. Subgoal durch die Instanzierung der Variablen "Z" mit "fu" unifiziert und anschließend das 2. Subgoal, was sich daraufhin in der Form "dic(fu,mü)" darstellte, ebenfalls innerhalb der Wiba unifiziert werden. Folglich ist — wegen der logischen UND-Verbindung — der Regelrumpf und damit der unifizierte Regelkopf "zwischen(Von,Nach)" als (Parent-) Goal und demzufolge das ursprüngliche Goal "zwischen(ha,mü)" ableitbar. Somit zeigt die Dialogkomponente des PROLOG-Systems die Antwort

    yes

auf die von uns gestellte Anfrage an.

Die oben angegebene Beschreibung des Inferenz-Algorithmus zeigt, daß der Verlauf der Ableitung eines Goals davon abhängig ist, in welcher *Reihenfolge* die Fakten in die Wiba eingetragen sind. Diese Tatsache ist bedeutungsvoll, wenn sehr viele Klauseln in der Wiba enthalten sind und die Arbeit der Inferenzkomponente im Hinblick auf die Ausführungszeit optimiert werden soll.

## 2.7  Beschreibung der Ableitbarkeits-Prüfung durch Ableitungsbäume

Bei der bisherigen Darstellung haben wir die Vorgehensweise der PROLOG-Inferenzkomponente dadurch erläutert, daß wir — im Hinblick auf die Ableitbarkeit eines Goals und der sich daraus ergebenden Subgoals — die jeweils überprüften Klauseln durch Pfeile und die Backtracking-Klausel durch einen Stern "*" markiert haben. Dadurch war erkennbar, ab welcher Position der nächste Unifizierungsversuch gestartet und wohin beim Backtracking zurückgesetzt werden mußte.

Als Alternative läßt sich eine Beschreibung in Form eines *Ableitungsbaums* angeben. Diese Form hat den Vorteil, daß der Unifizierungs- und Backtracking-Prozeß in einer übersichtlichen und komprimierten *Gesamtbeschreibung* dargestellt werden kann. Für unser oben angegebenes Beispiel stellt sich der Ableitungsbaum wie folgt dar[27]:

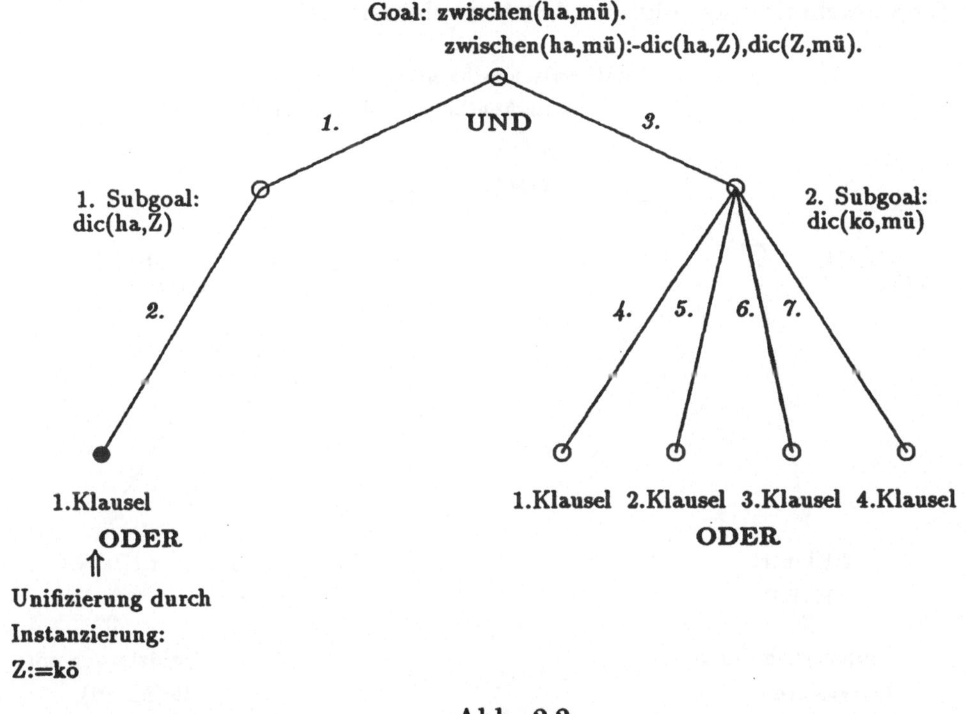


Abb. 2.2

Um das (Parent-) Goal "zwischen(ha,mü)" abzuleiten, müssen *sowohl* das 1. Subgoal "dic(ha,Z)" *als auch* das 2. Subgoal "dic(Z,mü)" — für eine Instanzierung von "Z" — ableitbar sein. Deshalb kennzeichnen wir den obersten Knoten als *UND-Knoten* ("UND").

Im Gegensatz dazu stehen die 1. bis 4. Klausel unseres PROLOG-Programms für die jeweilige Unifizierung der beiden Subgoals *alternativ* zur Verfügung.

---

[27]Dabei beschreiben wir durch die Ordnungszahlen die Reihenfolge bei der Ableitbarkeits-Prüfung.

Somit kennzeichnen wir diese Klauseln als *ODER-Knoten* ("ODER").

Im Ableitungsbaum ist die Reihenfolge der Schritte, in der die Ableitbarkeit des Goals geprüft wird, durch Nummern gekennzeichnet. Die Kreise geben an, daß an dieser Stelle eine Unifizierung erfolgen soll. Die ausgefüllten Kreise bei den ODER-Knoten kennzeichnen eine erfolgreiche Unifizierung[28]. So ist z.B. das 1. Subgoal nach dem 2. Schritt durch die Instanzierung von "Z" (durch die Konstante "kö") ableitbar. Nach dem 7. Schritt setzt das Backtracking zur letzten Backtracking-Klausel ein, weil das 2. Subgoal "dic(kö,mü)" *nicht* ableitbar ist. Den weiteren Ablauf der Ableitbarkeits-Prüfung beschreibt der folgende Ableitungsbaum:

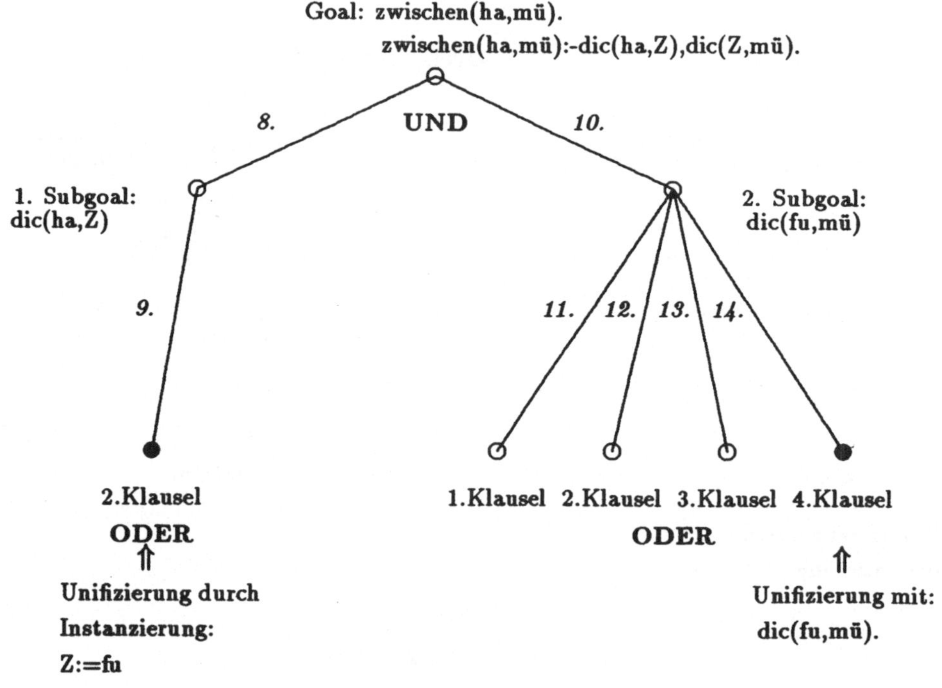


Abb. 2.3

Somit wird im 8. Schritt die Instanzierung von "Z" wieder aufgehoben. Anschließend wird das 1. Subgoal ab der 2. Klausel — der Backtracking-

---

[28]Die nicht ausgefüllten Kreise auf den höheren Hierarchieebenen spiegeln eine Ableitbarkeit oder Nicht-Ableitbarkeit wider, je nachdem, ob auf der unteren Ebene eine Unifizierung gelungen ist oder nicht.

Klausel — erneut auf Ableitbarkeit untersucht.

Nach der erneuten Instanzierung von "Z" — diesmal durch "fu" innerhalb des 9. Schritts — wird durch den 10. Schritt die Aufgabe gestellt, das 2. Subgoal in der Form "dic(fu,mü)" auf Ableitbarkeit zu überprüfen. Die gewünschte Unifizierung gelingt im 14. Schritt durch die Unifizierung mit dem Fakt "dic(fu,mü).". Somit ist durch die Instanzierung von "Z" durch "fu" sowohl das 1. als auch das 2. Subgoal, damit der Regelkopf "zwischen(Von,Nach)" als (Parent-) Goal und folglich das Goal "zwischen(ha,mü)" ableitbar.

Als weiteres Beispiel geben wir nachfolgend den Ableitungsbaum an, der die Prüfung der Anfrage

?– zwischen(br,ha).

beschreibt:

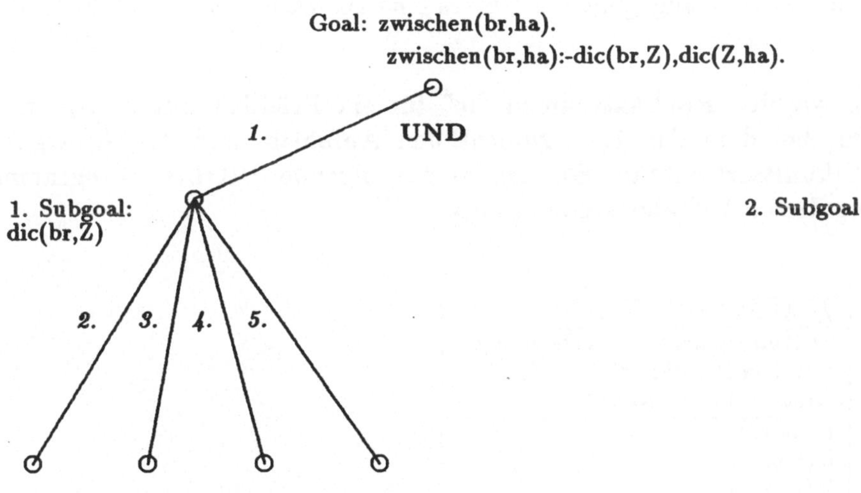


Abb. 2.4

Jetzt läßt sich schon das 1. Subgoal "dic(br,Z)" innerhalb der Wiba *nicht* unifizieren, weil es *keine* Instanzierung von "Z" gibt, mit der dieses Subgoal aus der Wiba abgeleitet werden kann. Wegen der logischen UND-Verbindung ist es folglich *nicht* mehr erforderlich, das 2. Subgoal auf seine Ableitbarkeit hin zu untersuchen. Das angegebene (Parent-) Goal ist somit *nicht* ableitbar, weil dazu *beide* Subgoals hätten ableitbar sein müssen.

## 2.8　Ableitbarkeits-Prüfung bei zwei Regeln

Wir haben die oben angegebene Aufgabenstellung — zur Beantwortung einer Anfrage nach einer IC-Verbindung über *eine* Zwischenstation — *nur* deswegen gewählt, um die Arbeitweise des Inferenz-Algorithmus in knapper Form darstellen zu können. Nachdem wir die diesbezüglich durchzuführenden Schritte in Form von *Instanzierung*, *Unifizierung* und *Backtracking* kennengelernt haben, erläutern wir nachfolgend die Lösung für die folgende allgemeinere Aufgabenstellung:

- Es sollen Anfragen beantwortet werden, ob zwischen zwei Stationen des in Abb. 1.1 angegebenen Netzes eine IC-Verbindung besteht (AUF3).

Indem wir den Prädikatsnamen "ic" für ein Prädikat mit 2 Argumenten wählen, bei dem das 1. Argument den Abfahrts- und das 2. Argument den Ankunftsort enthält, können wir das folgende PROLOG-Programm als Lösung dieser Aufgabenstellung angeben[29]:

```
/* AUF3_1, Version 1: */
/* Anfrage nach IC-Verbindungen
mit dem Prädikat "ic" als Goal;
Bezugsrahmen: Abb. 1.1 */
ic(ha,kö).
ic(kö,ma).
ic(ha,ma).
ic(ha,fu).
ic(fu,mü).
ic(ha,mü).
```

In diesem Programm beschreibt z.B. der Fakt "ic(ha,mü)." einen Sachverhalt, der — unter Einsatz der im Abschnitt 2.4 entwickelten Regel — auch

---

[29]Zur Bearbeitung des Programms AUF3_1 mit dem "Turbo Prolog"-System müssen wir das Prädikat "ic" durch die Angabe "ic(symbol,symbol)" vereinbaren (siehe Abschnitt 2.2 und Anhang A.4.).

aus den beiden Fakten "dic(ha,fu)." und "dic(fu,mü)." gefolgert werden könnte.

Im Hinblick auf ein größeres Netz (siehe unten) ist es daher günstiger, ein PROLOG-Programm zu entwickeln, das möglichst redundanzfreie Angaben enthält. Wir greifen deshalb auf die in Abschnitt 2.5 entwickelte Regel zurück und erweitern sie in der folgenden Weise, so daß die Ableitbarkeit einer Verbindung durch die Überprüfung von Direktverbindungen untersucht werden kann:

es gibt **dann** eine IC-Verbindung vom Abfahrtsort zum Ankunftsort

> **wenn** gilt: es gibt eine Direktverbindung vom Abfahrtsort
> zum Ankunftsort

**oder**
> **wenn** gilt: es gibt eine Direktverbindung vom Abfahrtsort
> zu einer Zwischenstation
> **und** es gibt eine Direktverbindung von dieser
> Zwischenstation zum Ankunftsort.

Der Rumpf dieser Regel ist in zwei (Teil-) Regeln gegliedert, die jeweils Komponenten *einer* logischen *ODER-Verbindung* sind. Dies bedeutet, daß der Regelkopf dann ableitbar ist, wenn die erste Komponente der Regel ableitbar ist, d.h. wenn es eine Direktverbindung gibt. Ist diese Ableitung *nicht* möglich, so steht die *zweite* Komponente (hinter dem logischen "ODER") als Alternative zur Verfügung. Diese Komponente ist aus *einer* logischen UND-Verbindung aufgebaut, die sich — wie oben angegeben — durch den Prädikatsnamen "dic" und das Operatorzeichen "," (für die logische UND-Verbindung) wie folgt formalisieren läßt:

dic(Von,Z),dic(Z,Nach)

Für die logische ODER-Verbindung wird das Operatorzeichen *Semikolon* ";" verwendet (siehe Abschnitt 2.4), so daß sich die formalisierte Form der oben angegebenen Regel — unter Rückgriff auf das Prädikat "ic" im Regelkopf — insgesamt wie folgt darstellt:

> ic(Von,Nach) :- dic(Von,Nach);dic(Von,Z),dic(Z,Nach).

Anstelle dieser Schreibweise ist es möglich, die Komponenten der ODER-Verbindung als *alternative* Regeln in der folgenden Form *untereinander* aufzuführen[30]:

> ic(Von,Nach) :- dic(Von,Nach).
> ic(Von,Nach) :- dic(Von,Z),dic(Z,Nach).

Diese Aufgliederung entspricht genau der oben (in der verbalen Darstellung) angegebenen *logischen ODER-Verbindung* zweier (Teil-) Regeln, weil beide Regeln *alternativ* für eine mögliche Ableitbarkeit eines Goals zur Verfügung stehen[31].

Bei der Überprüfung der Ableitbarkeit eines Prädikats mit dem Prädikatsnamen "ic" wird zunächst die erste Regel für eine mögliche *Unifizierung* ausgewählt und als Backtracking-Klausel markiert. Ist die Ableitung mit dieser Regel *nicht* möglich, wird ein Backtracking durchgeführt und die Unifizierung mit der 2. Regel versucht.

Diese Form des Backtrackings — auf der Ebene von Klauselköpfen — wird *seichtes* Backtracking genannt[32]. Dies ist zu unterscheiden von dem von uns bislang betrachteten Backtracking innerhalb eines Regelrumpfs, das wir fortan als *tiefes* Backtracking bezeichnen:

**seichtes**
**Backtracking** ⇓
> ic(Von,Nach) :- dic(Von,Nach).
> ic(Von,Nach) :- dic(Von,Z),dic(Z,Nach).

⟸

**tiefes Backtracking**

- Grundsätzlich ist zu beachten, daß die Variablen *lokal* bezüglich einer Klausel sind, d.h. ihr Gültigkeitsbereich ist *einzig* und *allein* auf *eine*

---

[30] Es wird also der Regelkopf für jede Alternative identisch übernommen.

[31] Zur besseren Übersicht stellen wir logische ODER-Verbindungen fortan in der Form zweier oder mehrerer Regeln mit gleichem Regelkopf dar.

[32] Ein derartiges seichtes Backtracking wird z.B. immer dann vorgenommen, wenn eine Unifizierung mit Fakten der Wiba versucht wird (siehe etwa die Ausführung des Programms AUF1).

Klausel beschränkt[33]. Wird also eine Variable durch eine Unifizierung innerhalb einer Klausel instanziert, so ist sie in dieser Klausel — und *nur* in dieser Klausel — durch den instanzierten Wert *gebunden*. Somit sind allein beim *tiefen* Backtracking — und *niemals* beim *seichten* Backtracking — bereits vorgenommene Instanzierungen von Variablen zu lösen.

Um die Anzahl der Fakten zu reduzieren, können wir somit als Alternative zu dem Programm AUF3_1 das folgende PROLOG-Programm zur Lösung der Aufgabenstellung AUF3 angeben[34]:

```
/* AUF3_2, Version 2: */
/* Anfrage nach IC-Verbindungen,
   die aus einer Direktverbindung oder aus einer
   Verbindung über eine Zwischenstation bestehen,
   mit dem Prädikat "ic" als Goal;
   Bezugsrahmen: Abb. 1.1 */
dic(ha,kö).
dic(ha,fu).
dic(kö,ma)
dic(fu,mü).

ic(Von,Nach) :- dic(Von,Nach).
ic(Von,Nach) :- dic(Von,Z),dic(Z,Nach).
```

Gegenüber der ersten Programmversion (AUF3_1) haben wir die Anzahl der Fakten auf vier reduziert. Dafür haben wir zwei Regeln in die Wiba aufgenommen.

Wie oben angegeben, werden die beiden Regeln — genau wie die Fakten — als Alternativen einer logischen ODER-Verbindung aufgefaßt, so daß wir den Ablauf dieses Programms durch den folgenden Ableitungsbaum beschreiben können:

---

[33]Es handelt sich somit bei den Variablen "Von" und "Nach" in den beiden Regeln mit dem Regelkopf "ic(Von,Nach)" — trotz der Namensgleichheit — um unterschiedliche Exemplare von Variablen. Um dies hervorzuheben, könnten wir z.B. in der 2. Regel statt der Variablen "Von" und "Nach" auch die beiden Variablennamen "Ab" und "An" verwenden.

[34]Zur Bearbeitung des Programms AUF3_2 mit dem "Turbo Prolog"-System müssen wir die Prädikate "ic" und "dic" durch die Angabe von "ic(symbol,symbol)" und "dic(symbol,symbol)" vereinbaren (siehe Abschnitt 2.2 und Anhang A.4.).

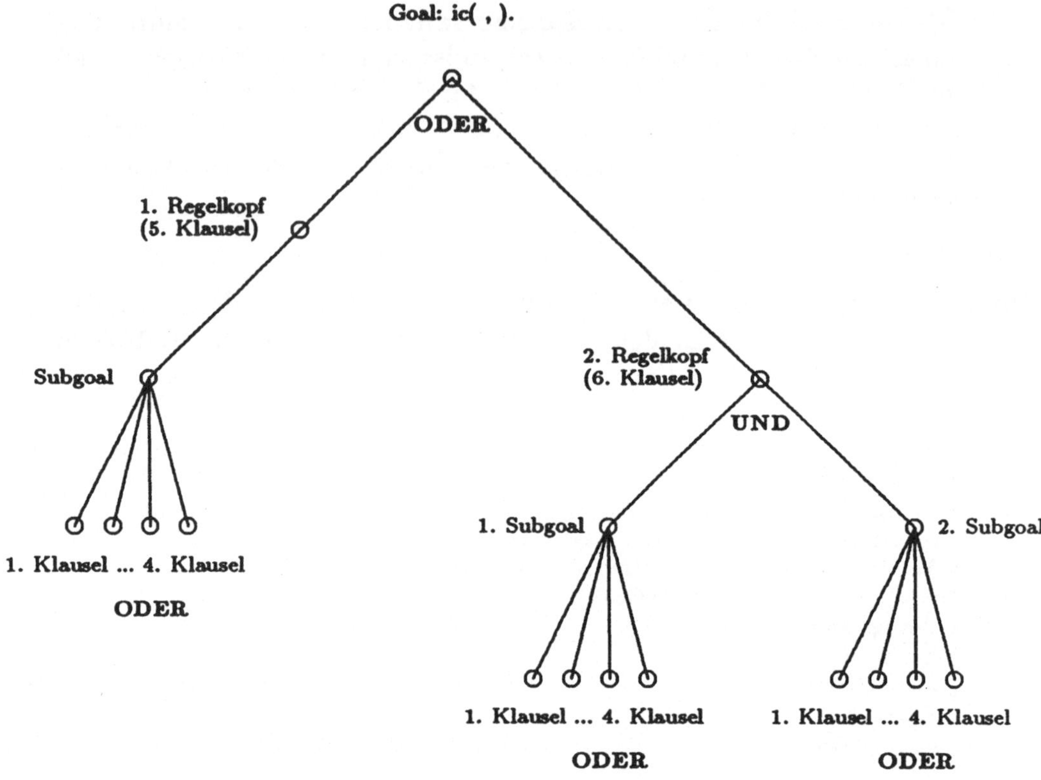


Abb. 2.5

Ein Goal ist folglich dann ableitbar, wenn der 1. Regelkopf *oder* der 2. Regelkopf — nach Instanzierung der Variablen "Von" und "Nach" — ableitbar ist. Der 1. Regelkopf ist ableitbar, wenn der 1. Regelrumpf — als Subgoal — mit einem der Fakten unifizierbar ist. Gelingt dies, so ist das Goal — wegen der logischen ODER-Verbindungen der beiden Regeln — ableitbar (d.h. die 2. Regel braucht *nicht* mehr untersucht zu werden).

Läßt sich der 1. Regelrumpf mit *keinem* Fakt unifizieren, so wird (seichtes) Backtracking durchgeführt und eine Unifizierung des 2. Regelkopfs durch Instanzierung der Variablen "Von" und "Nach" versucht. In diesem Fall wird das 1. Prädikat im 2. Regelrumpf zum 1. Subgoal und das 2. Prädikat zum 2. Subgoal. Um das 1. Subgoal zu unifizieren, ist eine geeignete Instanzierung der Variablen "Z" vorzunehmen. Gelingt diese Unifizierung, so ist das 2. Subgoal mit *dieser* Instanzierung von "Z" auf eine mögliche Unifizierung

mit einem der Fakten zu überprüfen. Gelingt diese Unifizierung *nicht*, so ist
— wegen der logischen UND-Verbindung von 1. Subgoal und 2. Subgoal —
nach dem (tiefen) Backtracking im Rumpf der 2. Regel (verbunden mit der
Aufhebung der Instanzierung von "Z") ein erneuter Versuch einer Unifizierung des 1. Subgoals zu versuchen. Schlägt dieser Versuch *fehl*, so ist das 1.
Subgoal, somit — wegen der logischen UND-Verbindung von 1. Subgoal und
2. Subgoal — der 2. Regelrumpf, damit der 2. Regelkopf (als Parent-Goal)
und folglich auch das Goal *nicht* aus der Wiba ableitbar.

Ist der nach dem (tiefen) Backtracking unternommene *alternative* Unifizierungsversuch jedoch *erfolgreich*, so ist das 2. Subgoal, damit der 2. Regelrumpf, somit der zugehörige unifizierte Regelkopf (als Parent-Goal) und folglich auch das Goal aus der Wiba ableitbar.


Durch die oben angegebene Darstellung, wie die Ableitbarkeits-Prüfung bei
zwei Regeln durchgeführt wird, haben wir die *grundsätzliche* Arbeitsweise
der Inferenzkomponente beim *Backtracking* kennengelernt.


- Es geht stets darum, nach einem *erfolglosen* Versuch einer Unifizierung eines Goals bzw. Subgoals eine weitere *Alternative*, die aus dem
  PROLOG-Programm entnommen werden kann, in der Hoffnung zu untersuchen, durch diesen erneuten Versuch die Ableitbarkeits-Prüfung
  des Goals erfolgreich vornehmen zu können.


Dabei sind im Ableitungsbaum die logische UND- und die logische ODER-
Verbindung im Hinblick auf die möglichen Alternativen wie folgt zu unterscheiden:


- Bei der *logischen UND-Verbindung* innerhalb eines Regelrumpfs wird
  beim (tiefen) Backtracking — nach Aufhebung der durchgeführten Instanzierung von Variablen — zur Backtracking-Klausel zurückgesetzt,
  d.h. zum unmittelbar im Regelrumpf vorausgehenden Subgoal, das zuvor erfolgreich aus der Wiba abgeleitet werden konnte.

  Nur wenn *alle* Komponenten einer logischen UND-Verbindung ableitbar sind, ist der zugehörige Regelkopf ableitbar.


- Dagegen wird bei der *logischen ODER-Verbindung* — auf der Ebene
  der Fakten oder auf der Ebene der Regelköpfe — beim (seichten) Backtracking die jeweils aktuelle Klausel als Backtracking-Klausel aufgefaßt und die im PROLOG-Programm unmittelbar folgende Klausel

daraufhin untersucht, ob eine Unifizierung mit dem Goal bzw. Subgoal möglich ist.

Ein derartiges (seichtes) Backtracking wird jeweils solange durchgeführt, bis es keine weiteren Alternativen mehr gibt, die auf Unifizierung mit dem Goal bzw. dem Subgoal überprüft werden können.

Nur in der Situation, in der *kein* (seichtes) Backtracking *mehr möglich* ist — weil sämtliche Alternativen bereits ausgeschöpft sind — ist der angestrebte Versuch einer Unifizierung des Goals gescheitert, d.h. das Goal ist aus der Wiba *nicht* ableitbar. Ansonsten ist es ausreichend, wenn *eine* Komponente einer logischen ODER-Verbindung als ableitbar erkannt wird. In diesem Fall hat sich die gesamte logische ODER-Verbindung als ableitbar erwiesen.

## 2.9   Aufgaben

PROLOG-Systeme lassen sich als relationale Datenbank-Systeme (DB-Systeme) einsetzen, indem Beziehungen zwischen Daten in geeigneter Form als Prädikate formuliert und die Wiba (als Gesamtheit der Fakten) als Datenbasis aufgefaßt wird. Dies demonstrieren wir am Beispiel von Vertreterumsatzdaten, deren redundanzfreie tabellarische Darstellung wie folgt zugrundegelegt wird:

Tabelle mit den Vertreterstammdaten:

| Vertreternummer | Vertretername | Vertreterwohnort | Vertreterprovision | Kontostand |
|---|---|---|---|---|
| 8413 | meyer | bremen | 0.07 | 725.15 |
| 5016 | meier | hamburg | 0.05 | 200.00 |
| 1215 | schulze | bremen | 0.06 | 50.50 |

Tabelle mit den Artikelstammdaten:

| Artikelnummer | Artikelname | Artikelpreis |
|---|---|---|
| 12 | oberhemd | 39.80 |
| 22 | mantel | 360.00 |
| 11 | oberhemd | 44.20 |
| 13 | hose | 110.50 |

Tabelle mit den Umsatzdaten:

| Vertreternummer | Artikelnummer | Artikelstück | Verkaufstag |
|---:|---:|---:|---:|
| 8413 | 12 | 40 | 24 |
| 5016 | 22 | 10 | 24 |
| 8413 | 11 | 70 | 24 |
| 1215 | 11 | 20 | 25 |
| 5016 | 22 | 35 | 25 |
| 8413 | 13 | 35 | 24 |
| 1215 | 13 | 5 | 24 |
| 1215 | 12 | 10 | 24 |
| 8413 | 11 | 20 | 25 |

So entnehmen wir z.B. der 3. Zeile der letzten Tabelle, daß der Vertreter
mit der Nummer 8413 (also der Vertreter "meyer" aus "bremen" mit der
Vertreterprovision von 7% und dem Kontostand in Höhe von DM 725.15) 70
Artikel der Nummer 11 (also "oberhemden" zum Preis von DM 44.20) am
24. des laufenden Monats verkauft hat.

## Aufgabe 2.1
Gib ein PROLOG-Programm an, bei dem die oben aufgeführten Tabellen-
inhalte als Argumente von geeigneten Prädikaten enthalten sind!

## Aufgabe 2.2
Formuliere geeignete Goals zu den folgenden Anfragen an die Datenbasis:

- a) Welcher Artikel trägt die Artikelnummer 12?

- b) Hat der Vertreter mit der Nummer 1215 am 25. des laufenden Monats einen Umsatz getätigt?

- c) Wurden vom Vertreter mit der Nummer 8413 am 24. des laufenden
  Monats Hosen verkauft?

- d) Gibt es Umsätze für Artikel mit der Nummer 11 oder der Nummer
  13 am 25. des laufenden Monats?

## Aufgabe 2.3
Nimm ein Prädikat namens "tätigkeit" in die Wiba auf, mit dem angefragt
werden kann, ob ein bestimmter Vertreter einen bestimmten Artikel an einem bestimmten Tag des laufenden Monats verkauft hat! Ermittle mit Hilfe
dieses Prädikats das Ergebnis der folgenden Anfrage:

?- tätigkeit(meyer,hose,24).

**Aufgabe 2.4**

Diskutiere, wie die folgenden Anfragen auf der Basis der Wiba, die durch das Programm AUF3_2 gegeben ist, durch die Inferenzkomponente des PROLOG-Systems bearbeitet werden!

- a) ?- ic(ha,fu).

- b) ?- ic(ha,mü).

- c) ?- ic(br,ha).

# 3 Rekursive Regeln

## 3.1 Vereinbarung und Bearbeitung von rekursiven Regeln

Bisher haben wir es uns zur Aufgabe gemacht, PROLOG-Programme zu
entwickeln, mit denen — durch Vorgabe der Direktverbindungen in Abb.
1.1 — lediglich Anfragen nach Verbindungen mit *höchstens* einer Zwischenstation beantwortet werden konnten. Dies war darin begründet, daß wir
an *einfachen* Beispielen die Grundfertigkeiten zum Verständnis der Arbeitsweise der PROLOG-Inferenzkomponente erwerben wollten. Wir haben kennengelernt, daß diese Arbeitsweise auf der *Unfizierung* von Prädikaten, der
*Instanzierung* von Variablen und dem *Backtracking* zum Wiederaufsetzen
hinter *Backtracking-Klauseln* beruht. Jetzt stellen wir uns die Aufgabe,

- ein PROLOG-Programm zu entwickeln, auf dessen Basis das
  PROLOG-System Anfragen nach IC-Verbindungen beantwortet kann,
  die *unabhängig* von der Anzahl der Zwischenstationen sind (AUF4).

Dazu erweitern wir das bisherige Intercity-Netz um die Städte "ka" und "fr",
so daß sich unser Wissen fortan auf den folgenden Sachverhalt gründet:

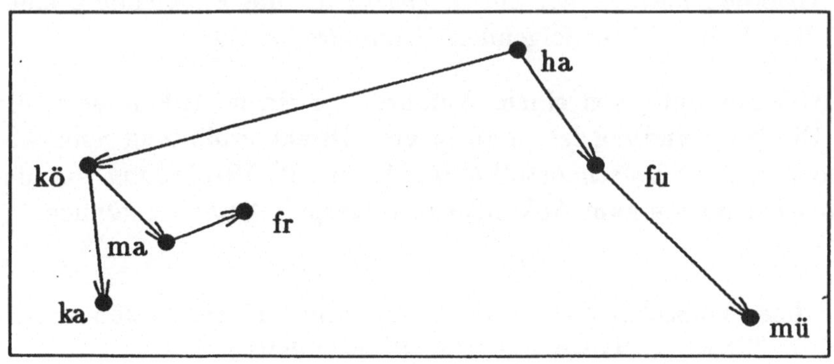


Abb. 3.1

Wenn wir z.B. die Anfrage stellen, ob es eine IC-Verbindung zwischen "ha"
und "fr" gibt, so läßt sich dies mit dem PROLOG-Programm AUF3_2 —

trotz zusätzlicher Aufnahme des Fakts "dic(ma,fr)." — *nicht* beantworten, da es — wie Abb. 3.1 zeigt — in diesem Fall *nicht* nur *eine*, sondern die *beiden* Zwischenstationen "kö" und "ma" gibt. Eine Regel, mit der diese Situation beschrieben werden könnte, müßte etwa von der folgenden Form sein:

```
ic(Von,Nach):-dic(Von,Z1),dic(Z1,Z2),dic(Z2,Nach).
```

Die Ableitbarkeit des Goals "ic(ha,fr)" wäre in dieser Situation durch die Instanzierungen

```
Von:=ha
Z1:=kö
Z2:=ma
Nach:=fr
```

gesichert. Somit müßte das PROLOG-Programm — neben den Fakten mit den Direktverbindungen — jetzt drei Regeln enthalten. Entsprechend wären weitere Regeln — abhängig von der Anzahl der Zwischenstationen — in die Wiba aufzunehmen, falls das Netz weiter vergrößert werden würde. Dies ist im Hinblick auf die Redundanzfreiheit der Wiba *nicht* wünschenswert. Aus diesen Gründen machen wir einen Ansatz für die Entwicklung einer *allgemeinen* Regel, die auf der folgenden *Grundidee* beruht:

- Jede IC-Verbindung von einem Abfahrts- zu einem Ankunftsort, die *keine* Direktverbindung ist, muß in eine Direktverbindung vom Abfahrtsort zu einer Zwischenstation *und* in eine IC-Verbindung von dieser Zwischenstation zum Ankunftsort aufgespaltet werden können.

Wenden wir diese Vorschrift auf die Orte "ha" und "fr" an, so können wir sie wie folgt als "**dann ... wenn** -Beziehung" formulieren:

- **Es gibt dann** eine IC-Verbindung von "ha" nach "fr"
        **wenn** gilt: es gibt eine Direktverbindung von "ha" nach "kö"
        **und** es gibt eine IC-Verbindung von "kö" nach "fr".

Setzen wir wiederum den Prädikatsnamen "ic" für eine IC-Verbindung ein, so läßt sich durch zweimalige Anwendung dieser Vorschrift — grob gesprochen — die Ableitbarkeit von "ic(ha,fr)" auf die Ableitbarkeit von "dic(ha,kö)" und "ic(kö,fr)", die Ableitbarkeit von "ic(kö,fr)" auf die Ableitbarkeit von "dic(kö,ma)" und "ic(ma,fr)" und die Ableitbarkeit dieser IC-Verbindung schließlich auf die Ableitbarkeit der Direktverbindung "dic(ma,fr)" zurückführen.

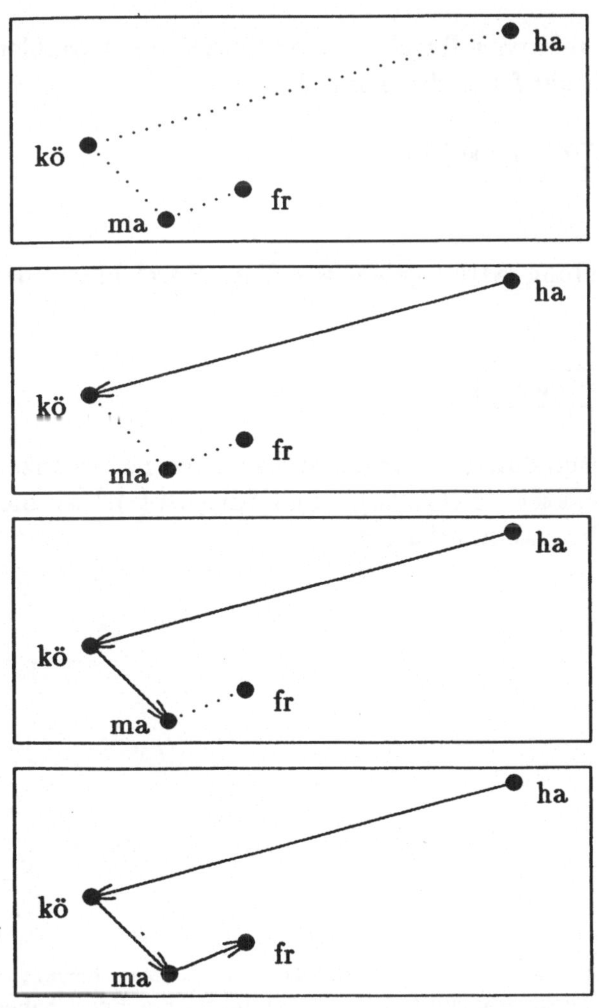


Abb. 3.2

Somit läßt sich die ursprüngliche Anfrage auf zwei Teilanfragen *reduzieren*, von denen die 2. Teilanfrage wiederum die Form der ursprünglichen Anfrage besitzt. Die schrittweise Wiederholung dieser Aufgliederung führt letztendlich dazu, daß die Ableitbarkeit des Prädikats "ic" allein auf die Ableitbarkeit des Prädikats "dic" und damit auf die Ableitbarkeit von Fakten zurückgeführt werden kann. Eine derartige *schrittweise* Zerlegung wird "rekursive Zergliederung" genannt. Die zugehörige Regel, die diese Zerlegung kennzeichnet, wird als *"rekursive"* Regel bezeichnet.

In unserem Fall stellt sich die rekursive Regel — unter Einsatz der Variablen "Von", "Nach" und "Z" — in der folgenden Form dar:

> ic(Von,Nach):-dic(Von,Z),ic(Z,Nach).

Zur Lösung der Aufgabenstellung AUF4 geben wir diese Regel hinter der Regel

> ic(Von,Nach):-dic(Von,Nach).

— zur Ableitung der Direktverbindungen — in der Wiba an. Ferner ergänzen wir die Wiba um die neuen Fakten "dic(kö,ka)." und "dic(ma,fr).", so daß wir das folgende PROLOG-Programm erhalten[1]:

---

[1]Wir schreiben die beiden Regeln und die beiden Subgoals in der 2. Regel bewußt in der angegebenen Reihenfolge auf (siehe Abschnitt 3.2). In der rekursiven Regel haben wir im Regelrumpf des Prädiats "ic" das Prädikat "ic" als *letztes* Subgoal aufgeführt. Einen derartigen Aufbau des Regelrumpfs nennt man auch "Tail-Rekursion". Im "Turbo Prolog"-System müssen die Prädikate "ic" und "dic" bekanntgemacht werden (siehe die Angaben in Kapitel 2 und im Anhang unter A.4).

```
/* AUF4: */
/* Anfrage nach IC-Verbindungen, die unabhängig
von der Anzahl der Zwischenstationen sind,
mit dem Prädikat "ic" als Goal;
Bezugsrahmen: Abb. 3.1 */
dic(ha,kö).
dic(ha,fu).
dic(kö,ka).
dic(kö,ma).
dic(fu,mü).
dic(ma,fr).


ic(Von,Nach):-dic(Von,Nach).
ic(Von,Nach):-dic(Von,Z), ic(Z,Nach).
```

Zur Untersuchung, ob eine IC-Verbindung von "ha" nach "fr" existiert, stellen wir die Anfrage:


?– ic(ha,fr).


Die Ableitbarkeits Prüfung dieses Goals wird von der Inferenzkomponente gemäß dem Ableitungsbaum auf der nächsten Seite durchgeführt.

Zur Ableitung des Goals "ic(ha,fr)" wird zunächst eine Unifizierung des Goals mit dem 1. Regelkopf durchgeführt, so daß die Ableitbarkeit des Subgoals "dic(ha,fr)" (im 1. Regelrumpf) zu untersuchen ist. Dieses Subgoal ist mit *keinem* Fakt unifizierbar. Somit führt (seichtes) Backtracking zur Unifizierung des Goals mit dem Kopf der 2. Regel.

Daraufhin wird im 5. Schritt "dic(ha,Z)" — das 1. Subgoal des 2. Regelrumpfs — unifiziert, indem die Variable "Z" durch "kö" instanziert wird. Die Klausel "dic(ha,kö)." wird als Backtracking-Klausel markiert. Somit muß als nächstes das 2. Subgoal des 2. Regelrumpfs — "ic(kö,fr)" — auf Ableitbarkeit untersucht werden. Zur Ableitbarkeits-Prüfung dieses Subgoals wird ein *neues* Exemplar der Wiba bereitgestellt, in dem die Überprüfung so beginnt, als sei "ic(kö,fr)" als *ursprüngliches* Goal vorgegeben worden.

Goal: ic(ha,fr).
ic(ha,fr):-dic(ha,fr).
ODER
ic(ha,fr):-dic(ha,Z),ic(Z,fr).
1.
3.
2.
dic(ha,Z)
UND
ic(kö,fr)
4.
6.
ODER
5.
ic(kö,fr):-dic(kö,fr).
ODER
ic(kö,fr):-dic(kö,Z_1),ic(Z_1,fr).
7.
9.
1. Klausel
dic(ha,kö).
Instanzierung:
Z:=kö
ODER
8.
10.
12.
19.
dic(kö,Z_1)
UND
ic(ka,fr)
UND
ic(ma,fr)
ODER
ic(ka,fr):-dic(ka,fr).
ic(ka,fr):-
dic(ka,Z_2),ic(Z_2,fr).
ic(ma,fr):-
dic(ma,fr).
11.
18.
ODER
3. Klausel
dic(kö,ka).
Instanzierung:
Z_1:=ka
4. Klausel
dic(kö,ma).
Instanzierung:
Z_1:=ma
13.
15.
20.
dic(ka,Z_2).
ODER
14.
16.
ODER
21.
6. Klausel
dic(ma,fr).
ODER
17.
ODER
ODER

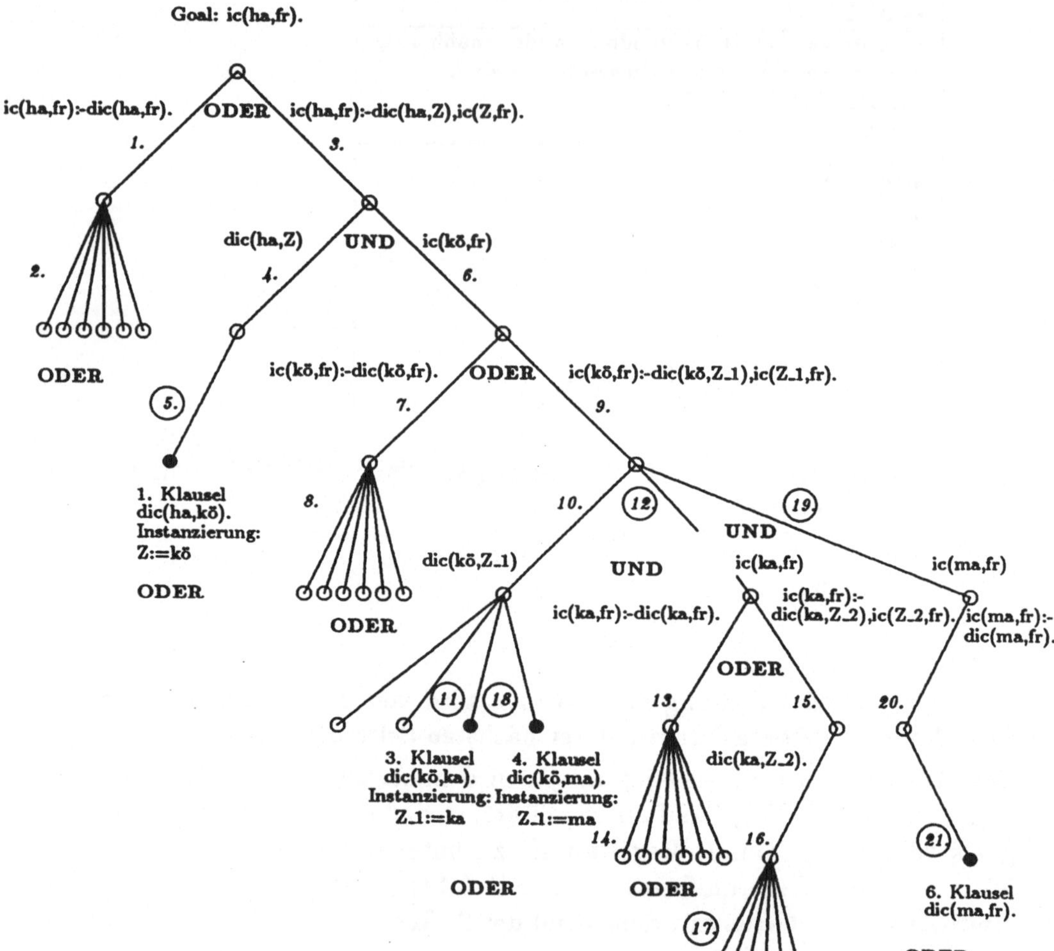

Abb. 3.3

Obwohl das jetzt zugrundegelegte *neue* Exemplar der Wiba den *gleichen* Inhalt wie die ursprüngliche Wiba besitzt, schreiben wir die zugehörigen Regeln in der folgenden Form auf:

$$ic(Von\_1,Nach\_1):\text{-}dic(Von\_1,Nach\_1).$$
$$ic(Von\_1,Nach\_1):\text{-}dic(Von\_1,Z\_1), ic(Z\_1,Nach\_1).$$

Durch diese Schreibweise heben wir hervor, daß es sich bei den Variablen um Exemplare einer *neuen* Wiba handelt (die ursprünglichen Variablennamen sind durch den Index "$\_1$" *ergänzt*). Als Index wählen wir die Ziffer "1", weil es sich um solche Variablen handelt, die Bestandteil des 1. *neuen* Exemplars der Wiba sind[2].

In dem *neuen* Exemplar der Wiba wird eine Unifizierung von "$ic(kö,fr)$" mit dem 1. Regelkopf durchgeführt, so daß die Ableitbarkeit des Subgoals "$dic(kö,fr)$" — im 8. Schritt — zu untersuchen ist. Dieses Subgoal ist mit *keinem* Fakt unifizierbar. Somit führt (seichtes) Backtracking zur Unifizierung des Goals mit dem Kopf der 2. Regel. Im 11. Schritt wird das 1. Subgoal "$dic(kö,Z\_1)$" mit dem Fakt "$dic(kö,ka).$" unifiziert, indem die Variable "$Z\_1$" durch "$ka$" instanziert wird. Die Klausel "$dic(kö,ka).$" wird als Backtracking-Klausel *markiert*.

Als nächstes muß das 2. Subgoal "$ic(ka,fr)$" auf Ableitbarkeit untersucht werden. Dazu wird *wiederum* ein *neues* Exemplar der Wiba bereitgestellt, in dem die Überprüfung so beginnt, als sei "$ic(ka,fr)$" als ursprüngliches Goal vorgegeben worden.

Im 12. Schritt wird eine Unifizierung des 2. Subgoals "$ic(Z\_1,fr)$" mit der Instanzierung "$Z\_1:=ka$" ("$Z\_1$" ist der Variablenname im 1. *neuen* Exemplar der ursprünglichen Wiba) mit dem Kopf der Regel "$ic(Von,Nach):\text{-}dic(Von,Nach)$" durchgeführt, so daß jetzt die Ableitbarkeit des Subgoals "$dic(ka,fr)$" zu untersuchen ist. Dieses Subgoal ist mit *keinem* Fakt unifizierbar (Schritt 14). Somit führt (seichtes) Backtracking zum Unifizierungs-Versuch des Goals mit dem Kopf der 2. Regel. In Schritt 17 wird versucht, das 1. Subgoal "$dic(ka,Z\_2)$" ("$Z\_2$" ist der Variablenname im 2. *neuen* Exemplar der ursprünglichen Wiba) zu unifizieren. Dies schlägt fehl, da es *keinen* Fakt mit dem Prädikat "$dic$" gibt, der "$ka$" als 1. Argument enthält.

---

[2]Wird bei der Ableitbarkeits-Prüfung — ohne vorausgehendes (tiefes) Backtracking auf die Ebene der unmittelbar zuvor betrachteten Wiba — ein *weiteres* neues Exemplar der Wiba untersucht, so kennzeichnen wir die zu diesem Exemplar gehörenden Variablennamen dadurch, daß wir den ursprünglichen Variablennamen um den Index "$\_2$" ergänzen, usw.

Anschließend wird ein (tiefes) Backtracking durchgeführt — hin zur letzten als Backtracking-Klausel gekennzeichneten Klausel "dic(kö,ka)." (siehe Schritt 11 im Ableitungsbaum). Der nachfolgende, im Schritt 18 erneut unternommene Versuch der Unifizierung des 1. Subgoals "dic(kö,Z_1)" gelingt mit dem in der Wiba unmittelbar auf "dic(kö,ka)." folgenden Fakt "dic(kö,ma).". Mit der Instanzierung "Z_1:=ma" wird das 2. Subgoal "dic(Z_1,fr)" zu "dic(ma,fr)", so daß als nächstes das Subgoal "ic(ma,fr)" abzuleiten ist.

Dazu wird wiederum ein *neues* Exemplar der Wiba bereitgestellt, in dem die Überprüfung so beginnt, als sei "ic(ma,fr)" als ursprüngliches Goal vorgegeben worden. Nach der Unifizierung mit dem 1. Regelkopf muß der Regelrumpf "dic(ma,fr)" auf Ableitbarkeit untersucht werden. Die Unifizierung gelingt — in Schritt 21 — mit "dic(ma,fr).", dem 6. Fakt der Wiba.

Wir verfolgen den Ableitungsprozeß abschließend in *umgekehrter* Richtung und fassen zusammen:

- Der Regelrumpf "dic(ma,fr)" ist ein Fakt der Wiba, so daß der Regelkopf "ic(ma,fr)" (als Parent-Goal) ableitbar ist.

- Da sich "ic(ma,fr)" als ableitbar erweist und es sich bei "dic(kö,ma)." um einen Fakt der Wiba handelt, ist der Regelkopf "ic(kö,fr)" (als Parent-Goal) ableitbar.

- Da "ic(kö,fr)" ableitbar ist und "dic(ha,kö)." sich als Fakt der Wiba erweist, ist der Regelkopf "ic(ha,fr)" (als Parent-Goal) und demzufolge auch das ursprüngliche Goal "ic(ha,fr)" ableitbar.

Somit zeigt der Ableitungsbaum, wie sich unsere oben angegebene Anfrage "ic(ha,fr)" aus der Wiba ableiten läßt.

Wir heben abschließend hervor, was in der oben angegebenen Arbeitsweise des Inferenz-Algorithmus besonders zu beachten ist:

- Nach jedem (seichten) Backtracking wird beim daraufhin *erneut* durchgeführten Unifizierungs-Versuch für das Prädikat "ic(Z,Nach)" — für vorgegebene Instanzierungen von "Z" und von "Nach" — ein *neues* Exemplar der Wiba zugrundegelegt.

- Bei jeder *erneuten* Ableitbarkeits-Prüfung innerhalb des Rumpfs der 2. Regel wird mit einem *neuen* Exemplar der Variablen "Z" gearbeitet, das *nichts* mit den zuvor bearbeiteten Exemplaren dieser Variablen zu tun hat. Um dies herauszustellen, haben wir die Variablennamen des $i$-ten *neuen* Exemplars der Wiba dadurch gebildet, daß wir den ursprünglichen Namen um den Index "$\_i$". ergänzt haben.

## 3.2  Änderungen der Reihenfolge

Wir haben oben darauf hingewiesen, daß wir die Abfolge der beiden Regeln und die Reihenfolge der Prädikate "dic" und "ic" im Rumpf der 2. Regel in Programm AUF4 *bewußt* in der dort angegebenen Reihenfolge vorgenommen haben.

Die Form, in der die beiden Regeln im Programm eingetragen sind, entnahmen wir unmittelbar der zuvor angegebenen verbalen Vorschrift. Dies betrifft sowohl die Reihenfolge der beiden Regeln als auch die Abfolge, in der die Komponenten der logischen UND-Verbindung innerhalb der 2. Regel aufgeführt waren.

Wir wollen jetzt untersuchen, ob eine veränderte Form der Regeln des PROLOG-Programms AUF4 den Ablauf der Ableitbarkeits-Prüfung beeinflußt.

- Durch den Ablauf der Ableitbarkeits-Prüfung wird die *"prozedurale Bedeutung"* eines PROLOG-Programms bestimmt[3]. Da der Inferenz-Algorithmus bei einer veränderten Reihenfolge der Klauseln oft auch einen anderen Ablauf nimmt, kann sich die prozedurale Bedeutung eines PROLOG-Programms entsprechend ändern. Wie wir unten feststellen werden, führt die Änderung der prozeduralen Bedeutung unter Umständen sogar dazu, daß der prozedurale Ablauf in eine Endlosschleife gerät.

- Die *"prozedurale"* Bedeutung ist zu unterscheiden von der *"deklarativen"* Bedeutung eines PROLOG-Programms, die durch die Prädikate in den Klauseln bestimmt wird — unabhängig von der Reihenfolge, in der die Klauseln angegeben sind. Die deklarative Bedeutung besteht somit darin, *ob* und nicht *wie* ein Goal ableitbar ist.

So besteht etwa die deklarative Bedeutung des Programms AUF4 in dem Wissen über die IC-Verbindungen in unserem IC-Netz. Dieses Wissen ändert sich nicht, wenn die Reihenfolge der Klauseln vertauscht wird.

---

[3]Diese Bedeutung ist jeweils abhängig vom aktuellen Goal.

Zur Untersuchung, ob eine veränderte Form der Regeln des Programms
AUF4 Auswirkungen auf den Ablauf der Ableitbarkeits-Prüfung hat, betrachten wir nachfolgend drei Varianten:

Als *erste Variante* ändern wir die Reihenfolge der Prädikate im Rumpf der
2. Regel. Somit betrachten wir die folgende Vereinbarung:

```
ic(Von,Nach):-dic(Von,Nach).
ic(Von,Nach):-ic(Von,Z),dic(Z,Nach).
```

Im Hinblick auf den Inhalt der zuvor angegebenen Form haben wir keine
Änderung der *deklarativen* Bedeutung vorgenommen, d.h. der *Sinngehalt*
der beiden Regeln ist nach wie vor *unverändert*. Folglich erwarten wir
bei der Ableitbarkeits-Prüfung des Goals "ic(ha,fr)" ebenfalls die Antwort
"yes". Dies ist auch der Fall, wenngleich sich für diese Version ein etwas
aufwendigerer Ableitungsbaum ergibt. Dies ist nicht verwunderlich, da der
Inferenz-Algorithmus eine programm-unabhängige Komponente ist, auf deren Arbeitsweise sich eine veränderte Reihenfolge der Klauseln unmittelbar
auswirkt.

Als *zweite Variante* ändern wir die ursprünglichen Reihenfolge der beiden
Regeln, so daß wir das modifizierte Programm in der folgenden Form — bei
gleichem Goal — zur Ausführung bringen lassen:

```
ic(Von,Nach):-dic(Von,Z),ic(Z,Nach).
ic(Von,Nach):-dic(Von,Nach).
```

Im Hinblick auf die bisherige Form haben wir wiederum *keine deklarative*
Änderung vorgenommen. Folglich erwarten wir somit auch für die Anfrage
"ic(ha,fr)" eine positive Antwort. Dies ist auch der Fall, wenngleich sich —
gegenüber der ursprünglichen Form und der ersten Variante — ein zusätzlicher Aufwand in der Durchführung der Ableitbarkeits-Prüfung als Folge der
prozeduralen Änderung ergibt.

Als *dritte* und *letzte* Variante bleibt die Änderung der Reihenfolge der Regeln bei gleichzeitiger Reihenfolgeänderung der Prädikate im Regelrumpf der
ursprünglich zweiten Regel zu untersuchen. Somit lassen wir das Programm
— bei gleichem Goal "ic(ha,fr)" — in der Form

```
ic(Von,Nach):-ic(Von,Z),dic(Z,Nach).
ic(Von,Nach):-dic(Von,Nach).
```

zur Ausführung bringen. Obwohl die deklarative Bedeutung der Klauseln nach wie vor *unverändert* ist, führt die sich hieraus ergebende *prozedurale* Änderung zu einem Programmablauf, der *nicht terminiert*. Dies bedeutet, daß die Ableitbarkeits-Prüfung *nicht* zu Ende geführt werden kann, weil der Inferenz-Algorithmus in eine *Endlosschleife*[4] gerät. Diese Situation werden wir im folgenden näher beschreiben.

Nach der Unifizierung des Goals "ic(ha,fr)" mit dem 1. Regelkopf muß die Ableitbarkeit des Regelrumpfs überprüft werden. Dazu ist das Subgoal "ic(ha,Z)" für eine geeignete Instanzierung von "Z" zu unifizieren. Dies bedeutet, es muß — auf der Basis eines *neuen* Exemplars der Wiba — "ic(ha,Z)" mit einem Regelkopf unifiziert werden, der den Prädikatsnamen "ic" trägt. Dies gelingt wiederum mit dem 1. Regelkopf, indem die Instanzierungen

Von_1:=ha
Nach_1:=:Z

vorgenommen werden. Gegenüber unseren früheren Beispielen ist dies eine Besonderheit, weil jetzt — beim Unifizieren — eine Variable mit einer anderen Variablen instanziert wird[5].

- Diese Form der Instanzierung nennen wir einen *"Pakt"*, der zwischen den Variablen geschlossen wird. Wir kennzeichnen dies durch das Symbol ":=:". Dies soll bedeuten,

  - daß noch keine Konstante an die Variable "Nach_1" und an die Variable "Z" gebunden ist, und

  - daß eine Instanzierung der Variablen "Nach_1" eine Instanzierung der Variablen "Z" mit demselben Wert bewirkt, und um-

---

[4] Diese Situation wird vom "IF/Prolog"-System durch "stack_overflow" angezeigt. Falls es notwendig ist, die Programmausführung abzubrechen, so können wir dies durch die Tastenkombination *"Ctrl"* + *"Alt"* + "\" erreichen (anschlagen der "\"-Taste, während die *"Ctrl"* und die *"Alt"*- Taste gedrückt sind). Im "Turbo Prolog"-System wird in dieser Situation die Meldung "1002 Stack overflow. Re-configure with Options if necessary. Press the SPACE bar" ausgegeben. Eine derartige Endlosschleife läßt sich durch die Tastenkombination *"Ctrl"* + *"C"* abbrechen.

[5] Die Schreibweise "Nach_1:=:Z" ist willkürlich, wir könnten auch "Z:=:Nach_1" angeben.

gekehrt eine Instanzierung der Variablen "Z" eine Instanzierung von "Nach_1" mit demselben Wert zur Folge hat.

Nach den oben angegebenen Instanzierungen muß, um den Rumpf der 1. Regel abzuleiten, zunächst "ic(ha,Z_1)" als Subgoal abgeleitet werden. Dies bedeutet, es muß — auf der Basis eines weiteren *neuen* Exemplars der Wiba — "ic(ha,Z_1)" mit einem Regelkopf unifiziert werden, der den Prädikatsnamen "ic" trägt.

Wir stellen fest, daß dieses Subgoal — bis auf die unterschiedlichen Namen des 2. Arguments (früher "Z" und jetzt "Z_1") — völlig identisch mit dem oben angegebenen Parent-Goal "ic(ha,Z)" ist. Dies bedeutet, daß sich die Aufgabe, das Subgoal "ic(ha,Z)" abzuleiten, immer wieder von *neuem* stellt. Dies liegt daran, daß zur Ableitung von "ic(Von,Z)" stets ein weiteres *neues* Exemplar der Wiba verwendet wird, so daß sogleich immer der Kopf der 1. Regel unifiziert und die anschließende Ableitbarkeits-Prüfung des 1. Subgoals wiederum unmittelbar auf diese 1. Regel führt. Da demzufolge die Ableitbarkeits-Prüfung von "ic(Von,Z)" eine Anforderung darstellt, die immer wiederkehrt, gerät der prozedurale Ablauf in eine *Endlosschleife*.

Wir stellen fest, daß die Angabe der beiden Regeln in der Form

```
ic(Von,Nach):-ic(Von,Z),dic(Z,Nach).
ic(Von,Nach):-dic(Von,Nach).
```

zwar *keine* deklarative, wohl aber *eine prozedurale* Änderung zur Folge hat, die zu einer *Endlosschleife* führt.

Damit sind wir auf ein zentrales Problem der logik-basierten Programmierung mit PROLOG gestoßen:

- Bei der Verwendung rekursiver Regeln reicht es *nicht* aus, das Augenmerk allein auf die *deklarative* Bedeutung der Klauseln zu richten. Vielmehr muß — im Hinblick auf die Bearbeitung durch den Inferenz-Algorithmus — der *prozeduralen* Bedeutung besondere Beachtung geschenkt werden. Daher muß die *Reihenfolge* der Regeln innerhalb der Wiba und die *Reihenfolge* der Prädikate innerhalb der Regelrümpfe beachtet werden.

Da bei der Bearbeitung einer logischen UND-Verbindung der Unifizierungs-Versuch immer von *"links nach rechts"* abläuft, ist folglich stets dafür Sorge zu tragen, daß beim Ableitungsbaum — anders als bei unserem letzten Beispiel — *niemals* in immer wiederkehrender gleicher Weise *"tiefer und tiefer"* verzweigt wird, bis das zuletzt untersuchte Subgoal *vollständig* abgeleitet ist. Vielmehr muß gewährleistet sein, daß eine derartige *"Tiefensuche"* nach endlich vielen Schritten durch ein *Abbruch-Kriterium* beendet wird. Dies läßt sich normalerweise dadurch erreichen, daß bei Regeln mit gleichem Regelkopf eine "nicht-rekursive" Klausel — mit dem Abbruch-Kriterium — als 1. Klausel aufgeführt wird.

## 3.3  Programmzyklen

Wir haben oben dargestellt, daß das Programm AUF4 unsere Aufgabenstellung löst. Ferner haben wir beschrieben, daß der prozedurale Ablauf während der Programmausführung zu *keiner* Endlosschleife führt, da die rekursive Regel für das Prädikat "ic" die richtige Abfolge der Prädikate im Regelrumpf hat und ferner das *Abbruch-Kriterium* der rekursiven Regel — in Form einer *nicht-rekursiven* Klausel — vorangestellt ist.

Wir zeigen jetzt, daß diese Vorkehrungen dann *nicht* mehr ausreichen, wenn die Beschreibung des Sachverhalts bzw. die Reihenfolge der Fakten, die den Sachverhalt kennzeichnen, für den prozeduralen Ablauf "ungünstig" ist. In einer derartigen Situation kann es Fälle geben, bei denen eine Abfrage zu einem *Programmzyklus*, d.h. zu einer *Endlosschleife* mit einem *zyklischen* prozeduralen Ablauf führt.

Dazu betrachten wir die folgende Aufgabenstellung:

- Es sollen Anfragen nach *richtungslosen* IC-Verbindungen gestellt werden können, d.h. IC-Verbindungen, bei denen die Reihenfolge, in der Abfahrts- und Ankunftsort angegeben werden, für die Beantwortung der Anfrage unerheblich ist (AUF5).

Auf der Basis des Programms AUF4 scheint es sinnvoll zu sein, eine weitere Regel — mit dem Prädikat "ic_sym" — einzuführen, über welche die Direktverbindungen *symmetrisiert* werden. Dies können wir z.B. in der Form

```
dic_sym(Von,Nach):-dic(Von,Nach).
dic_sym(Von,Nach):-dic(Nach,Von).

ic(Von,Nach):-dic_sym(Von,Nach).
ic(Von,Nach):-dic_sym(Von,Z),ic(Z,Nach).
```

erreichen. Dabei haben wir im Regelrumpf unserer ursprünglichen Regel das Prädikat "dic_sym" anstelle von "dic" verwendet. Dieses neue Prädikat ist durch zwei alternative Regeln vereinbart, die durch ihre Regelrümpfe eine symmetrische Behandlung der beiden Argumente des Prädikats "dic_sym" festlegen.

Somit können wir hoffen, daß die Lösung der Aufgabenstellung durch das folgende Programm gelingt[6]:

```
/* AUF5: */
Anfrage nach richtungslosen IC-Verbindungen
mit dem Prädikat "ic" durch die Einbeziehung
des Prädikats "dic_sym";
dabei gibt es eine Endlosschleife bei den Anfragen:
"ic(ha,fr)", "ic(ha,mü)", "ic(ma,ha)" "ic(fr,ha)";
Bezugsrahmen: Abb. 3.1 */

dic(ha,kö).
dic(ha,fu).
dic(kö,ka).
dic(kö,ma).
dic(fu,mü).
dic(ma,fr).


dic_sym(Von,Nach):-dic(Von,Nach).
dic_sym(Von,Nach):-dic(Nach,Von).


ic(Von,Nach):-dic_sym(Von,Nach).
ic(Von,Nach):-dic_sym(Von,Z),ic(Z,Nach).
```

Unsere Hoffnung erfüllt sich *nicht*, da z.B. bei der Eingabe des Goals "ic(ha,fr)" die Programmausführung *nicht* terminiert, weil der Inferenz-Algorithmus in einen *Programmzyklus* gerät. Dies läßt sich wie folgt nachvollziehen:

Nachdem als erste potentielle Zwischenstation "kö" festgestellt wird, ist das Subgoal

$$dic\_sym(kö,Z\_1),ic(Z\_1,fr)$$

auf Ableitbarkeit zu prüfen. Durch die Instanzierung von "Z_1" mit "ka" ist "dic_sym(kö,Z_1)" unifizierbar. Die Ableitbarkeits-Prüfung von "ic(ka,fr)" führt folglich zur Untersuchung von:

---

[6]Im "Turbo Prolog"-System müssen wir das Prädikat "dic_sym" in der Form "dic_sym(symbol,symbol)" bekannt machen (siehe Kapitel 2 und im Anhang unter A.4).

    dic_sym(ka,Z_2),ic(Z_2,fr)

Durch die Instanzierung von "Z_2" mit "kö" ist "dic_sym(ka,Z_2)" unifizierbar. Somit ist


    dic_sym(kö,Z_3),ic(Z_3,fr)


auf Ableitbarkeit zu untersuchen. Dieses Subgoal ist — bis auf die beiden
Variablennamen ("Z_1" anstelle von "Z_3") — mit dem oben angegebenen
Subgoal *identisch*, so daß die weitere Untersuchung auf Ableitbarkeit *zyklisch*
gemäß der angegebenen Darstellung erfolgt, d.h. der Inferenz-Algorithmus
befindet sich in einem *Programmzyklus*.
Dieses Verhalten des Inferenz-Algorithmus läßt sich unmittelbar aus der *Reihenfolge* erklären, in der die Fakten innerhalb des oben angegebenen Programms aufgeführt sind. Wir können dies an folgender Abbildung nachvollziehen:

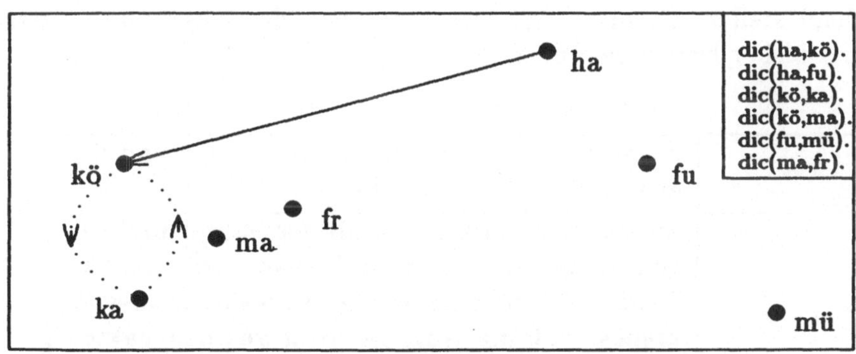


Abb. 3.4

* Eine Suche nach einer potentiellen Zwischenstation von "kö" nach "fr"
  führt durch die Anordnung der Fakten mit dem Prädikatsnamen "dic"
  dazu, daß als erstes die Station "ka" betrachtet wird. Wird jetzt eine
  mögliche Zwischenstation von "ka" nach "fr" gesucht, so kommt —
  wegen der Symmetrisierung — als erstes "kö" in Betracht. Wird jetzt
  wiederum eine mögliche Zwischenstation von "kö" nach "fr" gesucht,
  so stimmt diese Aufgabe wieder mit dem eingangs formulierten Problem überein, so daß erneut die Station "ka" als erste Station in Frage
  kommt, usw.

Die Endlosschleife des Inferenz-Algorithmus, die bei der Überprüfung des
Goals *"ic(ha,fr)"* entsteht, läßt sich z.B. dadurch vermeiden, daß der Fakt

"dic(kö,ka)." als letzter Fakt innerhalb der Wiba angegeben wird. In diesem
Fall führt die Programmausführung zur *positiven* Beantwortung ("yes") der
Anfrage, da durch diese neue Konstellation der oben angegebene Programm-
zyklus *nicht* auftreten kann.

Leider ist mit der angegebenen Änderung das grundlegende Problem *nicht*
beseitigt, da auch in diesem Fall z.B. die Anfrage *"ic(ha,mü)"* (nach wie
vor) zu einem Programmzyklus führt.

Das Problem besteht nämlich darin, daß dem Sachverhalt der richtungslosen
Verbindungen durch die Symmetrisierung allein *nicht* Rechnung getragen
wird. Vielmehr muß beachtet werden, daß beim prozeduralen Ablauf je-
derzeit verhindert werden muß, daß *Programmzyklen* der oben angegebenen
Art auftreten. Dies gelingt nur, wenn über die bereits durch Instanzierung
festgelegten Zwischenstationen buchgeführt wird. Die dazu erforderlichen
Hilfsmittel stellen wir in Kapitel 7 dar. Dort werden wir die hier angesprochene Thematik wieder aufgreifen und eine geeignete Lösung unserer oben
gestellten Aufgabe angeben.

Abschließend stellen wir die möglichen Antworten des PROLOG-Systems
dar, die wir bisher kennengelernt haben:

| | |
|---|---|
| yes | die gestellte Anfrage ist mit den Fakten und Re-geln in der Wiba ableitbar |
| no | die gestellte Anfrage ist mit den Fakten und Re-geln in der Wiba *nicht* ableitbar; wird eine An-frage mit "no" beantwortet, so bedeutet dies *le-diglich*, daß die Anfrage *nicht* aus den Fakten und Regeln der Wiba ableitbar ist |
| keine Anzeige | die gestellte Anfrage *könnte* mit den Fakten und Regeln der Wiba *nicht* beweisbar sein; dabei ist es möglich, daß die Ableitbarkeits-Prüfung eines Subgoals zu einer nichtendenden *Tiefen-suche* führte oder der Inferenz-Algorithmus in einen Programmzyklus geriet[7]; prinzipiell wis-sen wir nicht, ob die Anfrage *nicht* ableitbar ist oder ob die Anfrage *noch* nicht bewiesen werden konnte |

---

[7]Wir erhalten vom "IF/Prolog"-System die Fehlermeldung "stack_overflow" ausgege-

## 3.4  Aufgaben

<u>Aufgabe 3.1</u>
Gegeben sei der folgende Lageplan[8]:

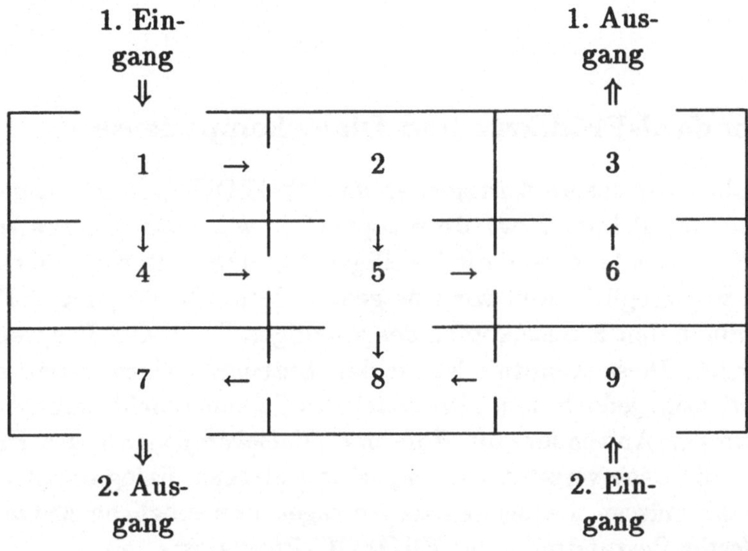


Es ist ein PROLOG-Programm zu entwickeln, mit dem sich Anfragen danach untersuchen lassen, ob es jeweils einen Weg von einem der Eingänge über geeignete Räume zu einem der Ausgänge gibt!

---

ben. Im System "Turbo Prolog" wird im Message-Fenster die Fehlermeldung "1002 stack overflow. Re-configure with options if necessary" angezeigt.

[8]Wir setzen voraus, daß die Räume lediglich in der angegeben Richtung betreten werden können.

# 4 Standard-Prädikate

## 4.1 Standard-Prädikate und Dialogkomponente

Bislang haben wir unsere Anfragen an das PROLOG-System mit den Prädikatsnamen von Fakten bzw. Regelköpfen — wie etwa "dic(ha,kö)" oder "ic(ha,fr)" — eingeleitet und die jeweiligen Argumente in Klammern angegeben. Dies war möglich, weil wir eine genaue Kenntnis derjenigen Prädikate besitzen, die in den Klauselköpfen des jeweiligen PROLOG-Programms eingetragen sind. Diese Kenntnis ist für den *Entwickler* eines wissensbasierten Systems wichtig, jedoch dem *Anwender* des Systems nicht zumutbar. Vielmehr sollte der Anwender mit Hilfe der *Dialogkomponente* des PROLOG-Systems in die Lage versetzt werden, seine Anfragen dialog-orientiert einzugeben. Dazu müssen diesbezügliche Anfragen und mögliche Antworten des Systems fester Bestandteil eines PROLOG-Programms sein.

Von welcher Art die dazu erforderlichen Sprachelemente sind und wie sie in vorhandene Klauseln bzw. in neue Klauseln eines Programms zu integrieren sind, stellen wir am Beispiel der folgenden Aufgabenstellung vor:

- Auf die Anforderung des Systems

    Gib Abfahrtsort:

    soll der Anwender einen der Stationsnamen unseres IC-Netzes als Abfahrtsort eingeben. Der gewünschte Ankunftsort soll durch die Bildschirmausgabe des Textes

    Gib Ankunftsort:

    angefragt werden. Danach ist vom PROLOG-System der Text "IC-Verbindung existiert" für den Fall anzuzeigen, daß es eine IC-

Verbindung vom Abfahrts- zum Ankunftsort gibt. Andernfalls ist der Text "IC-Verbindung existiert nicht" auszugeben (AUF6).

Zunächst müssen wir lernen, wie wir die automatische Anfrage des PROLOG-Systems, die nach dem Laden eines PROLOG-Programms in die Wiba in der Form

    ?-

gestellt wird, unterbinden können. Das PROLOG-System fordert — in dieser Form — immer ein *externes* Goal an, sofern es *nicht* durch den Eintrag eines "internen Goals" innerhalb des PROLOG-Programms daran gehindert wird.

- Wir legen ein *internes* Goal dadurch fest, daß wir die Zeichen ":-" ans Ende der Wiba und dahinter — mit abschließendem Punkt "." — geeignete Prädikate für eine Anfrage eintragen, die beim Programmstart als Goal aufgefaßt werden soll[1].

Für unsere Anwendung wählen wir ein Prädikat, das den Prädikatsnamen "anfrage" und keine Argumente besitzen soll:

```
:- anfrage.
```

Um einen Bezug zu unseren bisherigen Regeln herzustellen, muß das Prädikat "anfrage" der Kopf einer Regel sein, in deren Rumpf das Prädikat "ic" — zusammen mit weiteren Prädikaten — für den Dialog mit dem Anwender enthalten ist.

- Anforderungen zum dialog-orientierten Arbeiten lassen sich durch *Standard-Prädikate* beschreiben, die im Hinblick auf ihre Prädikatsnamen und die Anzahl sowie die Bedeutung ihrer Argumente vom PROLOG-System *fest* vorgegeben sind[2].

---

[1]Im System "Turbo Prolog" tragen wir ans Ende der Wiba das Schlüsselwort "goal" und anschließend die Prädikate — ohne abschließenden Punkt "." — ein. Wir können uns das Schlüsselwort "goal" als Kopf einer Regel vorstellen, deren Rumpf aus den Prädikaten der jeweiligen Anfrage besteht. Beim Einsatz eines *internen* Goals ist im "Turbo Prolog"-System zur Anzeige von Ergebnissen das Standard-Prädikat *"write"* einzusetzen. Es wird auch die Anzeige von "Yes" bzw. "No" *unterdrückt*.

[2]Angaben über Art und Anzahl der Argumente (die *Stelligkeit*) der Standard-Prädikate sind im jeweiligen Handbuch zu finden.

- Wichtig für den Dialog mit dem Anwender ist das Standard-Prädikat *"write"*, mit dem sich Text auf dem Bildschirm anzeigen läßt. Dieser Text muß als Argument des Prädikats "write" aufgeführt werden. Er wird in dem Augenblick ausgegeben, in dem das Prädikat "write" *unifiziert* wird.

So wird etwa bei der Unifizierung des Prädikats

    write(' Gib Abfahrsort: ')

der Text

    Gib Abfahrtsort:

am Bildschirm angezeigt.

Wir werden im folgenden immer dort, wo Text-Konstante als Argumente von Standard-Prädikaten anzugeben sind, diese Texte in *Hochkommata* "'" einschließen — auch wenn dies nur dann erforderlich ist, wenn Großbuchstaben am Textanfang, Leerzeichen innerhalb der Text-Konstanten oder Sonderzeichen wie z.B. "$", "(" oder "&" verwendet werden[3]. Mit Hilfe der Standard-Prädikate "write", "ttyread" und "nl" läßt sich z.B. die folgende Regel angeben:

```
anfrage:-   write(' Gib Abfahrtsort: '),nl,
            ttyread(Von),
            write(' Gib Ankunftsort: '),nl,
            ttyread(Nach),
            ic(Von,Nach),
            write(' IC-Verbindung existiert ').
```

- Bei der *Unifizierung* des Prädikats *"ttyread"* wird eine Eingabe von der Tastatur angefordert. Die als Argument aufgeführte Variable "Von" wird mit demjenigen Wert *instanziert*, der über die Tastatur eingegeben wird[4].

---

[3]Im System "Turbo Prolog" sind Text-Konstanten als Argumente des Prädikats "write" durch das *Anführungszeichen* """ zu begrenzen, sofern sie mit einem Großbuchstaben beginnen, Sonderzeichen oder Leerzeichen enthalten.

[4]Wir geben die angeforderten Stationen als Text-Konstante (in Kleinbuchstaben) an. Im System "Turbo Prolog" muß anstelle des Prädikats "ttyread" das Standard-Prädikat

- Das Prädikat *"nl"* beeinflußt die Bildschirmausgabe. *Die Unifizierung* dieses Prädikats, das *kein* Argument besitzt, hat zur Folge, daß der Cursor auf den Anfang der nächsten Bildschirmzeile positioniert wird.

Im Hinblick auf die Arbeit des Inferenz-Algorithmus ist grundsätzlich zu beachten, daß die Standard-Prädikate "write", "ttyread" und "nl" von der Inferenzkomponente *niemals* als Backtracking-Klauseln markiert werden, da sie *keine* Alternativen für eine Unifizierung zulassen. Aus diesem Grund werden diese Standard-Prädikate — im Gegensatz zu den bisher verwendeten *"Backtracking-fähigen"* Prädikaten (wie z.B. "dic" oder "ic") — auch als *"nicht-Backtracking-fähige"* Prädikate bezeichnet[5].

Integrieren wir die Regel, die das Prädikat "anfrage" im Regelkopf enthält, in das oben angegebene Programm AUF4, so führt der Versuch, das Prädikat "anfrage" abzuleiten, zu folgenden Aktionen:

Zunächst werden die Prädikate "write" und "nl" — in dieser Reihenfolge — unifiziert. Dadurch wird der Text

    Gib Abfahrtsort:

in der aktuellen Bildschirmzeile angezeigt und der Cursor anschließend auf den Anfang der nächsten Zeile bewegt. Durch die nachfolgende Unifizierung des Prädikats "ttyread" wird eine Tastatur-Eingabe angefordert. Die Variable "Von" wird — nach Abschluß der Eingabe mit einem Punkt "." — mit der eingegebenen Text-Konstanten (wie z.B. "ha") instanziert[6].

Danach führen die Unifizierungen der Prädikate "write" und "nl" zur Ausgabe des Textes

    Gib Ankunftsort:

und zur Positionierung des Cursors auf den Beginn der nächsten Bildschirmzeile. Die anschließende Unifizierung des Prädikats "ttyread" führt zur Instanzierung der Variablen "Nach" mit dem als nächsten über die Tastatur eingegebenen Wert (wie z.B. "fr")[7]. Anschließend wird versucht, das Sub-

---

*"readln"* verwendet werden, wenn Text-Konstanten von der Tastatur eingelesen werden sollen.

[5]Nicht-Backtracking-fähige Prädikate — wie z.B. "write" oder "ttyread" — werden auch als *deterministische* Prädikate bezeichnet.

[6]Im "Turbo Prolog"-System dürfen die Eingaben *nicht* durch einen Punkt "." abgeschlossen werden.

[7]Im Gegensatz zum System "IF/Prolog" darf dieser Wert beim System "Turbo Prolog"

goal "ic(Von,Nach)" zu unifizieren. Dabei ist die Variable "Von" mit dem zuerst eingegebenen Wert ("ha") und die Variable "Nach" mit dem zuletzt eingegebenen Wert ("fr") instanziert. Dies bedeutet, daß die Inferenzkomponente jetzt das gleiche Goal abzuleiten versucht, das wir zuvor an das Programm AUF4 — als externes Goal in der Form "ic(ha,fr)" — gestellt haben (siehe Abschnitt 3.1).

Da das Subgoal "ic(ha,fr)" aus der Wiba des Programms AUF4 ableitbar ist, wird anschließend das Standard-Prädikat "write" unifiziert. Dies führt zur Ausgabe der Text-Konstanten:


    IC-Verbindung existiert


Wäre — durch eine andere Eingabe des Abfahrts- und Ankunftsortes — das Subgoal "ic(Von,Nach)" *nicht* unifizierbar gewesen, so hätte (tiefes) Backtracking eingesetzt. Da die Standard-Prädikate "write", "nl" und "ttyread" *keine* Alternativen für eine Unifizierung zulassen, wäre der gesamte Regelrumpf und somit auch der Regelkopf "anfrage" *nicht* ableitbar. Ein daraufhin einsetzendes (seichtes) Backtracking würde eine weitere — in der Wiba weiter unterhalb stehende — Klausel mit dem Prädikat "anfrage" suchen.

Da wir im Falle der *Nicht-Ableitbarkeit* des Subgoals "ic(Von,Nach)" den Text "IC-Verbindung existiert nicht" anzeigen lassen wollen, setzen wir eine zweite Regel — mit dem Prädikat "anfrage" im Regelkopf — in der Form

```
anfrage:-write(' IC-Verbindung existiert nicht ').
```

ein. Die Ableitbarkeit dieses Regelkopfes ist dann gesichert, wenn der Regelrumpf unifizierbar ist. Da das Standard-Prädikat "write" *stets* unifizierbar ist, läßt sich das interne Goal — durch die 2. Regel — auch dann ableiten, wenn die Ableitbarkeit durch die erste, oben angegebene Regel nicht nachgewiesen werden kann. Die Unifizierung des Prädikats "write" (im Regelrumpf der 2. Regel mit dem Prädikat "anfrage" im Regelkopf) führt in diesem Fall zur Ausgabe der Text-Konstanten:


    IC-Verbindung existiert nicht


---

*nicht* durch einen Punkt abgeschlossen werden.

Somit stellt sich durch die beiden oben angegebenen Regeln — zusammen mit dem internen Goal "anfrage" — die von uns gewünschte Benutzeroberfläche dar, so daß wir das vollständige PROLOG-Programm zur Lösung unserer Aufgabenstellung wie folgt angeben können[8]:

```
/* AUF6: */

/* Anfrage nach IC-Verbindungen;
Anforderung zur Eingabe von Abfahrts- und Ankunftsort
über internes Goal mit dem Prädikat "anfrage";
Bezugsrahmen: Abb. 3.1 */

    dic(ha,kö).
    dic(ha,fu).
    dic(kö,ka).
    dic(kö,ma).
    dic(fu,mü).
    dic(ma,fr).


    ic(Von,Nach):-dic(Von,Nach).
    ic(Von,Nach):-dic(Von,Z),ic(Z,Nach).


    anfrage:-write(' Gib Abfahrtsort: '),nl,
          ttyread(Von),
          write(' Gib Ankunftsort: '),nl,
          ttyread(Nach),
          ic(Von,Nach),
          write(' IC-Verbindung existiert ').
    anfrage:-write(' IC-Verbindung existiert nicht ').


    :- anfrage.
```

Geben wir nach dem Programmstart z.B. die Text-Konstanten "ha" und "fr" ein, so erhalten wir das folgende Dialog-Protokoll[9]:

```
?- [ 'auf6' ].
```

---

[8]Im System "Turbo Prolog" sind die Prädikate "dic" und "ic" zu vereinbaren (siehe die Angaben im Abschnitt 2.2). Dabei ist das argumentlose Prädikat "anfrage" in der Form "anfrage" zu deklarieren. Ferner ist anstelle von "ttyread" das Prädikat *"readln"* und das interne Goal *":- anfrage"* in der Form *"goal anfrage"* zu ersetzen. Außerdem ist das Argument des Prädikats "write" in Anführungszeichen """" einzuschließen (siehe im Anhang unter A.4).

[9]Fortan werden wir Meldungen über das Laden der Programmdatei wie z.B. "consult: file auf6.pro loaded in 4 sec." nicht mehr angeben.

Gib Abfahrtsort:
ha.
Gib Ankunftsort:
fr.
consult: file auf6.pro loaded in 4 sec.
IC-Verbindung existiert
yes

Es ist zu beachten, daß wir das Standard-Prädikat "write" in den Formen

write('IC-Verbindung existiert)
write('IC-Verbindung existiert nicht)

eingesetzt haben, um das Ergebnis der Ableitbarkeits-Prüfung anzeigen zu
lassen.

## 4.2   Standard-Prädikate und Erklärungskomponente

In Kapitel 1 haben wir dargestellt, daß ein wissensbasiertes System eine
*Erklärungskomponente* besitzt, mit deren Hilfe die jeweilige Ausführung der
Inferenzkomponente transparent gemacht werden kann. Die Erklärungskom-
ponente ist z.B. in dem Fall hilfreich, in dem bei einer Fehlersuche — wie
z.B. beim Auftreten einer Endlosschleife — die Arbeitsweise des Inferenz-
Algorithmus nachvollzogen werden soll[10].

An dieser Stelle zeigen wir, wie wir einen Einblick in die Arbeit der Inferenzkomponente mit Hilfe der Erklärungskomponente — durch den Einsatz
von Standard-Prädikaten — erhalten können. Dazu erweitern wir unsere
Aufgabenstellung dahingehend,

- daß wir uns — nach der Eingabe von Abfahrts- und Ankunftsort —
  zusätzlich die Stationen anzeigen lassen wollen, die jeweils als *mögliche*
  Zwischenstationen dienen könnten (AUF7).

Dadurch läßt sich nachvollziehen, welche Unifizierungen bei der Ableitbarkeits-Prüfung von der PROLOG-Inferenzkomponente vorgenommen werden.
Zur Lösung der Aufgabenstellung müssen wir uns zunächst klarmachen,

---

[10]Wir haben in Kapitel 2 darauf hingewiesen, daß bei den Systemen "Turbo Prolog"
und "IF/Prolog" dazu ein Trace-Protokoll eingeschaltet werden kann (siehe im Anhang
unter A.2).

an welcher Position innerhalb unserer Regeln die jeweils durch Instanzierung bestimmte Zwischenstation zugänglich ist. Aus dem oben angegebenen PROLOG-Programm erkennen wir, daß ein derartiger Zugriff auf die Zwischenstation nur in der rekursiven Regel

ic(Von,Nach):-dic(Von,Z),ic(Z,Nach).

erfolgen kann. Die jeweils mögliche Zwischenstation wird erst durch die aktuelle Instanzierung von "Z" — beim Unifizieren des 1. Subgoals "dic(Von,Z)" — bestimmt. Somit läßt sich der jeweils instanzierte Wert z.B. durch die folgende Erweiterung des Regelrumpfs dieser Regel anzeigen:

```
ic(Von,Nach):-dic(Von,Z),
        write(' mögliche Zwischenstation: '),write(Z),nl,
        ic(Z,Nach).
```

Nach dem erfolgreichen Ableiten des Subgoals "dic(Von,Z)" wird durch die erste Unifizierung des Standard-Prädikats "write" der Text

mögliche Zwischenstation:

und durch die sich anschließende zweite Unifizierung des Prädikats "write" die aktuelle Zwischenstation als instanzierter Wert von "Z" ausgegeben. Anschließend erfolgt durch das Standard-Prädikat "nl" ein Vorschub auf den Anfang der nächsten Bildschirmzeile.

Da durch die derart modifizierte Regel *alle* möglichen Instanzierungen und *nicht nur* die letztendlich *erfolgreichen* Instanzierungen angezeigt werden, wählen wir den Text "mögliche Zwischenstation:" zur Anzeige der aktuellen Instanzierung der Variablen "Z". Ob die aktuelle Instanzierung der Variablen "Z" tatsächlich Zwischenstation bzgl. der letztendlich abgeleiteten IC-Verbindung ist, läßt sich nämlich erst beim Ableiten der Direktverbindung von der letzten Zwischenstation zum Ankunftsort feststellen, d.h. wenn das Subgoal "ic(Z,Nach)" mit Hilfe der ersten Regel mit dem Regelrumpf "dic(Von,Nach)" abgeleitet werden kann[11].

Wir erweitern das Programm AUF6 um die Prädikate "write" und "nl" zur Ausgabe der möglichen Zwischenstationen und erhalten somit das folgende Programm zur Lösung der Aufgabenstellung AUF7[12]:

---

[11]Sollen nur die Stationen angezeigt werden, die *tatsächlich* als Zwischenstationen auftreten, so muß in geeigneter Weise buchgeführt werden (siehe Kapitel 7).

[12]Zur Ausführung unter dem System "Turbo Prolog" siehe die Fußnote zum Programm

```
/* AUF7: */

/* Anfrage nach IC-Verbindungen;
Anforderung zur Eingabe von Abfahrts- und Ankunftsort
über internes Goal mit dem Prädikat "anfrage";
Ausgabe von möglichen Zwischenstationen
als Erklärung für die Arbeit der Inferenzkomponente;
Bezugsrahmen: Abb. 3.1 */

    dic(ha,kö).
    dic(ha,fu).
    dic(kö,ka).
    dic(kö,ma).
    dic(fu,mü).
    dic(ma,fr).

    ic(Von,Nach):-dic(Von,Nach).
    ic(Von,Nach):-dic(Von,Z),
           write(' mögliche Zwischenstation: '), write(Z),nl,
           ic(Z,Nach).

    anfrage:-write(' Gib Abfahrtsort: '),nl,
           ttyread(Von),
           write(' Gib Ankunftsort: '),nl,
           ttyread(Nach),
           ic(Von,Nach),
           write(' IC-Verbindung existiert ').
    anfrage:-write(' IC-Verbindung existiert nicht ').

    :- anfrage.
```

Geben wir nach dem Programmstart z.B. zunächst die Text-Konstante "ha"
und anschließend die Text-Konstante "fr" ein, so erhalten wir das folgende
Dialog-Protokoll:

```
?- [ 'auf7' ].
Gib Abfahrtsort:
ha.
Gib Ankunftsort:
fr.
mögliche Zwischenstation: kö
```

---

AUF6 (siehe auch im Anhang unter A.1).

> mögliche Zwischenstation: ka
> mögliche Zwischenstation: ma
> IC-Verbindung existiert
> yes

Um diese Ableitung noch *genauer* nachvollziehen zu können, stellen wir uns
die erweiterte Aufgabe,

- neben den möglichen Zwischenstationen zusätzlich die Nummern der
  unifizierten Fakten (von 1 bis 6) sowie die Nummern der unifizierten
  Regelköpfe (1 oder 2) anzeigen zu lassen (AUF8).

Zur Lösung dieser Aufgabe verändern wir die Prädikate "dic" und "ic",
indem wir jeweils ein zusätzliches Argument mit der zugehörigen Positions-
nummer als 1. Argument einfügen.

Zusätzlich tragen wir in die Regeln mit dem Prädikatsnamen "ic" die Prädikate "write" und "nl" zur Ausgabe der jeweiligen Regel-Nummer an den
Anfang des Regelrumpfes ein.  Diese Prädikate ergänzen wir ebenfalls in
den Regelrümpfen hinter den Prädikatsnamen "dic" zur Ausgabe der jewei-
lig unifizierten Fakten-Nummer. Somit stellen sich die Prädikate "dic" und
"ic" wie folgt dar:

```
dic(1,ha,kö).
dic(2,ha,fu).
dic(3,kö,ka).
dic(4,kö,ma).
dic(5,fu,mü).
dic(6,ma,fr).

ic(1,Von,Nach):-write(' Regel: 1 '),nl,
       dic(Nr,Von,Nach),
       write(' Fakt: '),write(Nr),nl.
ic(2,Von,Nach):-write(' Regel: 2 '),nl,
       dic(Nr,Von,Z),
       write(' Fakt: '),write(Nr),nl,
       write(' mögliche Zwischenstation: '),write(Z),nl,
       ic( _ ,Z,Nach).
```

Das Prädikat "dic" haben wir in der ersten Regel in der Form

> dic(Nr,Von,Nach)

und in der zweiten Regel in der Form

dic(Nr,Von,Z)

mit der Variablen "Nr" als erstem Argument angegeben, damit nach einer
Unifizierung der jeweils instanzierte Wert von "Nr" als Fakten-Nummer für
die nachfolgende Ausgabe durch "write" zur Verfügung steht[13].
In der zweiten Regel haben wir als letztes Subgoal das Prädikat

ic( _ ,Z,Nach)

eingetragen[14].
Da die Unifizierung dieses Subgoals sowohl mit dem 1. als auch mit dem
2. Regelkopf möglich sein muß, dürfen wir — im Regelrumpf — als erstes
Argument des Prädikats "ic" *keine* Konstante (mit dem Wert "1" oder "2")
angeben. Eine willkürlich gewählte Variable — wie z.B. "Nr_ic" — würde die
gewünschte Funktion erfüllen. Da uns der jeweilige Wert einer derartigen
Variablen jedoch *nicht* interessiert, setzen wir eine spezielle Variable, die
sogenannte anonyme Variable, ein.

- Die *anonyme* Variable wird durch den Unterstrich "_" gekennzeichnet.
  Sie darf an jeder Stelle, die durch eine Variable zu besetzen ist, aufgeführt werden. Bei einer Unifizierung wird sie in gleicher Weise instanziert wie jede andere Variable — allerdings ist der jeweils instanzierte
  Wert *nicht* zugänglich[15].

Tragen wir die oben angegebenen Änderungen in das Programm AUF7 ein,
so erhalten wir zur Lösung unserer Aufgabenstellung das folgende PROLOG-
Programm[16]:

---

[13]Trotz gleicher Bezeichnung handelt es sich — da Variable lokal bezüglich einer Regel
sind — in beiden Regeln um unterschiedliche Variable.

[14]Aus Konsistenzgründen führen wir für das Prädikat "ic" drei Argumente auf. Das
1. Argument des Prädikats "ic" ist zur Lösung der Aufgabenstellung nicht erforderlich.
Es dient allein dazu, die beiden Regeln — aus Konsistenzgründen zu den Fakten — zu
numerieren.

[15]Anonyme Variable werden intern unterschieden. Deshalb wird z.B. beim Prädikat
"ic( _ , _ , _ )" der instanzierte Wert der anonymen Variablen im 1. Argument nicht an
die anonymen Variablen in den anderen Argumentpositionen weitergereicht.

[16]Zur Ausführung unter dem System "Turbo Prolog" ist das Programm so zu modifizieren, wie wir es in der Fußnote zum Programm AUF6 angegeben haben (siehe unter
A.4).

```
/* AUF8: */

/* Anfrage nach IC-Verbindungen;
Anforderung zur Eingabe von Abfahrts- und Ankunftsort
über internes Goal mit dem Prädikat "anfrage";
Ausgabe der Fakten-Nummern und der Regel-Nummern,
sowie der möglichen Zwischenstationen
als Erklärung für die Arbeit der Inferenzkomponente;
Bezugsrahmen: Abb. 3.1 */

    dic(1,ha,kö).
    dic(2,ha,fu).
    dic(3,kö,ka).
    dic(4,kö,ma).
    dic(5,fu,mü).
    dic(6,ma,fr).


    ic(1,Von,Nach):-write(' Regel: 1 '),nl,
          dic(Nr,Von,Nach),
          write(' Fakt: '),write(Nr),nl.
    ic(2,Von,Nach):-write(' Regel: 2 '),nl,
          dic(Nr,Von,Z),
          write(' Fakt: '),write(Nr),nl,
          write(' mögliche Zwischenstation: '),write(Z),nl,
          ic(_,Z,Nach).


    anfrage:-write(' Gib Abfahrtsort: '),nl,
          ttyread(Von),
          write(' Gib Ankunftsort: '),nl,
          ttyread(Nach),
          ic(_,Von,Nach),
          write(' IC-Verbindung existiert ').
    anfrage:-write(' IC-Verbindung existiert nicht ').


    :- anfrage.
```

Geben wir nach dem Programmstart wiederum zunächst die Text-Konstante
"ha" und anschließend die Text-Konstante "fr" ein, so erhalten wir das folgende Dialog-Protokoll:

```
?- [ 'auf8' ].
Gib Abfahrtsort:
ha.
Gib Ankunftsort:
```

```
fr.
Regel: 1
Regel: 2
Fakt: 1
mögliche Zwischenstation: kö
Regel: 1
Regel: 2
Fakt: 3
mögliche Zwischenstation: ka
Regel: 1
Regel: 2
Fakt: 4
mögliche Zwischenstation: ma
Regel: 1
Fakt: 6
IC-Verbindung existiert
yes
```

## 4.3   Standard-Prädikate und Wissenserwerbskomponente

In Kapitel 1 haben wir dargestellt, daß jedes wissensbasierte System eine
*Wissenserwerbskomponente* besitzt, mit der das ursprüngliche Wissen in den
*statischen* Teil und bereits abgeleitetes Wissen in den *dynamischen* Teil der
Wiba aufgenommen werden kann.

Im Hinblick auf den bei unseren Aufgabenstellungen bislang zugrundege-
legten Sachverhalt bestand der statische Teil unserer Wiba (kurz: statische
Wiba) jeweils aus den angegebenen PROLOG-Programmen. Aus dem Wissen in der statischen Wiba ließ sich durch die Inferenzkomponente z.B. fol-
gern, daß das Goal "ic(ha,fr)" ableitbar ist. Um dieses bereits abgeleitete
Ergebnis für eine nachfolgende Anfrage *unmittelbar* bereitzustellen, können
wir die Kenntnis, daß eine IC-Verbindung zwischen "ha" und "fr" existiert,
als Fakt in den *dynamischen* Teil der Wiba (kurz: dynamische Wiba) eintragen.

- Für die Übernahme von Fakten in die dynamische Wiba stehen die
  Standard-Prädikate *"asserta"* und *"assertz"* zur Verfügung. Bei der
  Unifizierung wird das Argument von "asserta" ("assertz") vor (hinter)
  allen anderen Fakten in die dynamische Wiba eingefügt[17].

---

[17]Soll eine Regel in die dynamische Wiba eingefügt werden, so sind diese Prädikate

Für das Eintragen bereits abgeleiteter IC-Verbindungen in die dynamische Wiba und den *späteren* Zugriff auf diese IC-Verbindungen führen wir ein neues Prädikat ein. Um zu kennzeichen, daß es von einem Abfahrtsort eine IC-Verbindung zu einem Ankunftsort gibt, wählen wir — anstelle des bislang für die statische Wiba verwendeten Prädikats "ic" — für die dynamische Wiba das Prädikat "ic_db"[18].

Durch den Einsatz des Standard-Prädikats "asserta" läßt sich die Tatsache, daß "ic(ha,fr)" aus der (statischen) Wiba ableitbar ist, in der Form

    asserta(ic_db(ha,fr))

als Fakt in die dynamische Wiba eintragen. Bei der Unifizierung des Standard-Prädikats "asserta" wird der Fakt "ic_db(ha,fr)." in die dynamische Wiba übernommen. Bei einer späteren Anfrage nach einer IC-Verbindung von "ha" nach "fr" kann diese Anfrage mit dem in die dynamische Wiba eingetragenen Fakt "ic_db(ha,fr)." in Verbindung gebracht werden (siehe unten), so daß *keine* erneute, schrittweise Ableitung vorgenommen werden muß.

Im Hinblick auf die Möglichkeit, Fakten in der dynamischen Wiba speichern zu können, stellen wir uns jetzt die Aufgabe,

- ein PROLOG-Programm zu entwickeln, mit dem sich IC-Verbindungen feststellen lassen und mit dem — im Hinblick auf die Reduzierung der Programmlaufzeit — die Vorteile der dynamischen Wiba genutzt werden können (AUF9).

Wir legen dazu das von uns oben entwickelte Programm AUF6 — mit der Dialog-Schnittstelle — zugrunde.

Zunächst ergänzen wir den Rumpf der 1. Regel mit dem Regelkopf "anfrage" — unmittelbar nach der Ausgabe des Textes "IC-Verbindung existiert" — durch das Standard-Prädikat "asserta" mit dem Argument "ic_db(Von,Nach)". Falls eine IC-Verbindung über eine oder mehrere Zwischenstationen ableitbar ist, wird anschließend das Standard-Prädikat "asserta" unifiziert und folglich das im Argument aufgeführte Prädikat als

---

mit 2 Argumenten — zur Angabe des Regelkopfs und des Regelrumpfs — zu verwenden. Im Unterschied zum System "IF/Prolog" können im "Turbo Prolog"-System durch den Einsatz der Standard-Prädikate "asserta" und "assertz" lediglich *Fakten* in die dynamische Wiba eingetragen werden.

[18]Die Wahl eines anderen Prädikatsnamens ist beim System "IF/Prolog" — im Gegensatz zum System "Turbo Prolog" — *nicht* erforderlich.

Fakt mit dem Prädikatsnamen "ic_db" und den Zwischenstationen als instanzierten Variablenwerten in die dynamische Wiba eingetragen. Somit modifizieren wir die Regeln mit dem Prädikatsnamen "anfrage" in der folgenden Form:

```
anfrage:-write(' Gib Abfahrtsort: '),nl,
     ttyread(Von),
     write(' Gib Ankunftsort: '),nl,
     ttyread(Nach),
     verb(Von,Nach),
     write(' IC-Verbindung existiert '),nl,
     asserta(ic_db(Von,Nach)).
anfrage:-write(' IC-Verbindung existiert nicht '),nl.
```

Im Programm AUF6 wurde die Ableitbarkeit einer IC-Verbindung durch das Prädikat "ic" geprüft. Dieses Prädikat war im Rumpf einer Regel eingetragen, die den Prädikatsnamen "anfrage" im Regelkopf trägt. Da wir jetzt ein Goal entweder aus der statischen *oder* dynamischen Wiba ableiten lassen wollen, muß in der ersten Regel mit den Prädikatsnamen "anfrage" eine weitere "Regel-Ebene als Zwischendecke eingezogen" werden, damit die angefragte IC-Verbindung *alternativ* in der dynamischen Wiba gesucht oder gegebenenfalls aus der statischen Wiba abgeleitet werden kann. Dazu verwenden wir den Prädikatsnamen "verb" im Rumpf der 1. Regel mit dem Regelkopf "anfrage" und formulieren für das Prädikat "verb" die beiden folgenden alternativen Regeln:

```
verb(Von,Nach):-ic_db(Von,Nach),
     write(' ableitbar aus dynamischer Wiba '),nl.
verb(Von,Nach):-ic(Von,Nach).
```

Durch die 1. Regel wird eine Ableitung aus der dynamischen Wiba und durch die 2. Regel eine Ableitung aus der statischen Wiba — in der bislang gewohnten Form — versucht.

Als Lösung der Aufgabenstellung AUF9 erhalten wir das folgende PROLOG-Programm[19]:

---

[19]Zur Ausführung unter dem System "Turbo Prolog" siehe im Anhang unter A.4.

```
/* AUF9: */

/* Anfrage nach IC-Verbindungen;
Anforderung zur Eingabe von Abfahrts- und Ankunftsort
über internes Goal mit dem Prädikat "anfrage";
Sicherung von abgeleiteten IC-Verbindungen
über mindestens eine Zwischenstation im dynamischen
Teil der Wiba;
Bezugsrahmen: Abb. 3.1 */

    is_predicate(ic_db,2).

    dic(ha,kö).
    dic(ha,fu).
    dic(kö,ka).
    dic(kö,ma).
    dic(fu,mü).
    dic(ma,fr).

    ic(Von,Nach):-dic(Von,Nach).
    ic(Von,Nach):-dic(Von,Z),ic(Z,Nach).

    verb(Von,Nach):-ic_db(Von,Nach),
         write(' ableitbar aus dynamischer Wiba '),nl.
    verb(Von,Nach):-ic(Von,Nach).

    anfrage:-write(' Gib Abfahrtsort: '),nl,
         ttyread(Von),
         write(' Gib Ankunftsort: '),nl,
         ttyread(Nach),
         verb(Von,Nach),
         write(' IC-Verbindung existiert '),nl,
         asserta(ic_db(Von,Nach)).
    anfrage:-write(' IC-Verbindung existiert nicht '),nl.

    :- anfrage.
```

- Wir verwenden das Standard-Prädikat *"is_predicate"* in der Form "is_predicate(ic_db,2)", um dem PROLOG-System bekanntzugeben, daß es sich bei "ic_db" um einen Prädikatsnamen handelt. Dazu geben wir als erstes Argument den Prädikatsnamen und als zweites Argument die Anzahl der Argumente (Stelligkeit) des Prädikats "ic_db" an[20].

---

[20]Ohne den Fakt "is_predicate(ic_db,2)." würde das PROLOG-System die Programmausführung abbrechen, wenn bei der Ableitbarkeits-Prüfung "ic_db" erstmalig unifiziert

- Beim System "Turbo Prolog" nehmen wir anstelle des Prädikats "is_predicate(ic_db,2)" den Eintrag

```
database - ic
    ic_db(symbol,symbol)
```

vor dem Schlüsselwort "clauses" vor. Damit wird "ic_db" als Prädikatsname der dynamischen Wiba ausgewiesen (zur Programmstruktur von PROLOG-Programmen unter dem System "Turbo Prolog" siehe den Anhang A.3.)[21].

Starten wir das Programm mehrmals, so können wir z.B. die folgenden Dialoge führen:

```
?- [ 'auf9' ].
Gib Abfahrtsort:
ha.
Gib Ankunftsort:
fr.
IC-Verbindung existiert
yes
?- [ 'auf9' ].
Gib Abfahrtsort:
ha.
Gib Ankunftsort:
mü.
IC-Verbindung existiert
yes
?- [ 'auf9' ].
Gib Abfahrtsort:
ha.
Gib Ankunftsort:
fr.
ableitbar aus dynamischer Wiba
IC-Verbindung existiert
yes
```

---

werden soll und zu diesem Zeitpunkt noch kein Fakt gleichen Namens in der aktuellen Wiba enthalten ist.

[21]Dabei ist die Bezeichnung "ic" hinter dem Schlüsselwort "database" und dem Bindestrich "-" eine Referenz auf nachfolgend aufgeführte Prädikatsnamen.

- Wollen wir uns anschließend die jeweils abgeleiteten IC-Verbindungen, die als Fakten in die dynamische Wiba aufgenommen wurden, anzeigen lassen, so setzen wir das Standard-Prädikat *"listing"* in der folgenden Form ein:

> ?– listing(ic_db).

Durch die Unifizierung dieses Prädikats werden alle Klauseln mit dem Prädikatsnamen "ic_db" angezeigt, die aktuell in der Wiba enthalten sind[22].

Das oben angegebene Programm besitzt einen entscheidenden *Nachteil*. Jedesmal, wenn wir das PROLOG-System verlassen, geht der Inhalt der dynamischen Wiba verloren[23].
Daher erweitern wir unsere Aufgabenstellung dahingehend, daß

- das Programm AUF9 so zu ändern ist, daß der aktuelle Inhalt der dynamischen Wiba (in einer Sicherungs-Datei) konserviert wird (AUF10).

Zur Lösung dieser Aufgabenstellung benötigen wir Prädikate, mit denen sich der Inhalt der dynamischen Wiba in eine Datei sichern und anschließend wieder bereitstellen läßt.
Um die Klauseln mit dem Prädikatsnamen "ic_db" aus der Wiba in eine Sicherungs-Datei übertragen zu lassen, setzen wir die Standard-Prädikate *"tell"*, *"listing"* und *"told"* ein und formulieren die folgende Regel:

```
sichern_ic:-ic_db( _ , _ ), tell('ic.pro'),listing(ic_db),told.
sichern_ic.
```

Dabei überprüfen wir *vor* einer Übertragung, ob in der Wiba *überhaupt* Klauseln mit dem Prädikatsnamen "ic_db" vorhanden sind. Durch die Unifizierung des Prädikats "tell('ic.pro')" werden alle nachfolgenden Ausgaben des PROLOG-Systems solange in die Datei "ic.pro" übertragen, bis das Prädikat "told" unifiziert wird. Da durch die vorausgehende Unifizierung des Prädikats "listing(ic_db)" *alle* Klauseln mit dem Prädikatsnamen "ic_db" angezeigt werden, wird durch die Ableitung des Prädikats "sichern_ic" die Über-

---

[22]Im "Turbo Prolog"-System können wir uns durch das externe Goal "ic_db(Von,Nach)" *alle* Instanzierungen der Variablen "Von" und "Nach" des Prädikats "ic_db" im Dialog-Fenster anzeigen lassen.

[23]Im System "Turbo Prolog" ist dies auch bei jeder Neu-Compilierung der Fall.

tragung aller Klauseln mit dem Prädikatsnamen "ic_db" in die Sicherungs-Datei "ic.pro" durchgeführt[24]. Damit auch in dem Fall, in dem kein Prädikat namens "ic_db" vorhanden ist, das Prädikat "sichern_ic" abgeleitet werden kann, haben wir den Fakt "sichern_ic." als 2. Klausel angegeben.

Um den Inhalt einer Sicherungs-Datei in die aktuelle Wiba zu übernehmen, setzen wir das Standard-Prädikat *"reconsult"* in der Form

        reconsult('ic.pro')

ein. Durch die Unifizierung dieses Prädikats werden zunächst alle diejenigen Klauseln aus der aktuellen Wiba gelöscht, für die gleichnamige Klauselköpfe in der Sicherungs-Datei "ic.pro" enthalten sind. Anschließend wird die Wiba um den Inhalt von "ic.pro" ergänzt[25].

Vor dem Zugriff auf den Inhalt einer Sicherungs-Datei sollte überprüft werden, ob die Datei auch tatsächlich vorhanden ist. Dazu läßt sich das Standard-Prädikat *"exists"* in der Form

        exists('ic.pro',r)

einsetzen. Dieses Prädikat läßt sich in dieser Form nur dann unifizieren, wenn die Datei "ic.pro" existiert und auf ihren Inhalt ein lesender Zugriff erlaubt ist[26].

Für die Übertragung der Fakten aus der Sicherungs-Datei "ic.pro" vereinbaren wir die folgenden Klauseln:

```
lesen:-exists('ic.pro',r),
      reconsult('ic.pro').
lesen.
```

---

[24]Im System "Turbo Prolog" läßt sich dazu das Standard-Prädikat *"save"* in der Form
    sichern_ic:-ic_db( _ , _ ),save("ic.pro",ic).
verwenden. Durch die Unifizierung von "save" werden alle diejenigen Prädikate der dynamischen Wiba als Fakten in die Sicherungs-Datei "ic.pro" übertragen, die unter dem Referenznamen "ic" zusammengefaßt sind (siehe obige Fußnote).

[25]Beim "Turbo Prolog"-System kann eine Übernahme in die Wiba durch das Standard-Prädikat *"consult"* vorgenommen werden. Dabei wird die Wiba um den Inhalt der Sicherungs-Datei *erweitert*, so daß anschließend gleiche Klauseln mehrfach vorhanden sein können.

[26]Im System "Turbo Prolog" muß die Existenz der Datei "ic.pro" durch das Standard-Prädikat *"existfile"* in der Form *"existfile("ic.pro")"* geprüft werden.

Die zweite Klausel haben wir deswegen angegeben, damit in der Situation, in der die Datei "ic.pro" noch nicht existiert oder auf ihren Inhalt kein Lese-Zugriff erlaubt ist, der Regelkopf *trotzdem* — durch (seichtes) Backtracking — ableitbar ist.

Da bei der Programmausführung zunächst der Inhalt der Sicherungs-Datei gelesen und nach einer Anfrage der Inhalt der dynamischen Wiba in die Sicherungs-Datei übertragen werden soll, ändern wir das ursprüngliche interne Goal aus dem Programm AUF9 in die folgende Form ab:

```
:- lesen,anfrage,sichern_ic.
```

Somit erhalten wir als Lösung der Aufgabenstellung AUF10 das folgende Programm:

```
/* AUF10: */

/* Anfrage nach IC-Verbindungen;
Anforderung zur Eingabe von Abfahrts- und Ankunftsort über
internes Goal mit den Prädikaten "lesen", "anfrage" und "sichern_ic";
Sicherung von abgeleiteten IC-Verbindungen über
mindestens eine Zwischenstation in der dynamischen Wiba;
Sicherung und Restauration des Inhalts der dynamischen
Wiba in der Datei "ic.pro";
Bezugsrahmen: Abb. 3.1 */
    is_predicate(ic_db,2).

    dic(ha,kö).
    dic(ha,fu).
    dic(kö,ka).
    dic(kö,ma).
    dic(fu,mü).
    dic(ma,fr).

    ic(Von,Nach):-dic(Von,Nach).
    ic(Von,Nach):-dic(Von,Z),ic(Z,Nach).

    verb(Von,Nach):-ic_db(Von,Nach),
            write(' ableitbar aus dynamischer Wiba '),nl.
    verb(Von,Nach):-ic(Von,Nach).
```

```
/* AUF10: */

    anfrage:-write(' Gib Abfahrtsort: '),nl,
            ttyread(Von),
            write(' Gib Ankunftsort: '),nl,
            ttyread(Nach),
            verb(Von,Nach),
            write(' IC-Verbindung existiert '),nl,
            asserta(ic_db(Von,Nach)).
    anfrage:-write(' IC-Verbindung existiert nicht '),nl.

    sichern_ic:-ic_db( _ , _ ), tell('ic.pro'),listing(ic_db),told.
    sichern_ic.

    lesen:-exists('ic.pro',r),
           reconsult('ic.pro').
    lesen.

    :- lesen,anfrage,sichern_ic.
```

Der Nachteil dieses Programms[27] besteht darin, daß jedesmal, wenn eine
Anfrage nach einer IC-Verbindung positiv beantwortet wird, ein Eintrag in
die dynamische Wiba durch das Standard-Prädikat "asserta" vorgenommen
wird. Dies führt dazu, daß die dynamische Wiba bei jeder erfolgreichen
Ableitung um einen Fakt erweitert wird, so daß bereits abgeleitete IC-Verbindungen *mehrfach* in die dynamische Wiba eingetragen werden. Wie wir
dies unterbinden können, lernen wir in Kapitel 5 kennen.

---

[27]Zur Ausführung mit dem System "Turbo Prolog" müssen sämtliche Prädikate vereinbart werden, wobei die oben genannten erforderlichen Änderungen für die Prädikate
"ttyread", "sichern_ic" und "lesen" in der angegebenen Form durchzuführen sind. Ferner
ist anstelle von "is_predicate(ic_db,2)" die Angabe
        "database – ic
           ic_db(symbol,symbol)"
zu machen und das interne Goal in der Form "goal anfrage" anzugeben (siehe
oben). Außerdem sind die Prädikate *"asserta"*, *"consult"* und *"save"* in den Formen
*"asserta(ic_db(Von,Nach))"*, *"consult("ic.pro",ic)"* und *"save("ic.pro",ic)"* einzusetzen
(siehe im Anhang unter A.4).

## 4.4  Aufgaben

### Aufgabe 4.1

Mit Hilfe von geeigneten Standard-Prädikaten für den Dialog mit dem
PROLOG-System ist die Lösung von Aufgabe 3.1 so abzuändern, daß Anfragen durch die Eingabe der Zeichen "e1" und "e2" (für den 1. und 2. Eingang),
"a1" und "a2" (für die beiden Ausgänge) gestellt werden können! Ferner sind
die jeweils betretenen Räume durch ihre Raumnummern anzuzeigen!

### Aufgabe 4.2

Forme das zur Lösung von Aufgabe 2.3 entwickelte PROLOG-Programm so
um, daß die Anfrage im Dialog eingegeben werden kann! Sofern die Antwort
"yes" lautet, soll zusätzlich die verkaufte Stückzahl angezeigt werden!

### Aufgabe 4.3

Schreibe ein PROLOG-Programm, mit dem neue Umsatzdaten (in der Form:
Vertreternummer, Artikelnummer, Stückzahl, laufende Tagesnummer) in
den dynamischen Teil der Wiba aufgenommen und die abgeleiteten Fakten
in eine Sicherungs-Datei übernommen werden können!

# 5 Einflußnahme auf das Backtracking

## 5.1 Erschöpfendes Backtracking mit dem Prädikat "fail"

In Kapitel 4 haben wir Anfragen an die Wiba gestellt, die mit der Meldung "IC-Verbindung existiert" (im Fall der Ableitbarkeit des Goals) bzw. "IC-Verbindung existiert nicht" (im Fall der Nicht-Ableitbarkeit des Goals) beantwortet wurden. Bei der Ableitbarkeits-Prüfung setzte Backtracking einzig und allein dann ein, wenn es um den Nachweis ging, ob überhaupt eine Ableitung möglich ist. Bei einer erfolgreichen Ableitung wurde die Programmausführung beendet, ohne daß ein weiteres Backtracking erfolgte.

Im folgenden werden wir darstellen, wie das Backtracking der Inferenzkomponente beeinflußt werden kann, um z.B. Fragestellungen nach *sämtlichen* Lösungsalternativen — als *insgesamt* aus der Wiba ableitbarem Wissen über IC-Verbindungen — bearbeiten lassen zu können. Dazu betrachten wir die folgende Aufgabenstellung:

- Durch die Angabe *eines* Abfahrtsorts sollen *alle* möglichen Ankunftsorte angezeigt werden, die über IC-Verbindungen erreicht werden können (AUF11).

Die zugehörige Lösung entwickeln wir aus dem Programm AUF6, mit dem wir die Existenz *einer* IC-Verbindung zwischen *einem* Abfahrts- und *einem* Ankunftsort prüfen konnten. Dazu sind Änderungen bei der Formulierung des internen Goals und der Regeln mit dem Regelkopf "anfrage" erforderlich.

Betrachten wir zunächst die beiden Regeln — aus dem Programm AUF6 — mit dem Prädikat "anfrage" im Regelkopf:

```
anfrage:-write(' Gib Abfahrtsort: '),nl,
        ttyread(Von),
        write(' Gib Ankunftsort: '),nl,
        ttyread(Nach),
        ic(Von,Nach),
        write(' IC-Verbindung existiert '),nl.
anfrage:-write(' IC-Verbindung existiert nicht '),nl.
```

Da jetzt die Anfrage nach dem Ankunftsort entfallen soll, sind das 4., 5. und
das 6. Prädikat im 1. Regelrumpf von "anfrage" zu löschen. Jetzt ist die
Variable "Nach" bei der Ableitbarkeits-Prüfung von "ic(Von,Nach)" *nicht*
mehr instanziert. Dies hat zur Folge, daß das Subgoal "ic(Von,Nach)" immer dann ableitbar ist, wenn es eine weitere Instanzierung für die Variable
"Nach" gibt (siehe unten). Damit derartige Instanzierungen — bei einem internen Goal — angezeigt werden, können wir das Standard-Prädikat "write"
mit der Variablen "Nach" als Argument *hinter* dem Prädikat "ic(Von,Nach)"
im Regelrumpf aufführen.

Zur Ausgabe eines einleitenden Textes fügen wir vor dem Prädikat
"ic(Von,Nach)" das Standard-Prädikat "write" mit dem Argument "mögli-
che(r) Ankunftsort(e):" ein. Außerdem ergänzen wir in der 2. Regel das
Standard-Prädikat "nl" und ändern im Prädikat "write" den ursprünglichen
Text in den Text "Ende" ab, so daß wir die beiden Regeln mit dem Prädikat
"anfrage" im Regelkopf insgesamt wie folgt modifizieren:

```
anfrage:-write(' Gib Abfahrtsort: '),nl,
        ttyread(Von),
        write(' mögliche(r) Ankunftsort(e): '),nl,
        ic(Von,Nach),
        write(Nach),nl.
anfrage:-nl,write(' Ende ').
```

Geben wir nach dem Start des derart geänderten Programms AUF6 den
Abfahrtsort "kö" ein, so wird das folgende Dialog-Protokoll angezeigt:

```
Gib Abfahrtsort:
kö.
mögliche(r) Ankunftsort(e):
ka
yes
```

Nach der Eingabe von "kö" läßt sich das Subgoal "dic(kö,ka)" mit dem
3. Fakt der Wiba unifizieren, und somit ist "ic(kö,Nach)" durch die Instanzierung der Variablen "Nach" durch "ka" ableitbar. Damit ist zwar
ein *erster möglicher* Ankunftsort ermittelt, jedoch ist die oben angegebene
Aufgabenstellung *nicht vollständig* gelöst. Zur Lösung müßte die bei der
Unifizierung von "ic(kö,Nach)" durchgeführte Instanzierung der Variablen
"Nach" wieder aufgehoben und die *erneute* Ableitbarkeits-Prüfung des Sub-

goals "ic(kö,Nach)" durch *Backtracking* weiter fortgeführt werden. Dazu
müßte das Prädikat "anfrage" unmittelbar anschließend — ohne einen neuen
Programmstart[1] — auf eine weitere Ableitbarkeit untersucht werden können.
Wir lösen dieses Problem durch den Einsatz des

- *argumentlosen* Standard-Prädikats *"fail"*, bei dem *jeder* Unifizierungs-
  Versuch *fehlschlägt*[2].

Innerhalb des internen Goals können wir mit Hilfe des Prädikats "fail" das
Prädikat "anfrage" — nach einer erfolgreichen Unifizierung — erneut auf
eine Ableitbarkeit hin untersuchen lassen, indem wir es wie folgt mit dem
Prädikat "fail" durch eine UND-Verbindung verknüpfen:

> :- anfrage,fail.

Dadurch wird — sofern das 1. Subgoal "anfrage" erstmals abgeleitet wurde
— durch das 2. Subgoal "fail" ein (tiefes) Backtracking *erzwungen*, d.h. es
wird zur letzten Backtracking-Klausel — also zur abgeleiteten Klausel mit
dem Klauselkopf "ic(Von,Nach)" im Regelrumpf der 1. Regel des Prädikats "anfrage" — zurückgekehrt und von dort aus versucht, das Prädikat
"ic(kö,Nach)" mit einer alternativen Instanzierung der Variablen "Nach"
*erneut* zu unifizieren.

Ist dieser Unifizierungs-Versuch wiederum erfolgreich, so wird der instanzierte Wert der Variablen "Nach" als nächster, möglicher Ankunftsort angezeigt und daraufhin durch das Prädikat "fail" ein *erneutes* Backtracking
*erzwungen*.

Dieser Prozeß wird solange *wiederholt*, bis es keine weiteren Instanzierungen
der Variable "Nach" mehr gibt, mit der sich das Prädikat "ic(kö,Nach)"
ableiten läßt. Daraufhin wird ein (seichtes) Backtracking beim Prädikat "anfrage" durchgeführt, so daß der Text "Ende" angezeigt und die
Ableitbarkeits-Prüfung des internen Goals "anfrage,fail." *erfolglos* beendet
wird.

Somit können wir die Lösung unserer Aufgabenstellung AUF11 durch das
folgende Programm angeben[3]:

---

[1] Starten wir das Programm, nachdem die Lösung "ka" angezeigt wurde, von neuem,
so erhalten wir natürlich wiederum den gleichen Ankunftsort "ka" angezeigt.

[2] Wir können uns dazu vorstellen, daß die gesamte Wiba erfolglos nach einem Fakt mit
dem Prädikatsnamen "fail" durchsucht wird.

[3] Zur Programmversion im System "Turbo Prolog" siehe im Anhang A.4.

```
/* AUF11: */
/* Anfrage nach allen möglichen Ankunftorten über
IC-Verbindungen durch Anforderung zur Eingabe eines Abfahrtsorts
über internes Goal mit den Prädikaten "anfrage" und "fail";
Bezugsrahmen: Abb. 3.1 */
   dic(ha,kö).
   dic(ha,fu).
   dic(kö,ka).
   dic(kö,ma).
   dic(fu,mü).
   dic(ma,fr).

   ic(Von,Nach):-dic(Von,Nach).
   ic(Von,Nach):-dic(Von,Z),ic(Z,Nach).

   anfrage:-write(' Gib Abfahrtsort: '),nl,
         ttyread(Von),
         write( ' mögliche(r) Ankunftsort(e): '),nl,
         ic(Von,Nach),
         write(Nach),nl.
   anfrage:-nl,write( ' Ende ').

   :- anfrage,fail.
```

Nach dem Start dieses Programms erhalten wir — nach Eingabe des Abfahrtsorts "kö" — das folgende Dialog-Protokoll:

```
?- [ 'auf11' ].
Gib Abfahrtsort:
kö.
mögliche(r) Ankunftsort(e):
ka
ma
fr

Ende
```

Die oben angegebene Aufgabenstellung, bei der zu einem Abfahrtsort alle zugehörigen Ankunftsorte zu ermitteln waren, erweitern wir jetzt wie folgt:

- Es sollen *alle* möglichen IC-Verbindungen zwischen *allen* möglichen Abfahrts- und Ankunftsorten angezeigt werden (AUF12).

Zur Lösung dieser Aufgabenstellung ändern wir auf der Basis des Programms

AUF11 die 1. Regel (mit dem Prädikat "anfrage" im Regelkopf) in der folgenden Form:

```
anfrage:-write( ' mögliche IC-Verbindung(en): '),nl,
     ic(Von,Nach),
     write(' Abfahrtsort: '),write(Von),nl,
     write(' Ankunftsort: '),write(Nach),nl.
```

Jetzt sind weder die Variable "Nach" noch die Variable "Von" instanziert, wenn die Ableitbarkeit von "ic(Von,Nach)" geprüft wird. Durch den Einsatz des Standard-Prädikats "fail" im internen Goal in der Form

```
:- anfrage,fail.
```

läßt sich wiederum solange Backtracking erzwingen, bis *sämtliche* IC-Verbindungen zwischen den möglichen Abfahrts- und Ankunftsorten in der Wiba abgeleitet und angezeigt sind. Das vollständige Programm AUF12 hat somit die folgende Form[4]:

```
/* AUF12: */
/* Anfrage nach allen möglichen IC-Verbindungen
zwischen allen Abfahrts- und allen Ankunftsorten
über internes Goal mit den Prädikaten "anfrage" und "fail";
Bezugsrahmen: Abb. 3.1 */
  dic(ha,kö).
  dic(ha,fu).
  dic(kö,ka).
  dic(kö,ma).
  dic(fu,mü).
  dic(ma,fr).

  ic(Von,Nach):-dic(Von,Nach).
  ic(Von,Nach):-dic(Von,Z),ic(Z,Nach).

  anfrage:-write(' mögliche IC-Verbindung(en): '),nl,
       ic(Von,Nach),
       write(' Abfahrtsort: '),write(Von),nl,
       write(' Ankunftsort: '),write(Nach),nl.
  anfrage:-nl,write(' Ende ').

  :- anfrage,fail.
```

---

[4]Zur Programmversion im System "Turbo Prolog" siehe im Anhang A.4.

## 5.2   Erschöpfendes Backtracking durch ein externes Goal

In den beiden oben angegebenen Programmen haben wir das Backtracking
dadurch erzwungen, daß wir das Standard-Prädikat "fail" als letztes Subgoal
im internen Goal aufgeführt haben. Eine Alternative zu diesem Vorgehen
besteht darin, daß wir das interne Goal in der Wiba löschen und die UND-
Verbindung

```
:- anfrage,fail.
```

als *externes* Goal für das oben entwickelte Programm angeben. Dies hat
allerdings den Nachteil, daß die von der Dialogkomponente des PROLOG-
Systems standardmäßig ausgegebenen Texte "yes" bzw. "no" zusätzlich in
das Dialog-Protokoll eingetragen werden.
Wir zeigen jetzt,

- wie sich auch *ohne* den Einsatz des Standard-Prädikats "fail" ein
  erschöpfendes Backtracking erreichen läßt.

Dazu betrachten wir unser ursprüngliches Programm AUF4, das (bis auf die
Kommentare) die folgende Form hat:

```
/* AUF4: */
dic(ha,kö).
dic(ha,fu).
dic(kö,ka).
dic(kö,ma).
dic(fu,mü).
dic(ma,fr).

ic(Von,Nach):-dic(Von,Nach).
ic(Von,Nach):-dic(Von,Z),ic(Z,Nach).
```

Stellen wir nach dem Programmstart die Anfrage

```
?- ic(ha,Nach).
```

als externes Goal, so erhalten wir die Ausgabe[5]:

```
Nach  =  kö
```

---

[5]Beim System "Turbo Prolog" werden automatisch alle möglichen Instanzierungen der
Variablen "Nach" angezeigt. Außerdem wird die Gesamtzahl der Lösungen in der Form
"6 Solutions" ausgegeben.

Dies bedeutet, daß "kö" die erste Instanzierung der Variablen "Nach" ist,
für die das externe Goal ableitbar ist.

Soll geprüft werden, ob eine Ableitung durch eine weitere mögliche Instanzierung der Variablen "Nach" erreicht werden kann, so müssen wir das Semikolon ";" als Symbol für die ODER-Verbindung eingeben. Wiederholen
wir dies geeignet oft, so kann der Dialog anschließend wie folgt fortgesetzt
werden[6]:

```
Nach   =   fu;
Nach   =   ka;
Nach   =   ma;
Nach   =   fr;
Nach   =   mü;
no
```

Somit läßt sich nach jeder erfolgreichen Unifizierung von "ic(ha,Nach)"
solange Backtracking *erzwingen*, bis *alle* möglichen Unifizierungen von
"ic(ha,Nach)" und damit sämtliche möglichen Instanzierungen der Variablen "Nach" und demzufolge sämtliche IC-Verbindungen mit dem Abfahrtsort "ha" aus der Wiba abgeleitet sind.

Durch die Eingabe eines der Prädikate "ic" bzw. "dic" als externes Goal
— mit einer geeigneten Anzahl von Variablen als Argumente — lassen sich
weitere Aufgabenstellungen bearbeiten, wie z.B.:

| | |
|---|---|
| dic(kö,Nach): | Anzeige aller ableitbaren Direktverbindungen vom Abfahrtsort "kö" aus |
| dic(Von,Nach): | Anzeige aller ableitbaren Direktverbindungen |
| ic(Von,fr): | Anzeige aller ableitbaren Abfahrtsorte mit Ankunftsort "fr" |
| ic(Von,Nach): | Anzeige aller ableitbaren IC-Verbindungen |

Wollen wir Anfragen nach IC-Verbindungen stellen, die aus *zwei* Direktverbindungen über *eine* Zwischenstation bestehen (siehe Aufgabenstellung
AUF2), so können wir ein — aus *mehreren* Prädikaten zusammengesetztes
— externes Goal wie z.B.

```
?- dic(ha,Z),dic(Z,mü).
```

---

[6]Da es nach der Ausgabe der letzten Lösung keine weiteren Ankunftsorte mehr gibt,
wird abschließend der Text "no" ausgegeben.

formulieren. In diesem Fall erhalten wir

$$Z \;=\; fu$$

und nach der Eingabe eines Semikolons den Text

$$no$$

angezeigt.

Zusätzlich zu den am Ende von Abschnitt 3.3 angegebenen Antworten des PROLOG-Systems gibt es somit noch die folgenden Anzeigen:

| Anzeige von Variablen-Instanzierungen | Setzen wir in den Argumenten einer Anfrage Variable ein, so wird bei einer *erfolgreichen* Ableitbarkeits-Prüfung die *erste* Variablen-Instanzierung angezeigt. Weitere mögliche Variablen-Instanzierungen können wir *sukzessiv* durch die Eingabe des Semikolons ";" abrufen[7]. Nach der Anzeige der letzten Instanzierung wird der Text "no" ausgegeben.<br>Verwenden wir in einer Anfrage das Prädikat "fail" als letztes Subgoal, so müssen wir zur Anzeige von Instanzierungen das Standard-Prädikat "write" einsetzen. Dies liegt daran, daß Variablen-Instanzierungen nur bei einer *erfolgreichen* Ableitbarkeits-Prüfung angezeigt werden. |
|---|---|

## 5.3  Einsatz des Prädikats "cut"

### 5.3.1  Unterbinden des Backtrackings mit dem Prädikat "cut"

Wie bereits oben angegeben, besitzt das Programm AUF9 einen entscheidenden *Nachteil.* Läßt sich nämlich eine IC-Verbindung aus der Wiba ableiten,

---

[7]Im System "Turbo Prolog" werden beim Einsatz von Variablen in einer Anfrage sämtliche möglichen Variablen-Instanzierungen angezeigt. Abschließend wird die Gesamtzahl der Lösungen angegeben.

so wird diese IC-Verbindung unmittelbar in die dynamische Wiba eingetragen. Dabei wird *nicht* geprüft, ob der abgeleitete Fakt bereits Bestandteil der dynamischen Wiba ist.

Deshalb stellen wir uns jetzt die Aufgabe,

- eine IC-Verbindung, die *bereits* als Fakt in der dynamischen Wiba enthalten ist, *nicht* erneut in die dynamische Wiba einzutragen. Außerdem sollen bereits abgeleitete IC-Verbindungen der *dynamischen* Wiba entnommen und *nicht* von neuem aus der *statischen* Wiba abgeleitet werden (AUF13).

Zur Lösung dieser Aufgabenstellung sind die Regeln im Programm AUF10 — mit dem Prädikat "anfrage" im Regelkopf — in der Form

```
anfrage:-write(' Gib Abfahrtsort: '),nl,
    ttyread(Von),
    write(' Gib Ankunftsort: '),nl,
    ttyread(Nach),
    verb(Von,Nach),
    write(' IC-Verbindung existiert '),nl,
    asserta(ic_db(Von,Nach)).
anfrage:-write(' IC-Verbindung existiert nicht '),nl.
```

geeignet zu ändern. Dazu werden wir das Standard-Prädikat *"not"* einsetzen, mit dem eine *"logische Negation"* vorgenommen werden kann.

- Das Standard-Prädikat *"not"* wird in der Form

      not ( prädikat )

eingesetzt[8]. Es ist genau dann *ableitbar*, wenn das als Argument aufgeführte Prädikat in der Wiba *nicht* unifiziert werden kann.

Das Prädikat "not" kann *nicht* dazu eingesetzt werden, um für ein Prädikat Variablen-Instanzierungen zu bestimmen, die sich *nicht* aus der Wiba ableiten lassen.

Ist also das Prädikat "verb(Von,Nach)" ableitbar, so ist — *vor* einem Eintrag in die dynamische Wiba — zu prüfen, ob das Prädikat "ic_db(Von,Nach)" für

---

[8]Im "Turbo Prolog"-System müssen beim Einsatz des Prädikats "not" die Klammern hinter dem Standard-Prädikat "not" angegeben werden. Beim System "IF/Prolog" dürfen sie fehlen. Im "Turbo Prolog"-System müssen Variable in den Argumenten von "prädikat" *vor* der Ableitung des Prädikats "not" mit Konstanten instanziert sein.

die aktuellen Instanzierungen der Variablen "Von" und "Nach" bereits als
Fakt in der dynamischen Wiba enthalten ist. Dazu fügen wir das Prädikat
"not(ic_db(Von,Nach))" wie folgt in die oben angegebenen Regeln ein:

```
anfrage:-write(' Gib Abfahrtsort: '),nl,
       ttyread(Von),
       write(' Gib Ankunftsort: '),nl,
       ttyread(Nach),
       verb(Von,Nach),
       write(' IC-Verbindung existiert '),nl,
       not(ic_db(Von,Nach)),
       asserta(ic_db(Von,Nach)).
anfrage:-write(' IC-Verbindung existiert nicht '),nl.
```

In dieser Situation läßt sich das Prädikat "not" nur *dann* unifizieren, wenn
"ic_db(Von,Nach)" mit den aktuellen Instanzierungen der Variablen "Von"
und "Nach" *nicht* aus der dynamischen Wiba ableitbar ist. In diesem Fall
wird das Prädikat "ic_db(Von,Nach)" (mit den aktuellen Instanzierungen
der Variablen "Von" und "Nach") durch die nachfolgende Unifizierung des
Standard-Prädikats "asserta" als Fakt in die dynamische Wiba aufgenommen.

Ist dagegen "ic_db(Von,Nach)" — z.B. für die Instanzierungen der Variablen
"Von" mit "ha" und der Variablen "Nach" mit "mü" — bereits als Fakt
in der dynamischen Wiba enthalten, so kann "ic_db(ha,mü)" unifiziert und
damit "not(ic_db(ha,mü))" *nicht* abgeleitet werden. Daraufhin setzt (tiefes)
Backtracking ein. Dies führt dazu, daß das Prädikat "verb(ha,mü)" — durch
ein daraufhin eingeleitetes (seichtes) Backtracking — mit dem Kopf der 2.
Regel des Prädikats "verb(Von,Nach)" (siehe Programm AUF9)

```
verb(Von,Nach):-ic(Von,Nach).
```

unifiziert wird, woraufhin die Ableitbarkeit des Prädikats "ic(ha,mü)" aus
den Fakten der (statischen) Wiba *erneut* nachgewiesen wird. Im Anschluß
daran erweist sich wiederum das Subgoal "not(ic_db(ha,mü))" — wie oben
angegeben — als *nicht* unifizierbar. Da kein weiteres Backtracking innerhalb
der 1. Regel (mit dem Prädikat "anfrage" im Regelkopf) mehr möglich ist,
erfolgt (seichtes) Backtracking zur 2. Regel mit dem Prädikat "anfrage"
im Regelkopf, woraufhin der Text "IC-Verbindung existiert nicht" angezeigt
wird. Dies ist jedoch *nicht* das von uns erwünschte Ergebnis.

Damit die Ableitbarkeits-Prüfung *nicht* in der eben beschriebenen Form

durchgeführt wird, muß das (tiefe) Backtracking zum Subgoal "verb"
und das anschließende (seichte) Backtracking zur 2. Regel des Prädikats
"anfrage", das durch die Nicht-Ableitbarkeit des Prädikats "not" erzwungen
wird, *verhindert* werden.

- Zur Einschränkung des Backtrackings steht das Standard-Prädikat
  *"cut"* zur Verfügung, das in einem PROLOG-Programm durch das
  Ausrufungszeichen "!" gekennzeichnet wird.

- Das Prädikat "cut" läßt sich beim *ersten* Ableitbarkeits-Versuch —
  "von links kommend" — *erfolgreich* unifizieren.

- Wird das Prädikat "cut" unifiziert, so

  sind alle *alternativen* Regeln — mit dem gleichen Prädikat im
  Regelkopf — durch (seichtes) Backtracking *nicht* mehr erreichbar
  (sie sind gesperrt). Dies bedeutet, daß *keine* Alternativen zur
  aktuellen Regel betrachtet werden können, so daß das aktuelle
  *Parent-Goal nur* über die aktuelle Regel und *nicht* über alternative Regeln ableitbar ist.

- Folgt dem "cut" ein weiteres Prädikat innerhalb einer logischen UND-
  Verbindung, und *schlägt* die Ableitbarkeits-Prüfung dieses Prädikats
  *fehl*, so ist, wenn durch (tiefes) Backtracking das Prädikat "cut" ("von
  rechts kommend") *erneut* erreicht wird[9],

  das Prädikat "cut" bei diesem 2. Ableitbarkeits-Versuch *nicht*
  unifizierbar. Demzufolge ist *kein* (tiefes) Backtracking zu einem
  "links" vom "cut" stehenden Prädikat mehr möglich, so daß das
  *Parent-Goal nicht* ableitbar ist.

Das Prädikat "cut" wirkt also wie eine Mauer, die "von links kommend"
überwunden werden kann. Wird diese Mauer anschließend "von rechts kommend" — durch (tiefes) Backtracking — erreicht, so kann sie *nicht* "über-
sprungen" werden. In dieser Situation werden *keine* Alternativen für ein
(seichtes) Backtracking mehr berücksichtigt, so daß das Parent-Goal *nicht*
unifizierbar ist.
Im Hinblick auf den oben — im Rahmen der Aufgabenstellung AUF12 —
angegebenen Lösungsvorschlag ist das Standard-Prädikat "cut" somit wie
folgt einzusetzen:

---

[9]Variable, die vor dem Ableiten des "cut" instanziert wurden, werden auf die instanzierten Werte "eingefroren".

```
anfrage:-write(' Gib Abfahrtsort:  '),nl,
     ttyread(Von),
     write(' Gib Ankunftsort:  '),nl,
     ttyread(Nach),
     verb(Von,Nach),
     write(' IC-Verbindung existiert  '),nl,
     !,
     not(ic_db(Von,Nach)),
     asserta(ic_db(Von,Nach)).
anfrage:-write(' IC-Verbindung existiert nicht  '),nl.
```

Ist nämlich das Subgoal "not(ic_db(Von,Nach))" *nicht* unifizierbar, so *verhindert* der "cut" ein (tiefes) Backtracking zum Subgoal "verb(Von,Nach)" und damit auch ein (seichtes) Backtracking zur 2. Klausel des Prädikats "anfrage".

Damit ist der Rumpf der 1. Regel *nicht* ableitbar. Da die 2. Regel durch das erstmalige Ableiten des "cut" *gesperrt* ist, kann demzufolge der Regelkopf mit dem Prädikat "anfrage" (als Parent-Goal) *nicht* abgeleitet werden.

Wird das Programm AUF10 in der oben dargestellten Form modifiziert, so erhalten wir als Lösung unserer Aufgabenstellung das folgende Programm[10]:

```
/* AUF13: */

/* Anfrage nach IC-Verbindungen;
Anforderung zur Eingabe von Abfahrts- und Ankunftsort
über internes Goal mit den Prädikaten
"lesen", "cut", "anfrage" und "sichern_ic";
Redundanzfreie Sicherung neu abgeleiteter
IC-Verbindungen in der dynamischen Wiba;
Sichern und Restaurieren des Inhalts der
dynamischen Wiba in der Datei "ic.pro";
Bezugsrahmen: Abb. 3.1 */

is_predicate(ic_db,2).


dic(ha,kö).
dic(ha,fu).
dic(kö,ka).
```

---

[10]Zur Programmversion im System "Turbo Prolog" siehe im Anhang A.4.

```
/* AUF13: */

    dic(kö,ma).
    dic(fu,mü).
    dic(ma,fr).

    ic(Von,Nach):-dic(Von,Nach).
    ic(Von,Nach):-dic(Von,Z),ic(Z,Nach).

    verb(Von,Nach):-ic_db(Von,Nach),
          write(' ableitbar aus dynamischer Wiba '),nl.
    verb(Von,Nach):-ic(Von,Nach).

    anfrage:-write(' Gib Abfahrtsort: '),nl,
          ttyread(Von),
          write(' Gib Ankunftsort: '),nl,
          ttyread(Nach),
          verb(Von,Nach),
          write(' IC-Verbindung existiert '),nl,
          !,
          not(ic_db(Von,Nach)),
          asserta(ic_db(Von,Nach)).
    anfrage:-write(' IC-Verbindung existiert nicht '),nl.

    sichern_ic:-ic_db( _ , _ ), tell('ic.pro'),listing(ic_db),told.
    sichern_ic.

    lesen:-exists('ic.pro',r),
          reconsult('ic.pro').
    lesen.

    :- lesen,!,anfrage,sichern_ic.
```

Wir haben innerhalb des Programms AUF13 das Prädikat "cut" nicht nur
in der Klausel mit dem Klauselkopf "anfrage", sondern auch innerhalb des
internen Goals in der Form

```
:- lesen,!,anfrage,sichern_ic.
```

eingefügt. Dies ist erforderlich, weil sichergestellt werden muß, daß kein
(tiefes) Backtracking beim Scheitern der Ableitbarkeits-Prüfung des Subgoals "anfrage" zum Subgoal "lesen" durchgeführt wird. Ein derartiges
Backtracking hätte nämlich zur Folge, daß ein (seichtes) Backtracking beim

Prädikat "lesen" durchgeführt würde, sofern die Datei "ic.pro" beim Start
des Programms vorhanden ist.  Weil in diesem Fall das Prädikat "lesen"
erfolgreich abgeleitet werden kann, würde für das Prädikat "anfrage" eine
*erneute* — nicht erwünschte — Ableitbarkeits-Prüfung durchgeführt.

Wie oben angegeben, hat das Standard-Prädikat "cut", nachdem es *einmal*
abgeleitet wurde, Auswirkungen auf die weitere Arbeitsweise des Inferenz-
Algorithmus.  Es besitzt einen *"Seiteneffekt"*, da es (nachfolgende) alternative Klauseln für (seichtes) Backtracking *sperrt*, so daß das Parent-Goal *nicht*
über alternative Klauseln ableitbar ist.  Dieser Seiteneffekt hat entscheidende
Konsequenzen, wie etwa das folgende Programm zeigt[11]:

```
/* BSP1: */
/* Demonstration des Prädikats "cut" */
  b.
  c:-fail.
  d.
  a:-!,b.
  a:-d.

  test:-a,c.
```

Bei der Ableitbarkeits-Prüfung des Goals "test." wird zunächst das 1. Subgoal "a" mit der 1. Regel mit dem Regelkopf "a" unifiziert.  Anschließend
wird das Standard-Prädikat "cut" unifiziert und dadurch die 2. Klausel mit
dem Prädikat "a" im Klauselkopf für (seichtes) Backtracking gesperrt.  Da
das Prädikat "b" als Fakt auftritt, ist das 1. Subgoal "a" ableitbar.

Da das 2. Subgoal "c" im Regelrumpf des Prädikats "test" — wegen der
Regel "c:-fail" — *nicht* ableitbar ist, müßte (seichtes) Backtracking zur 2.
Regel mit dem Prädikat "a" im Regelkopf durchgeführt werden.  Dies ist
jedoch *nicht* möglich, weil dieses (seichte) Backtracking zuvor durch den
"cut" *gesperrt* wurde, so daß folglich das externe Goal "test." *nicht* abgeleitet
werden kann.


## 5.3.2  Unterbinden des Backtrackings mit den Prädikaten "cut" und "fail" ("Cut-fail"-Kombination)

Bisher haben wir die beiden Standard-Prädikate "fail" und "cut" zur Steuerung des Backtrackings kennengelernt.  Dabei haben wir das Prädikat *"fail"*

---

[11]Im "Turbo Prolog"-System vereinbaren wir die argumentlosen Prädikate in der Form:
    predicates a b c d
Als externes Goal geben wir z.B. "test:-a,c", als internes Goal z.B. "goal
a,c,write("ableitbar")" an.

für ein *erschöpfendes* und das Prädikat *"cut"* für ein *eingeschränktes* Backtracking eingesetzt.

Oftmals besteht Interesse, im Rahmen der Ableitbarkeits-Prüfung das *Scheitern* eines Parent-Goals herbeizuführen, indem ein noch mögliches (seichtes) Backtracking unterbunden wird. Dazu müssen wir eine Kombination der Prädikate "cut" und "fail" als *"cut-fail"* in der Form von

    !,fail

einsetzen. Wird diese Prädikat-Kombination bei der Ableitbarkeits-Prüfung einer UND-Verbindung erreicht, so wird der Regelrumpf und damit auch der zugehörige Regelkopf, d.h. das Parent-Goal, als *nicht* ableitbar erkannt.

Als Anwendung der "Cut-fail"-Kombination betrachten wir die folgende Aufgabenstellung, bei der eine Programmschleife realisiert werden soll:

- Es ist ein Programm zu entwickeln, das *solange* eine Eingabe von der Tastatur anfordert, *bis* die Eingabe einer *bestimmten* Text-Konstanten erfolgt (AUF14).

Zur Lösung dieser Aufgabenstellung geben wir das folgende Programm an, bei dem das Programmende von uns durch die Eingabe des Buchstabens "s" festgelegt wird[12]:

```
/* AUF14: */
/* Programm zur Demonstration,
wie sich eine Programmschleife mit
gezieltem Abbruch-Kriterium angeben läßt */
auswahl(s):-nl,write(' Ende ').
auswahl(X):-write(' Eingabe von: '),write(X),nl,fail.

anforderung:-write(' Gib Buchstabe (Abbruch bei Eingabe von "s"):'),nl,
        ttyread(Buchstabe),
        auswahl(Buchstabe),
        !,fail.
anforderung:-anforderung.

:- anforderung.
```

---

[12]Im "IF/Prolog"-System schließen wir — im Argument des Prädikats "write" — den Buchstaben "s" entweder in doppelte Hochkommata " " " oder in Anführungszeichen "''" ein. Im "Turbo Prolog"-System sind Text-Konstanten im Argument des Prädikats "write" in Anführungszeichen "''" einzuschließen. Wir machen deshalb statt "s" die Angabe "s". Die Prädikate "auswahl" und "anforderung" werden in den Formen "auswahl(symbol)" und "anforderung" vereinbart. Außerdem müssen wir statt des Prädikats *"ttyread"* das Standard-Prädikat *"readln"* einsetzen (siehe im Anhang A.4).

Geben wir z.B. nach dem Programmstart den Buchstaben "e" ein, so wird der Regelkopf "auswahl(X)" (durch die Instanzierung "X:=e") unifiziert. Die Ableitbarkeits-Prüfung des Regelrumpfs schlägt fehl, da er durch das Prädikat "fail" abgeschlossen wird.

Da beim Ableiten des internen Goals im 1. Regelrumpf des Prädikats "anforderung" das Prädikat "cut" in diesem Regelrumpf noch nicht erreicht wurde, erfolgt (seichtes) Backtracking zur 2. Regel mit dem Regelkopf "anforderung". Anschließend wird erneut — mit einem *neuen* Exemplar der Wiba — der Rumpf der 1. Regel mit dem Kopf "anforderung" auf Ableitbarkeit untersucht. Dies führt durch die Unifizierung des Subgoals "auswahl(Buchstabe)" zu einer neuen Eingabeanforderung.

Erst wenn der Buchstabe "s" erstmalig eingegeben wird, erfolgt die Unifizierung des Prädikats "auswahl(s)", so daß die Prädikat-Kombination "cut-fail" erreicht wird. Da der Regelrumpf — wegen des Prädikats "fail" — *nicht* ableitbar ist und (seichtes) Backtracking zur 2. Regel des Prädikats "anforderung" durch das Prädikat "cut" *verhindert* wird, ist das Parent-Goal "anforderung" und somit das interne Goal *nicht* ableitbar. Folglich läßt sich die Programmschleife durch die Eingabe des Buchstabens "s" abbrechen.

### 5.3.3  Rote und grüne Cuts

In den vorausgehenden Abschnitten haben wir beschrieben, wie sich die *prozedurale* Bedeutung eines PROLOG-Programms durch den Einsatz des Prädikats "cut" beeinflussen läßt.

So haben wir z.B. im Programm AUF13 das Prädikat "cut" eingesetzt, um (tiefes) Backtracking im internen Goal und (seichtes) Backtracking im Regelrumpf des Prädikats "anfrage" zu *unterbinden*. Dadurch haben wir sichergestellt, daß die 2. Klausel des Prädikats "anfrage" nur *dann* ableitbar ist, wenn die Ableitung des Prädikats "verb(Von,Nach)" (mit den jeweils für die Variablen "Von" und "Nach" instanzierten Werten) *fehlschlägt*. Somit wird die 2. Klausel des Prädikats "anfrage" nur dann abgeleitet, wenn sich die angefragte IC-Verbindung weder — implizit — aus der dynamischen Wiba noch — explizit — aus der statischen Wiba ableiten läßt.

Als Zusammenfassung der in den Abschnitten 5.3.1 und 5.3.2 angegebenen Eigenschaften demonstrieren wir die allgemeine Wirkung des Prädikats "cut" an den folgenden vier Klauseln, die jeweils denselben Regelkopf mit dem Prädikatsnamen "kopf" haben:

```
kopf  :-  a  ,  !  ,  b    .     (1)
kopf  :-  c  ,  !           .     (2)
kopf  :-  d  ,  !  ,  fail  .     (3)
kopf  :-  !  ,  e           .     (4)
```

Bei der Ableitbarkeits-Prüfung des Parent-Goals "kopf" lassen sich die folgenden Fälle unterscheiden:

| Ableitung von "a" möglich: | | | |
|---|---|---|---|
| Ableitung von "b" möglich | Parent-Goal ableitbar ((2),(3) und (4) sind für (seichtes) Backtracking gesperrt) | | |
| Ableitung von "b" *nicht* möglich | Parent-Goal *nicht* ableitbar ((2),(3) und (4) sind für (seichtes) Backtracking gesperrt) | | |
| Ableitung von "a" *nicht* möglich: | | | |
| Ableitung von "c" möglich | Parent-Goal ableitbar ((3) und (4) sind für (seichtes) Backtracking gesperrt) | | |
| Ableitung von "c" *nicht* möglich | (seichtes) Backtracking zu (3) | | |
| Ableitung von "c" *nicht* möglich: | | | |
| | Ableitung von "d" möglich | Parent-Goal *nicht* ableitbar ((4) ist für (seichtes) Backtracking gesperrt) | |
| | Ableitung von "d" *nicht* möglich | (seichtes) Backtracking zu (4) | |
| | Ableitung von "d" *nicht* möglich: | | |
| | | Ableitung von "e" möglich | Parent-Goal ableitbar |
| | | Ableitung von "e" *nicht* möglich | Parent-Goal *nicht* ableitbar |

Das Prädikat "cut" läßt sich somit insbesondere in der folgenden Situation einsetzen:

• Es soll sichergestellt werden, daß nur dann die *Möglichkeit* bestehen darf, das Parent-Goal durch die aktuell betrachtete Regel abzuleiten, wenn innerhalb des zugehörigen Regelrumpfs ein *bestimmtes* Prädikat ableitbar ist.

Dazu muß das Prädikat "cut" unmittelbar *links* von diesem Prädikat eingefügt werden, so daß nachfolgende *alternative* Regeln — durch (seichtes) Backtracking — nicht mehr untersucht werden können. Das bedeutet insbesondere, daß die *vor* dem Ableiten des Prädikats "cut" eingegangenen *Instanzierungen* von Variablen für die weiteren Ableitbarkeits-Prüfungen, die hinter dem Prädikat "cut" durchgeführt werden, *nicht* wieder *gelöst* werden können (sie sind "eingefroren").

Sofern sich bei einem derartigen Einsatz des Prädikats "cut" — im Hinblick auf die Situation, die *ohne* den Einsatz des Prädikats "cut" vorliegen würde — die *deklarative* und die *prozedurale* Bedeutung eines PROLOG-Programms ändert, wird von einem *"roten" Cut* gesprochen.
Neben der bei der Lösung der Aufgabenstellung AUF13 beschriebenen Form, das (seichte) Backtracking zu *unterbinden*, weil nur so die gegebene Aufgabenstellung gelöst werden kann, gibt es einen weiteren Grund, das Prädikat "cut" in einem PROLOG-Programm oder einem Goal einzusetzen.
Oftmals kann durch das Prädikat "cut" eine Effizienzsteigerung bei der Ausführung eines Programms erreicht werden, indem verhindert wird, daß alternative Lösungen weiter untersucht werden[13]. Wird das Prädikat "cut" im Hinblick auf eine vorgegebene Fragestellung in diesem Sinne eingesetzt, so nennen wir es einen *"grünen" Cut*. Bei einem "grünen" Cut wird die prozedurale Bedeutung eines PROLOG-Programms, *nicht* jedoch die *deklarative* Bedeutung geändert. Erweitern wir z.B. das Programm zur Lösung der Aufgabenstellung AUF4 um die Regeln

```
anfrage:-write(' Gib Abfahrtsort: '),nl,
       ttyread(Von),
       dic(Von, _ ),
       !,
       write(' Es gibt eine Direktverbindung: '),nl.
anfrage:-write(' Es gibt keine Direktverbindung '),nl,
```

so können wir durch die Eingabe des Goals in der Form

---

[13]Wir sind z.B. daran interessiert, ob es *überhaupt* eine Lösung gibt.

?– anfrage.

die Behauptung

<es gibt *mindestens* eine Direktverbindung von "ha" aus>

beantworten lassen. Dabei werden durch den Einsatz des Prädikats "cut"
— nachdem die *erste* Instanzierung der Variablen "X" mit der Konstanten
"kö" vorgenommen wurde — keine weiteren Ableitbarkeits-Prüfungen mehr
durchgeführt. Setzen wir das Prädikat "cut" in dieser Form ein, so gehen
*keine* Lösungen *verloren*, da wir lediglich an der Existenz *mindestens* einer
Direktverbindung von "ha" aus interessiert sind.
Grundsätzlich ist der Einsatz des Prädikats "cut" *nicht* unproblematisch. Es
ist stets die jeweils zugrundeliegende *Anfrage* zu beachten, zu deren Lösung
das jeweilige PROLOG-Programm entwickelt wurde. Der Einsatz des Prädikats "cut" — in der Wirkung eines "roten" Cut — kann leicht dazu führen,
daß mögliche Lösungen durch *unterbundenes* seichtes und tiefes Backtracking
*nicht* abgeleitet oder aber falsche Ergebnisse angezeigt werden.


Abschließend wollen wir die Unterscheidung zwischen einem "grünen" und
einem "roten" Cut mit zwei Programmen zur Bestimmung des größten Werts
zweier Zahlen demonstrieren.
Dazu setzen wir das folgende Programm ein[14]:

```
max(X,Y,Y):-X =< Y,!.
max(X,Y,X):-Y =< X.
```

Stellen wir an dieses Programm z.B. die Anfrage "max(5,10,Maximum)",
so können wir anschließend sämtliche Instanzierungen der Variablen "Maximum" durch die Eingabe des Semikolons abrufen. Wir erhalten den größten
Wert der beiden Zahlen "5" und "10" in der Form

Maximum = 10;
no


angezeigt. Dabei wird die Anfrage mit der 1. Klausel erfolgreich abgeleitet,
so daß die Variable "Maximum" bzw. "Y" mit dem größeren der beiden
Werte instanziert ist. Da die Bedingung "X =< Y" erfüllt ist, wird an-

---

[14] Zu den Zeichen "=" und "<" siehe Kapitel 6.

schließend das Prädikat "cut" abgeleitet und somit (seichtes) Backtracking
zur 2. Klausel unterbunden.

Entfernen wir den Cut in der 1. Klausel und stellen die gleiche Anfrage, so
erhalten wir das gleiche Ergebnis angezeigt. Dies liegt daran, daß jetzt —
nach der Eingabe eines Semikolons — (seichtes) Backtracking zur 2. Klausel
stattfindet. Die Ableitung der Anfrage mit der 2. Klausel scheitert jedoch,
da die Bedingung "10 =< 5" *nicht* erfüllt ist.

Da wir in beiden Programmversionen das gleiche (erwartete) Ergebnis erhalten, liegt ein "grüner" Cut vor.

Die Bestimmung des größten Wertes zweier Zahlen leistet auch das folgende
Programm:

```
max(X,Y,Y):-X =< Y,!.
max(X,Y,X).
```

Stellen wir auch an dieses Programm die Anfrage "max(5,10,Maximum)",
so erhalten wir das gleiche Ergebnis wie oben angezeigt.

Entfernen wir den Cut in der 1. Klausel und stellen wiederum die gleiche
Anfrage, so wird die Anfrage mit einem *falschen* Ergebnis in der Form

```
Maximum = 10;
Maximum = 5;
no
```

beantwortet.

Bei der Ableitbarkeits-Prüfung wird die Anfrage zunächst mit der 1. Klausel
und — nach der Eingabe des Semikolons — auch mit der 2. Klausel erfolgreich abgeleitet. Somit erhalten wir für die Variable "Maximum" die beiden
Werte "10" und "5" angezeigt. Da keine weitere Instanzierung der Variablen
"Maximum" mehr möglich ist, führt die Eingabe eines weiteren Semikolons
zur abschließenden Ausgabe des Textes "no". Da wir in beiden Programmversionen *nicht* das *gleiche* Ergebnis, sondern in der Version ohne Einsatz des
Cut ein unerwartetes und falsches Ergebnis angezeigt bekommen, handelt es
sich hier um einen "roten" Cut.

Das Standard-Prädikat "cut" ist das einzige Prädikat, das die Arbeit der Inferenzkomponente direkt beeinflußt. Die "Farbe" des Cut läßt sich stets
dadurch bestimmen, daß eine Anfrage an das ursprüngliche PROLOG-
Programm und anschließend die gleiche Anfrage an das gleiche Programm
— ohne den Cut — gestellt wird. Führt die Anfrage an das derart geänderte
Programm zu *unerwarteten* oder gar *falschen* Ergebnissen, so liegt ein "ro-

ter" Cut vor. Ansonsten handelt es sich um einen "grünen" Cut.

## 5.4   Aufgaben

Bei der Arbeit mit relationalen DB-Systemen sind die folgenden Struktur-Operationen von Bedeutung:

- Selektion: Datenauswahl gemäß einer Bedingung, nach der die Tabellenzeilen, deren Werte diese Auswahl-Bedingung erfüllen, aus dem Datenbestand herausgefiltert werden.

- Verbund: Aufbau einer Tabelle aus mehreren Basistabellen durch die Zusammenführung von Tabellenzeilen über den Abgleich der Werte von ausgewählten Tabellenspalten aus den Basistabellen.

- Projektion: Ableitung einer Tabelle aus einer Basistabelle, indem eine oder mehrere ausgewählte Tabellenspalten übernommen werden, wobei festzulegen ist, ob die resultierenden Tabellenzeilen paarweise voneinander verschieden sein müssen oder nicht.

### Aufgabe 5.1

Führe auf der Basis der zur Lösung von Aufgabe 2.1 zusammengestellten Fakten — im folgenden stets *Datenbasis* genannt — eine Selektion durch, so daß alle am 24. des laufenden Monats getätigten Umsätze in der folgenden Form angezeigt werden:

| Vertreternummer | Artikelnummer | Stückzahl | Verkaufstag |
|---|---|---|---|
| 8413 | 12 | 40 | 24 |
| 5016 | 22 | 10 | 24 |
| 8413 | 11 | 70 | 24 |
| 8413 | 13 | 35 | 24 |
| 1215 | 13 | 5 | 24 |
| 1215 | 12 | 10 | 24 |

- Formuliere diese Selektion als Prädikat mit dem Namen "ausgabe_1"!

### Aufgabe 5.2

Führe mit den Elementen der Datenbasis einen Verbund der Umsatzdaten und der Artikeldaten durch, so daß eine Verkaufsübersicht der folgenden Form angezeigt wird:

| Vertreternummer | Artikelnummer | Artikelname | Stückzahl | Stückpreis | Verkaufstag |
|---|---|---|---|---|---|
| 8413 | 12 | oberhemd | 40 | 39.80 | 24 |
| 5016 | 22 | mantel | 10 | 360.00 | 24 |
| 8413 | 11 | oberhemd | 70 | 44.20 | 24 |
| 8413 | 13 | hose | 35 | 110.50 | 24 |
| 1215 | 13 | hose | 5 | 110.50 | 24 |
| 1215 | 12 | oberhemd | 10 | 39.80 | 24 |

- **Formuliere den Verbund als Prädikat mit dem Namen "ausgabe_2"!**

## Aufgabe 5.3

Führe auf der Basis der Lösung von Aufgabe 5.2 nach dem Verbund eine Projektion (die Tabellenzeilen müssen nicht paarweise voneinander verschieden sein!) durch, indem eine Verkaufsübersicht der folgenden Form angezeigt wird:

| Artikelname | Stückzahl |
|---|---|
| oberhemd | 40 |
| mantel | 10 |
| oberhemd | 70 |
| hose | 35 |
| hose | 5 |
| oberhemd | 10 |

- **Formuliere die Projektion als Prädikat mit dem Namen "ausgabe_3"!**

## Aufgabe 5.4

Zur Bearbeitung von Anfragen auf der Basis der Entscheidungstabelle[15]

|    | r1 | r2 | r3 | r4 |    |
|----|----|----|----|----|----|
| b1 | j  | j  | n  | n  | Bereich der |
| b2 | n  | j  | n  | j  | Bedingungsanzeiger |
|    |    |    |    |    |    |
| a1 | x  | x  |    | x  | Bereich der |
| a2 |    | x  | x  | x  | Aktionsanzeiger |

---

[15]Dabei soll "j" ("n") bedeuten, daß die Bedingung "b1" bzw. "b2" zutrifft (*nicht* zutrifft). Durch die Angabe "x" soll gekennzeichnet werden, daß eine Aktion — "a1" bzw. "a2" — ausgeführt werden soll. So trifft z.B. die Regel "r1", bei der die Aktion "a1" ausgeführt wird, dann zu, wenn "b1" gültig und "b2" nicht gültig ist.

liegt das folgende PROLOG-Programm vor:

```
regel(j,n):-write(' a1 '),nl.
regel(_,j):-write(' a1 '),write(' a2 '),nl.
regel(n,n):-write(' a2 '),nl.
bed(X,Y):-write(' Bedingung b1: '),
        ttyread(X),
        write(' Bedingung b2: '),
        ttyread(Y).
anfrage:-bed(X,Y),regel(X,Y).
```

Wie läßt sich die Regel mit dem Klauselkopf "bed(X,Y)" durch geeignete
Fakten ersetzen, so daß das Goal "anfrage,fail." alle Regeln der Entscheidungstabelle anzeigt?

## Aufgabe 5.5

Beschreibe die Ausführung des folgenden PROLOG-Programms in Form eines Ableitungsbaums:

```
/* BSP2: */
/* Demonstration des Prädikats "cut" */
b.
c.
e1.
e2.
e:-e1.
e:-e2.
f:-fail.
a:-b,!,c.
a:-b.

:-e,a,f.
```

## Aufgabe 5.6

Formuliere für das argumentlose Prädikat "entweder_oder" 2 Regeln! Das
Prädikat "entweder_oder" soll durch *genau* eine der beiden Regeln ableitbar
sein. Dabei soll das Prädikat "entweder_oder" durch die erste Regel ableitbar sein, wenn die Prädikate "a" *und* "b" ableitbar sind. Kann das Prädikat
"a" *nicht* abgeleitet werden, soll das Prädikat "entweder_oder" durch die 2.
Regel — mit dem Prädikat "c" im Regelrumpf — abgeleitet werden. Schlägt
die Ableitbarkeits-Prüfung des Prädikats "b" in der ersten Regel fehl, soll es

*nicht* möglich sein, das Prädikat "entweder_oder" mit der 2. Regel abzuleiten. Die Ableitbarkeits-Prüfung des Prädikats "entweder_oder" soll fehlschlagen, wenn *entweder* das Prädikat "b" *oder* das Prädikat "c" nicht abgeleitet werden kann.

## Aufgabe 5.7

Gegeben sei folgendes Programm:

```
p(X):-q(X).
p(X):-r(X).
q(X):-p(X).
q(a).
r(b).
```

Wodurch können wir erreichen, daß die Anfrage "p(a)" mit "yes" beantwortet wird.

## Aufgabe 5.8

Gegeben sei folgendes Programm:

```
p(X,Z):-p(Y,Z),q(X,Y).
p(X,X).
q(a,b).
```

Warum wird die Anfrage "p(a,b)" durch die Anzeige "stack_overflow" beantwortet?

## Aufgabe 5.9

Formuliere ein Prädikat, das beim Backtracking immer wieder erfüllbar ist!

## Aufgabe 5.10

Es ist ein Programm zu entwickeln, das beim Eintragen von Artikelstammdaten in den dynamischen Teil der Wiba prüft, ob der eingegebene Artikel bereits im statischen Teil der Wiba enthalten ist. Sind die eingegebenen Artikelstammdaten bereits vorhanden, so soll der Benutzer solange zur Eingabe aufgefordert werden, bis er Stammdaten für einen Artikel eingibt, der noch nicht im statischen Teil der Wiba enthalten ist.

## Aufgabe 5.11

- a) Wie können wir im folgenden Programm den "cut" durch den Einsatz des Standard-Prädikats "not" ersetzen?

```
a:-b,!,c.
a:-d.
```

Wie ist die logische Interpretation dieser Klauseln?

- b) Wie ist die logische Interpretation, wenn die Reihenfolge der Klauseln vertauscht wird.

- c) Wie können wir die folgende Regel durch den Einsatz der Standard-Prädikate "cut" und "fail" ersetzen?

```
a:-not(b).
```

## Aufgabe 5.12

Wie verläuft die Ableitbarkeits-Prüfung des Prädikats "a" bei Vorgabe der folgenden Klauseln:

```
b.
c.
a:-b,c,!,d.
a:-b,c.
```

## Aufgabe 5.13

Ersetze im Programm AUF4 den Fakt "dic(kö,ka)" durch die Regel "dic(kö,ka):-!". Stelle anschließend die Anfrage "ic(ha,fr)" und begründe das Ergebnis!

## Aufgabe 5.14

Welche Ergebnisse liefern die Anfragen:

- a) ?– q(X),p(X).
- b) ?– p(X),q(X).
- c) ?– r(b).
- d) ?– not r(b).

an die folgenden Klauseln:

```
r(a).
q(b).
p(X):-not r(X).
```

Begründe die Ergebnisse!

## Aufgabe 5.15
Stelle an das Programm

```
p(a).
q(b,b).
```

die Anfragen:

- a) ?– not(p(X)),q(X,X).
- b) ?– q(X,X),not(p(X)).


## Aufgabe 5.16
Wie läßt sich der Regelrumpf der 1. Klausel des Prädikats "versuche" im
Programm

```
a.
b.
versuche:-a,write(' a erfüllt '),nl.
versuche:-b,write(' b erfüllt ').
:-versuche,fail.
```

ändern, damit nach der erfolgreichen Ableitbarkeits-Prüfung des Prädikats
"a" nicht auch das Prädikat "b" abgeleitet wird?


## Aufgabe 5.17
Wodurch kann die prozedurale Bedeutung eines PROLOG-Programms geändert werden?


## Aufgabe 5.18
Ändere im Programm AUF11 die 1. Regel des Prädikats "anfrage" in die
folgende Form:

```
anfrage:-write('Gib Abfahrtsort: '),nl,
        ttyread(Von),
        write('mögliche(r) Ankunftsort(e): '),nl,
        ic(Von,Nach),
        write(Von),write(Nach),nl.
```

Starte das modifizierte Programm und gebe als Abfahrtsort z.B. "Ha" ein.
Begründe das Ergebnis!

# 6 Sicherung und Verarbeitung von Werten

## 6.1 Sicherung und Zugriff auf Werte

In Kapitel 4 haben wir beschrieben, wie sich bereits *abgeleitete* IC-Verbindungen in den dynamischen Teil der Wiba eintragen und somit für eine *nachfolgende* Anfrage *unmittelbar* bereitstellen lassen. Zur Lösung unserer Aufgabenstellungen haben wir die Standard-Prädikate *"asserta"*, *"tell"*, *"listing"* und *"told"* verwendet, die wir im folgenden zusammenfassend darstellen:

- Zum *temporären* Sichern von Fakten im dynamischen Teil der Wiba setzen wir das Standard-Prädikat *"asserta"* in der Form[1]

    asserta( *prädikat* )

  ein. Durch die Unifizierung dieses Prädikats wird das als Argument aufgeführte Prädikat mit seinen Argumenten — als Fakt — in die aktuelle Wiba an *vorderster* Stelle eingetragen[2]. Somit wird dieser Fakt bei der Ableitbarkeits-Prüfung eines zugehörigen Goals oder Subgoals als *erster* überprüft. Wird das Standard-Prädikat "asserta" unifiziert, so sollten die Variablen in den Argumenten des einzutragenden Prädi-

---

[1]Im "Turbo Prolog"-System kann der dynamische Teil der Wiba *lediglich* Fakten enthalten. Zum Eintragen eines Fakts in den dynamischen Teil der Wiba verwenden wir das Standard-Prädikat *"asserta"* in der Form *"asserta(prädikat,name)"*.

Beim Einsatz dieses Standard-Prädikats geben wir im 1. Argument das einzutragende Prädikat mit seinen Argumenten und im 2. Argument einen Referenznamen an. Zur Vereinbarung des Referenznamens "ic" und des Prädikats "ic_db" müssen wir z.B. angeben:

    database – ic
        ic_db(symbol,symbol)

Sofern Prädikate im dynamischen Teil der Wiba zu vereinbaren sind, ist darauf zu achten, daß sich ihr Prädikatsname von den Namen der Prädikate im statischen Teil der Wiba unterscheidet.

[2]Im "IF/Prolog"-System können wir auch Regeln in den dynamischen Teil der Wiba eintragen. Dazu verwenden wir das Prädikat "asserta" mit 2 Argumenten und geben als 1. Argument den Regelkopf und als 2. Argument den Regelrumpf an.

kats instanziert sein. Es ist zulässig, daß das gleiche Prädikat mit gleichen Argumenten *mehrmals* in der Wiba eingetragen ist.

Beenden wir die Arbeit mit dem PROLOG-System, so geht der Inhalt des dynamischen Teils der Wiba *verloren*, sofern er nicht zuvor *gesichert* wurde.

- Um Fakten, die im dynamischen Teil der Wiba enthalten sind, *langfristig* innerhalb einer Datei zu sichern, stehen die Standard-Prädikate *"tell"*, *"listing"* und *"told"* zur Verfügung[3]:

  - Als Argument des Standard-Prädikats *"tell"* muß — in Hochkommata *"'"* eingeschlossen — der Name der *Sicherungs-Datei* in der Form

    tell( *'dateiname'* )

    angegeben werden. Durch die Unifizierung dieses Prädikats wird die aufgeführte Datei zum Schreiben eröffnet.

  - Wird anschließend das Standard-Prädikat *"listing"* in der Form

    listing( *prädikatsname* )

    abgeleitet, so werden alle Klauseln, deren Prädikatsname im Klauselkopf mit dem Argument des Prädikats "listing" übereinstimmt, mit ihren aktuellen Instanzierungen in die *zuletzt* eröffnete Sicherungs-Datei übertragen. Dabei wird der *alte* Inhalt dieser Datei gelöscht[4].

  - Durch die Unifizierung des Standard-Prädikats *"told"* in der Form

---

[3]Um Fakten in einer Datei zu sichern, muß anstelle der Standard-Prädikate "tell", "listing" und "told" des "IF/Prolog"-Systems im "Turbo Prolog"-System das Prädikat *"save"* in der Form *"save("dateiname",name)"* eingesetzt werden. Bei der Unifizierung des Prädikats "save" werden die Prädikate der dynamischen Wiba, die unter dem Referenznamen *"name"* zusammengefaßt sind, in die Sicherungs-Datei übertragen. Ist noch keine gleichnamige Sicherungs-Datei vorhanden, so wird sie angelegt. Falls bereits eine gleichnamige Datei existiert, so wird sie erweitert.

[4]Wollen wir die Klauseln *nicht* in eine Sicherungs-Datei übertragen, sondern auf dem Bildschirm anzeigen lassen, so ist als Argument des vorausgehenden Prädikats "tell" das Schlüsselwort *"user"* in der Form *"tell('user')"* anzugeben. Bei der Anzeige der Klauseln sind Variable, die in den Argumenten der Prädikate vorkommen, durch einen internen, vom "IF/Prolog"-System vergebenen Namen, wie z.B. "_1116", gekennzeichnet.

> told

wird die zuletzt eröffnete Sicherungs-Datei wieder geschlossen. Anschließend werden nachfolgende Ausgaben des PROLOG-Programms wieder auf dem Bildschirm angezeigt.

- Um auf den Inhalt einer Sicherungs-Datei, in die *zuvor* Prädikate aus der Wiba übertragen wurden, *wieder* zugreifen zu können, muß das Standard-Prädikat *"reconsult"* wie folgt eingesetzt werden:

> reconsult( *'dateiname'* )

Als Argument ist der Name der Sicherungs-Datei — eingeschlossen in Hochkommata "'" — anzugeben. Bei der Unifizierung des Prädikats "reconsult" werden zunächst *alle* in der Wiba *bereits* vorhandenen Klauseln, deren Prädikatsname und Argumente im Regelkopf identisch in der Sicherungs-Datei vorkommen, aus der Wiba gelöscht. Anschließend wird die Wiba durch den Inhalt der Sicherungs-Datei ergänzt.

Zur Veränderung der Wiba und für den Zugriff auf eine Sicherungs-Datei stehen neben diesen Standard-Prädikaten unter anderem die Prädikate *"assertz"*, *"consult"*, *"exists"*, *"abolish"* und *"retract"* zur Verfügung.

- Soll ein Prädikat — als Fakt — *hinter* die Klauseln der aktuellen Wiba eingetragen werden, so muß das Standard-Prädikat *"assertz"* in der Form[5]

> assertz( *prädikat* )

eingesetzt werden. Dabei ist — wie beim Prädikat "asserta" — das einzutragende Prädikat als Argument anzugeben[6]. Dieser Fakt wird *erst* dann auf eine mögliche Unifizierung hin überprüft, wenn alle anderen Klauseln mit gleichem Prädikatsnamen zuvor als *nicht* unifizierbar erkannt sind.

---

[5]Im "Turbo Prolog"-System muß das Prädikat *"assertz"* in der Form *"assertz(prädikat,name)"* mit einem geeignet vereinbarten Referenznamen eingesetzt werden (siehe oben).

[6]Analog zum Prädikat "asserta" können im "IF/Prolog"-System durch das Prädikat "assertz" auch Regeln in den dynamischen Teil der Wiba eingetragen werden.

- Wird statt des Prädikats *"reconsult"* das Standard-Prädikat *"consult"* in der Form[7]

  consult( *'dateiname'* )

  verwendet, so wird die Wiba durch den Inhalt der Sicherungs-Datei erweitert. Dabei werden diejenigen Klauseln, deren Prädikatsname und Argumente im Regelkopf sowohl in der Wiba als auch in der Sicherungs-Datei vorkommen, zuvor *nicht* aus der Wiba gelöscht — im Gegensatz zur Wirkung des Prädikats *"reconsult"*.

- Zur Prüfung, ob eine Datei existiert und der gewünschte Zugriff auf diese Datei erlaubt ist, läßt sich das Standard-Prädikat *"exists"* in der Form[8]

  exists( *'dateiname',art_des_zugriffs* )

  einsetzen. Je nachdem, ob wir auf die Datei, deren Name im 1. Argument aufgeführt ist, lesend oder schreibend zugreifen wollen, müssen wir im 2. Argument das Zeichen "r" bzw. "w" (ohne Hochkommata) angeben.

- Sollen sämtliche Klauseln eines Prädikats aus der Wiba gelöscht werden, so kann das (Backtracking-fähige) Standard-Prädikat *"abolish"* in der Form[9]

  abolish( *prädikatsname,stelligkeit* )

  eingesetzt werden. Dabei sind der Name und die Stelligkeit des Prädikats aufzuführen, das aus der Wiba entfernt werden soll[10]. Dieses Prädikat ist *immer* ableitbar — auch wenn kein Fakt mit dem angegebenen Prädikatsnamen und der Stelligkeit in der Wiba vorhanden

---

[7]Um Fakten aus einer Datei in die dynamische Wiba zu übertragen, muß im "Turbo Prolog"-System das Prädikat *"consult"* in der Form *"consult("dateiname",name)"* eingesetzt werden. Dabei ist *"name"* ein geeignet vereinbarter Referenzname (siehe oben).

[8]Das "Turbo Prolog"-System stellt hierzu das Standard-Prädikat *"existfile"* in der Form *"existfile("dateiname")"* zur Verfügung.

[9]Damit *alle* Fakten eines bestimmten Prädikats aus der dynamischen Wiba gelöscht werden können, stellt das "Turbo Prolog"-System das Prädikat *"retractall"* in der Form *"retractall( prädikat )"* zur Verfügung.

[10]Durch die Angabe eines Klauselkopfs lassen sich im "IF/Prolog"-System auch Regeln aus der Wiba löschen.

ist.

- Um einen Fakt *gezielt* aus der Wiba löschen zu können, kann das (Backtracking-fähige) Standard-Prädikat *"retract"* in der Form[11]

      retract( *prädikat* )

  eingesetzt werden. Durch die Unifizierung dieses Prädikats wird der *erste* Fakt aus der Wiba gelöscht, der mit dem Argument des Prädikats "retract" unifiziert werden kann[12].

  Sofern in dem als Argument aufgeführten Prädikat Variable eingesetzt sind, können die instanzierten Werte des gelöschten Fakts weiter verarbeitet werden.

Um den Einsatz der Standard-Prädikate zur Bearbeitung der dynamischen Wiba zu üben, erweitern wir die Aufgabenstellung AUF10 aus Kapitel 4 in der folgenden Form:

- Das *ursprüngliche* IC-Netz soll sich — nach dem Programmstart — durch die Eingabe *zusätzlicher* Direktverbindungen *erweitern* lassen, so daß Anfragen an das *erweiterte* IC-Netz gestellt werden können. Ferner sollen die *abgeleiteten* IC-Verbindungen und das *erweiterte* IC-Netz mit den zusätzlichen Direktverbindungen für spätere Anfragen gesichert werden (AUF15).

Für die Lösung dieser Aufgabenstellung fordern wir ferner, daß zum Programmstart die folgende Anzeige (Anforderungs-Menü) erscheint:

      auskunft (a)
      erweitere_netz (e)

---

[11] *Einzelne* Fakten lassen sich im "Turbo Prolog"-System durch den Einsatz des Prädikats *"retract"* in der Form *"retract( prädikat )"* löschen. Dabei ist es durch den Einsatz des Prädikats "retract" *nicht* möglich, z.B. in der Form "retract(X)" einen beliebigen Fakt aus der Wiba auszutragen.

[12] Wird das Prädikat "retract" durch Backtracking erreicht, so führt dies *nicht* dazu, daß das Löschen wieder rückgängig gemacht wird. Durch den Einsatz des Standard-Prädikats "retract" lassen sich im "IF/Prolog"-System auch Regeln aus der Wiba löschen. Dazu ist das Prädikat *"retract"* mit 2 Argumenten aufzuführen und im 1. Argument der Regelkopf und im 2. Argument der Regelrumpf der zu entfernenden Regel anzugeben.

    stop (s)
    Gib Anforderung:

Daraufhin ist einer der Buchstaben "a", "e" oder "s" einzugeben, um

- Auskunft über jeweils eine IC-Verbindungen zu erhalten (a),

- das aktuelle IC-Netz durch jeweils eine zusätzliche Direktverbindung zu erweitern (e) oder aber

- den Programmablauf zu beenden (s).

Wir setzen — genauso wie im Programm AUF13 — voraus, daß abgeleitete IC-Verbindungen durch den Prädikatsnamen "ic_db" gekennzeichnet und in der Sicherungs-Datei "ic.pro" abgespeichert sind.

Ferner legen wir für das folgende fest, daß *neue* Direktverbindungen durch die Argumente eines Prädikats mit dem Namen "dic_db" gekennzeichnet werden. Die diesbezüglich aufgebauten Fakten sind in den dynamischen Teil der Wiba aufzunehmen und in eine Sicherungs-Datei namens "dic.pro" zu übertragen.

Um im Hinblick auf eine Auskunft über eine IC-Verbindung auch auf den dynamischen Teil der Wiba zugreifen zu können, müssen somit die beiden folgenden Regeln für das Prädikat "ic" zusätzlich in die Wiba aufgenommen werden:

```
ic(Von,Nach):-dic_db(Von,Nach).
ic(Von,Nach):-dic_db(Von,Z),ic(Z,Nach).
```

Um das oben angegebene Anforderungs-Menü anzeigen und anschließend einen Buchstaben eingeben zu können, modifizieren wir die beiden Klauseln mit den Prädikaten "auswahl" und "anforderung" aus dem Programm AUF14 in der folgenden Form:

```
auswahl(a):-auskunft,fail.
auswahl(e):-erweitere_netz,fail.
auswahl(s):-nl,write(' Ende ').
```

```
anforderung:-nl,write(' auskunft (a) '),nl,
      write(' erweitere_netz (e) '),nl,
      write(' stop (s) '),nl,
      write(' Gib Anforderung: '),nl,
      ttyread(Buchstabe),
      auswahl(Buchstabe),
      !,
      fail.
anforderung:-anforderung.
```

Im Unterschied zum Programm AUF14 werden wir — nach dem Programmstart — das Prädikat "anforderung" als *externes* Goal eingeben. Soll die 1. Regel des Prädikats "anforderung" abgeleitet werden, so wird das Anforderungs-Menü angezeigt, und wir werden zur Eingabe aufgefordert. Geben wir *keinen* der Buchstaben "a", "e" oder "s" ein, so erfolgt ein (seichtes) Backtracking zur 2. Regel des Prädikats "anforderung"[13]. Daraufhin wird das Anforderungs-Menü erneut angezeigt.

Um das aktuelle IC-Netz zu *erweitern*, beantworten wir die Aufforderung "Gib Anforderung:" durch die Eingabe des Buchstabens "e". Daraufhin wird die Variable "Buchstabe" mit dem Wert "e" instanziert. Da durch die anschließende Ableitung des Prädikats "erweitere_netz" — im Regelrumpf des Prädikats "auswahl(e)" — das IC-Netz durch *eine* zusätzliche Direktverbindung erweitert werden soll, konzipieren wir für dieses Prädikat die folgende Regel:

```
erweitere_netz:-lesen_dic,!,ergänze,sichern_dic.
```

Durch die Ableitung des Prädikats "lesen_dic" sollen *zunächst* sämtliche Fakten mit dem Prädikatsnamen "dic_db" aus der Wiba gelöscht werden. Um anschließend auf in der Datei "dic.pro" bereits gespeicherte *zusätzliche* Direktverbindungen zugreifen zu können, vereinbaren wir das Prädikat "lesen_dic" daher insgesamt wie folgt[14]:

---

[13]Da die ersten 10 Prädikate im Regelrumpf des Prädikats "anforderung" deterministische Prädikate sind, erfolgt *kein* tiefes Backtracking.

[14]Im "Turbo Prolog"-System muß anstelle des Standard-Prädikats *"abolish"* das Prädikat *"retractall"* in der Form *"retractall(dic_db( _ , _ ))"* und anstelle des Prädikats *"exists"* das Prädikat *"existfile"* in der Form *"existfile("dic.pro")"* eingesetzt werden.

```
lesen_dic:-abolish(dic_db,2),
        exists('dic.pro',r),
        reconsult('dic.pro').
lesen_dic.
```

Läßt sich das Prädikat "lesen_dic" durch die 1. Regel ableiten, so besteht die Wiba aus den *ursprünglichen* Direktverbindungen (gespeichert im *statischen* Teil der Wiba mit dem Prädikatsnamen "dic") und den *zusätzlichen* Direktverbindungen (mit dem Prädikatsnamen "dic_db"), die aus der Sicherungs-Datei "dic.pro" in den *dynamischen* Teil der Wiba übertragen wurden. Falls die Datei "dic.pro" noch nicht vorhanden ist *oder* keine Leseerlaubnis für diese Datei besteht, so wird das Prädikat "lesen_dic" *erfolgreich* durch die 2. Klausel abgeleitet.

Nachdem das Prädikat "lesen_dic" abgeleitet wurde, soll durch das Prädikat "ergänze" der Abfahrts- und Ankunftsort einer *zusätzlichen* Direktverbindung eingegeben und die Sicherung in den dynamischen Teil der Wiba vorgenommen werden. Der aus der Instanzierung mit den Argumenten des Prädikats "dic_db" resultierende Fakt soll jedoch *nur* dann in den dynamischen Teil der Wiba eingetragen werden, wenn er noch *nicht* Bestandteil der Wiba ist. Zur Prüfung setzen wir das Standard-Prädikat "not" ein und geben somit das Prädikat "ergänze" in der folgenden Form an:

```
ergänze:-nl,write(' Gib Direktverbindung Abfahrtsort: '),nl,
        ttyread(Von),
        nl,write(' Gib Direktverbindung Ankunftsort: '),nl,
        ttyread(Nach),
        !,
        not(dic_db(Von,Nach)),
        not(dic(Von,Nach)),
        asserta(dic_db(Von,Nach)).
```

Ist die eingegebene Direktverbindung *bereits* in der Wiba *enthalten*, so ist wegen des Scheiterns des Prädikats "not(dic_db(Von,Nach))" bzw. des Prädikats "not(dic(Von,Nach))" das Prädikat "ergänze" *nicht* ableitbar. In dieser Situation wird durch den Einsatz des Prädikats "cut" im Rumpf des Parent-Goals "erweitere_netz" ein (tiefes) Backtracking — und damit ein (seichtes) Backtracking zum 2. Klauselkopf des Prädikats "lesen_dic" — verhindert. Nach dem Scheitern des Prädikats "erweitere_netz" erfolgt ein (seichtes) Backtracking zur 2. Regel des Prädikats "anforderung", so daß das Menü zur Anforderung einer Eingabe erneut angezeigt wird.

Ist dagegen die eingegebene Direktverbindung noch *nicht* in der Wiba enthalten, so wird sie durch die Unifizierung des Prädikats "asserta" in den dynamischen Teil der Wiba eingetragen.

Nach der Ableitung des Prädikats "ergänze" soll die eingegebene Direktverbindung durch das Prädikat "sichern_dic" in die Sicherungs-Datei "dic.pro" übertragen werden. Für diese Sicherung setzen wir die folgenden Klauseln ein[15]:

```
sichern_dic:-dic_db( _ , _ ), tell('dic.pro'),listing(dic_db),told.
sichern_dic.
```

Dabei prüfen wir zunächst durch das Prädikat "dic_db( _ , _ )", ob in der dynamische Wiba überhaupt Fakten mit dem Prädikatsnamen "dic_db" vorhanden sind. Da bei einer *neuen*, bislang noch nicht in der aktuellen Wiba vorhandene Direktverbindung die Prädikate "ergänze" und folglich auch "erweitere_netz" erfolgreich abgeleitet werden können, wird das Prädikat "fail" im Regelrumpf des Prädikats "auswahl(e)" abgeleitet, und somit schlägt die Ableitung des Parent-Goals "auswahl(e)" fehl. Daraufhin setzt — das Prädikat "cut" im Regelrumpf des Prädikats "anforderung" wurde noch *nicht* erreicht — (seichtes) Backtracking zur 2. Regel des Prädikats "anforderung" ein, so daß das Anforderungs-Menü angezeigt wird und wir *wiederum* aufgefordert werden, einen Buchstaben einzugeben.

Um eine Auskunft über eine IC-Verbindung zu erhalten, geben wir in unser Anforderungs-Menü den Buchstaben "a" ein. Daraufhin erfolgt die Ableitbarkeits-Prüfung des Prädikats "auskunft", für das wir die folgende Regel formulieren:

```
auskunft:-lesen,!,anfrage,sichern_ic.
```

Durch die Ableitung des Prädikats "lesen" sollen einerseits die Fakten mit den Prädikatsnamen "dic_db" und "ic_db" aus der Wiba gelöscht werden, und andererseits soll sowohl auf die bereits *abgeleiteten* IC-Verbindungen als auch auf die *zusätzlichen* Direktverbindungen zugegriffen werden können. Somit formulieren wir für das Prädikat "lesen" insgesamt die folgenden Regeln[16]:

---

[15]Im "Turbo Prolog"-System müssen wir diese Klausel durch "sichern_dic:-dic_db( _ , _ ),save("dic_db",dic)." und "sichern_dic." ersetzen.

[16]Im "Turbo Prolog"-System muß anstelle des Standard-Prädikats "abolish" das Prädikat "retractall" in der Form *"retractall(dic_db( _ , _ ))"* angegeben werden.

```
lesen_dic:-abolish(dic_db,2),
        exists('dic.pro',r),
        reconsult('dic.pro').
lesen_dic.
lesen_ic:-abolish(ic_db,2),
        exists('ic.pro',r),
        reconsult('ic.pro',ic).
lesen_ic.
lesen:-lesen_dic,lesen_ic.
```

Das in der Regel mit dem Regelkopf "auskunft" aufgeführte Prädikat "anfrage" übernehmen wir wie folgt aus dem Programm AUF13 in Abschnitt 5.3:

```
anfrage:-write(' Gib Abfahrtsort: '),nl,
        ttyread(Von),
        write(' Gib Ankunftsort: '),nl,
        ttyread(Nach),
        verb(Von,Nach),
        write(' IC-Verbindung existiert '),nl,
        !,
        not(ic_db(Von,Nach)),
        asserta(ic_db(Von,Nach)).
anfrage:-write(' IC-Verbindung existiert nicht '),nl.
```

Um bei der Ableitung des Prädikats "auskunft" — nach dem Scheitern des Prädikats "anfrage"[17] — ein (tiefes) Backtracking zum Prädikat "lesen" zu verhindern, haben wir das Prädikat "cut" hinter dem Prädikat "lesen" in den Klauselrumpf eingefügt.

Kann das Prädikat "anfrage" erfolgreich abgeleitet werden, so erfolgt anschließend die Ableitbarkeits-Prüfung des Prädikats "sichern_ic". Dabei soll eine Übertragung der abgeleiteten IC-Verbindung in die Sicherungs-Datei "ic.pro" durchgeführt werden. Die zugehörige Regel übernehmen wir aus dem Programm AUF13 (siehe Abschnitt 5.3):

```
sichern_ic:-ic_db( _ , _ ), tell('ic.pro'),listing(ic_db),told.
sichern_ic.
```

---

[17]Dies ist dann der Fall, wenn eine IC-Verbindung existiert und diese bereits im dynamischen Teil der Wiba enthalten ist.

Da nach der erfolgreichen Ableitung des Prädikats "auskunft" die Ableitbarkeits-Prüfung des Prädikats "auswahl(a)" fehlschlägt, weil im Regelrumpf das Prädikat "fail" als letztes Prädikat angegeben und das Prädikat "cut" im Regelrumpf des Prädikats "anfrage" noch nicht erreicht wurde, erfolgt (seichtes) Backtracking zur 2. Regel des Prädikats "anforderung". Somit wird mit einem *neuen* Exemplar der Wiba versucht, den Rumpf der 1. Regel mit dem Prädikat "anforderung" im Regelkopf *erneut* abzuleiten. Folglich wird das Anforderungs-Menü *erneut* angezeigt, so daß wir wiederum aufgefordert werden, einen der Buchstaben "a", "e" oder "s" einzugeben.

Erst wenn der Buchstabe "s" eingegeben wird, gelingt beim Ableiten des Prädikats "anforderung" die Unifizierung mit dem Prädikat "auswahl(s)". Dies führt dazu, daß das Ende des Programmablaufs durch die Ausgabe der Text-Konstanten "Ende" angezeigt wird. Anschließend werden im Regelrumpf des Prädikats "anforderung" die beiden Prädikate "cut" und "fail" abgeleitet. Da jetzt — durch das unmittelbar *zuvor* abgeleitete Prädikat "cut" — das (seichte) Backtracking zur 2. Regel des Prädikats "anforderung" gesperrt ist, wird das *externe* Goal "anforderung" als *nicht* ableitbar erkannt und der Programmlauf beendet.

Erweitern wir das Programm AUF13 um die oben angegebenen Klauseln, so erhalten wir das folgende Programm als Lösung der Aufgabenstellung AUF15:

```
/* AUF15: */

/* Auswahl zwischen Anfrage nach IC-Verbindungen
und der Erweiterung des Netzes durch Eingabe
neuer Direktverbindungen;
Sicherung der neuen Direktverbindungen und der neuen
abgeleiteten IC-Verbindungen;
Sicherung und Restauration der Fakten im dynamischen Teil
der Wiba bzgl. des Prädikats "dic_db" in der Datei "dic.pro";
Sicherung und Restauration der Fakten im dynamischen Teil
der Wiba bzgl. des Prädikats "ic_db" in der Datei "ic.pro";
Bezugsrahmen: Abb. 3.1 */

   is_predicate(ic_db,2).
   is_predicate(dic_db,2).

   dic(ha,kö).
```

```
/* AUF15: */

  dic(ha,fu).
  dic(kö,ka).
  dic(kö,ma).
  dic(fu,mü).
  dic(ma,fr).

  ic(Von,Nach):-dic(Von,Nach).
  ic(Von,Nach):-dic_db(Von,Nach).
  ic(Von,Nach):-dic(Von,Z),ic(Z,Nach).
  ic(Von,Nach):-dic_db(Von,Z),ic(Z,Nach).

  verb(Von,Nach):-ic_db(Von,Nach),
        write(' ableitbar aus dynamischer Wiba '),nl.
  verb(Von,Nach):-ic(Von,Nach).

  anfrage:-write(' Gib Abfahrtsort: '),nl,
        ttyread(Von),
        write(' Gib Ankunftsort: '),nl,
        ttyread(Nach),
        verb(Von,Nach),
        write(' IC-Verbindung existiert '),nl,
        !,
        not(ic_db(Von,Nach)),
        asserta(ic_db(Von,Nach)).
  anfrage:-write(' IC-Verbindung existiert nicht '),nl.

  sichern_dic:-dic_db( _ , _ ), tell('dic.pro'),listing(dic_db),told.
  sichern_dic.
  sichern_ic:-ic_db( _ , _ ), tell('ic.pro'),listing(ic_db),told.
  sichern_ic.

  lesen_dic:-abolish(dic_db,2),
        exists('dic.pro',r),
        reconsult('dic.pro').
  lesen_dic.

  lesen_ic:-abolish(ic_db,2),
        exists('ic.pro',r),
```

```
/* AUF15: */
                reconsult('ic.pro').
      lesen_ic.

      lesen:-lesen_dic,lesen_ic.

      ergänze:-nl,write(' Gib Direktverbindung Abfahrtsort: '),nl,
            ttyread(Von),
            nl,write(' Gib Direktverbindung Ankunftsort: '),nl,
            ttyread(Nach),
            !,
            not(dic_db(Von,Nach)),
            not(dic(Von,Nach)),
            asserta(dic_db(Von,Nach)).

      auskunft:-lesen,!,anfrage,sichern_ic.

      erweitere_netz:-lesen_dic,!,ergänze,sichern_dic.

      auswahl(a):-auskunft,fail.
      auswahl(e):-erweitere_netz,fail.
      auswahl(s):-nl,write(' Ende ').

      anforderung:-nl,write(' auskunft (a) '),nl,
            write(' erweitere_netz (e) '),nl,
            write(' stop (s) '),nl,
            write(' Gib Anforderung: '),nl,
            ttyread(Buchstabe),
            auswahl(Buchstabe),
            !,
            fail.
      anforderung:-anforderung.
```

Durch die Angabe

```
is_predicate(ic_db,2).
is_predicate(dic_db,2).
```

legen wir (genau wie im Programm AUF14) fest, daß die beiden Namen
"ic_db" und "dic_db" Prädikate kennzeichnen, die jeweils 2 Argumente haben.

Nach dem Laden des Programms AUF15 können wir z.B. den folgenden
Dialog führen[18]:

---

[18]Wir unterdrücken die Meldungen über das Laden der Sicherungs-Dateien "dic.pro"
und "ic.pro" und setzen voraus, daß die Sicherungs-Dateien noch *nicht* existieren.
Im "Turbo Prolog"-System müssen wir die Prädikate "dic_db" und "ic_db" in der folgenden

?– anforderung.

auskunft (a)
erweitere_netz (e)
stop (s)
Gib Anforderung:
a.
Gib Abfahrtsort:
ka.
Gib Ankunftsort:
ro.
IC-Verbindung existiert nicht

auskunft (a)
erweitere_netz (e)
stop (s)
Gib Anforderung:
e.
Gib Direktverbindung Abfahrtsort:
ka.
Gib Direktverbindung Ankunftsort:
ro.

auskunft (a)
erweitere_netz (e)
stop (s)
Gib Anforderung:
a.
Gib Abfahrtsort:
ka.
Gib Ankunftsort:
ro.
IC-Verbindung existiert

auskunft (a)
erweitere_netz (e)
stop (s)
Gib Anforderung:
a.
Gib Abfahrtsort:
ka.

---

Form vereinbaren:
        database – ic
                ic_db(symbol,symbol)
        database – dic
                dic_db(symbol,symbol)
(siehe auch im Anhang unter A.4).

```
Gib Ankunftsort:
ro.
ableitbar aus dynamischer Wiba
IC-Verbindung existiert

auskunft (a)
erweitere_netz (e)
stop (s)
Gib Anforderung:
s.

Ende
no
```

## 6.2　Verarbeitung von Werten

Als weitere Anwendung der Standard-Prädikate "asserta" und "retract", mit denen wir den Inhalt des dynamischen Teils der Wiba bearbeiten lassen können, wollen wir jetzt darstellen, wie sich eine Iterationsschleife realisieren läßt. Dazu stellen wir uns die folgende Aufgabe:

- Es soll ein Programm entwickelt werden, das für eine fest *vorzugebende* Anzahl von ganzzahligen Werten die *Summe* über die eingelesenen Werte bestimmen soll (AUF16).

Zur Lösung dieser Aufgabenstellung werden wir *zwei* Programmversionen vorstellen:

- In der *ersten* Programmversion gliedern wir die Lösung in zwei Schritte. Damit in einem *zweiten* Schritt eine Summation vorgenommen werden kann, speichern wir die eingelesenen Summanden in einem *ersten* Schritt im dynamischen Teil der Wiba zwischen.

- In der *zweiten* Programmversion verzichten wir auf die Zwischenspeicherung der eingelesenen Werte und addieren jeden eingelesenen Wert *unmittelbar* zur bis dahin gebildeten (Zwischen-) Summe.

### 6.2.1　Verarbeitung nach Zwischenspeicherung

Zur Lösung unserer Aufgabenstellung entwickeln wir zunächst ein Prädikat mit den Namen "bestimme", durch dessen Unifizierung die zu addierenden ganzzahligen Werte von der Tastatur einzulesen sind. Das Prädikat "bestimme" legen wir in der Form bestimme(Kriterium,Rest_Eingabe,Wert)

fest, wobei die *drei* Argumente die folgende Bedeutung haben sollen:

- Die jeweilige Instanzierung der Variablen "Kriterium" im 1. Argument soll kennzeichnen, ob das Einlesen ganzzahliger Werte weiter *fortzusetzen* (der instanzierte Wert ist größer als "0") oder aber *abzubrechen* ist (der instanzierte Wert ist gleich "0").

- Die Variable "Rest_Eingabe" im 2. Argument soll mit der Anzahl der *noch* einzulesenden Zahlenwerte instanziert sein.

- Die Variable "Wert" im 3. Argument soll mit dem über die Tastatur eingegebenen ganzzahligen Wert instanziert werden, der anschließend in den dynamischen Teil der Wiba einzutragen ist.

Diese Anforderungen an das Prädikat "bestimme" lassen sich durch die folgende Regel erfüllen:

```
bestimme(Kriterium,Rest_Eingabe,Wert):-
    nl,write(' Gib Wert: '),
    ttyread(Wert),
    Kriterium is Rest_Eingabe-1.
```

Ist die Variable "Rest_Eingabe" mit einem ganzzahligen positiven Wert — der Anzahl der noch einzulesenden Werte — instanziert, so werden die Variablen "Kriterium" und "Wert" durch die Ableitung des Regelrumpfs wie folgt instanziert:

- Durch die Unifizierung des Standard-Prädikats "ttyread" wird die Variable "Wert" mit der über die Tastatur eingelesenen *ganzen* Zahl instanziert[19].

- Durch die Unifizierung des letzten Prädikats im Regelrumpf wird die Variable "Kriterium" mit dem Wert instanziert, der sich aus der Subtraktion des Werts "1" von dem instanzierten Wert der Variablen "Rest_Eingabe" ergibt[20]:

---

[19]Im "Turbo Prolog"-System müssen wir zum Einlesen ganzzahliger Werte das Standard-Prädikat *"readint"* in der Form *"readint(Wert)"* einsetzen.

[20]Wir können auch sagen, daß der Variablen "Kriterium" durch "Kriterium is Rest_Eingabe−1" ein Wert zugewiesen wird. Auf den Operator *"is"* gehen wir in Abschnitt 6.3 näher ein.

- Um vom instanzierten Wert der Variablen "Rest_Eingabe" den Wert "1" zu subtrahieren, haben wir den Subtraktions-Operator "−" verwendet.

- Durch den Zuweisungs-Operator "is" wird die Variable "Kriterium" mit dem Wert der Differenz aus der Variablen "Rest_Eingabe" und dem Wert "1" instanziert.

Zum Eintragen der jeweils eingelesenen Werte in den dynamischen Teil der Wiba formulieren wir die folgende *rekursive* Regel für das Prädikat "bau":

```
bau(Rest_Eingabe):-
      bestimme(Kriterium,Rest_Eingabe,Wert),
      asserta(eintrage_db(Wert)),
      bau(Kriterium).
```

Das Prädikat "bau" enthält *ein* Argument, über das gesteuert werden soll, ob noch weitere Eingabewerte von der Tastatur anzufordern sind.

Nach der Ableitung des Prädikats "bestimme" ist die Variable "Wert" mit dem zuletzt über die Tastatur eingegebenen Wert instanziert. Um diesen Wert in der Wiba speichern zu können, setzen wir ein *neues* Prädikat in der Form

```
eintrage_db(Wert)
```

ein. Durch die Ableitung des Standard-Prädikats "asserta" wird der eingelesene Wert somit als Argument eines Fakts — in der Form "eintrage_db(Wert)." — in den dynamischen Teil der Wiba eingetragen. Die im anschließend abzuleitenden Prädikat "bau(Kriterium)" enthaltene Variable "Kriterium" wird mit einem Wert instanziert, der um den Wert "1" geringer ist, als der Wert von "Kriterium" bei der *vorausgehenden* Ableitung des Regelkopfs.

Da die Rekursion dann *enden* soll, wenn bei der Ableitung des Prädikats "bestimme" die Variable "Kriterium" mit dem Wert "0" instanziert ist, können wir das Abbruch-Kriterium für das *rekursive* Prädikat "bau" durch die folgende Klausel festlegen:

```
bau(0).
```

Wird dieser Fakt unifiziert, so sind alle eingelesenen Zahlenwerte im dynamischen Teil der Wiba eingetragen.

Fassen wir die beiden angegebenen Klauseln zusammen, so stellt sich das Prädikat "bau" insgesamt wie folgt dar:

```
bau(0).
bau(Rest_Eingabe):-
        bestimme(Kriterium,Rest_Eingabe,Wert),
        asserta(eintrage_db(Wert)),
        bau(Kriterium).
```

Zur Summation aller in der Wiba enthaltenen Argumente des Prädikats "eintrage_db" setzen wir ein *rekursives* Prädikat namens "summe" in der folgenden Form ein:

```
summe(Gesamt,Gesamt):-not(eintrage_db( _ )).
summe(Summe,Wert1):-eintrage_db(Wert),
        Wert2 is Wert1+Wert,
        retract(eintrage_db(Wert)),
        summe(Summe,Wert2).
```

Die 1. Klausel stellt das Abbruch-Kriterium für das *rekursive* Prädikat "summe" dar. Der zugehörige Regelkopf ist *dann* ableitbar, wenn in der dynamischen Wiba *keine* Fakten mit dem Prädikatsnamen "eintrage_db" mehr existieren.

Ist dagegen *noch* ein Fakt mit einem zuvor eingelesenen Wert in der Wiba gespeichert, so wird dieser Wert durch die Unifizierung des Prädikats "eintrage_db(Wert)" — im Regelrumpf der 2. Klausel des Prädikats "summe" — in der Variablen "Wert" bereitgestellt. Anschließend wird er zur *aktuellen* Zwischensumme in der Variablen "Wert1" hinzuaddiert, so daß die Variable "Wert2" mit der neuen Zwischensumme instanziert ist[21]. Nach der Addition wird der *zuletzt* bearbeitete Fakt mit dem Prädikatsnamen "eintrage_db" durch die Ableitung des Standard-Prädikats "retract" aus der Wiba gelöscht. Anschließend muß das Prädikat "summe(Summe,Wert2)", dessen Argument "Wert2" mit dem Wert der Zwischensumme instanziert ist, mit einem *neuen* Exemplar der Wiba abgeleitet werden.

Sofern der dynamische Teil der Wiba keinen weiteren Fakt mit dem Prädikatsnamen "eintrage_db" enthält, wird die 1. Regel des Prädikats "summe" abgeleitet. Dadurch besteht jeweils ein *Pakt* zwischen den Variablen "Ge-

---

[21]Zum Addieren der instanzierten Werte der Variablen "Wert1" und "Wert" haben wir den Additions-Operator "+" verwendet (siehe Abschnitt 6.3).

samt" und "Summe" und den Variablen "Gesamt" und "Wert2":

    Gesamt :=: Summe
    Gesamt :=: Wert2

Da die Variable "Wert2" mit der aktuellen Zwischensumme, d.h. mit
der Gesamtsumme, instanziert ist, wird das 1. Argument im Prädikat
"summe(Gesamt,Gesamt)" mit diesem Summenwert instanziert.
Für den 1. Ableitungs-Versuch des Prädikats "summe" muß das 2. Argument
"Wert1" mit dem Startwert "0" instanziert werden. Daher führen wir das
Prädikat

    summe(Resultat,0)

als Subgoal innerhalb der Regel

```
anforderung:-bereinige_wiba,
     nl,write(' Gib Anzahl der Summanden: '),
     ttyread(Anzahl),
     bau(Anzahl),
     summe(Resultat,0),
     nl,write(' Summe der Werte:', Resultat).
```

auf, dessen Ableitung durch das interne Goal "anforderung" in der Form

```
:- anforderung.
```

vorgenommen werden soll.
Zusammenfassend erhalten wir als Lösung der Aufgabenstellung AUF16 somit das folgende Programm:

```
/* AUF16_1: */
/* Programm zur Demonstration, wie sich eine fest
vorgegebene Anzahl von Iterationen realisieren läßt;
(mit Einsatz des dynamischen Teils der Wiba) */
     is_predicate(eintrage_db,1).
```

```
/* AUF16_1: */

    bereinige_wiba:-retract(eintrage_db(Wert)),
          fail.
    bereinige_wiba.

    bau(0).
    bau(Rest_Eingabe):-
            bestimme(Kriterium,Rest_Eingabe,Wert),
            asserta(eintrage_db(Wert)),
            bau(Kriterium).

    bestimme(Kriterium,Rest_Eingabe,Wert):-
            nl,write(' Gib Wert: '),
            ttyread(Wert),
            Kriterium is Rest_Eingabe-1.

    summe(Gesamt,Gesamt):-not(eintrage_db( _ )).
    summe(Summe,Wert1):-eintrage_db(Wert),
            Wert2 is Wert1+Wert,
            retract(eintrage_db(Wert)),
            summe(Summe,Wert2).

    anforderung:-bereinige_wiba,
            nl,write(' Gib Anzahl der Summanden: '),
            ttyread(Anzahl),
            bau(Anzahl),
            summe(Resultat,0),
            nl,write(' Summe der Werte:',Resultat).

    :- anforderung.
```

Genau wie im Programm AUF15 haben wir durch das Prädikat
"is_predicate" in der Form

```
is_predicate(eintrage_db,1).
```

kenntlich gemacht, daß es sich bei "eintrage_db" um ein *Prädikat* mit *einem*
Argument handelt.

Statt des — im Programm AUF15 verwendeten — Standard-Prädikats
*"abolish"* haben wir im Programm AUF16_1 das selbstdefinierte Prädikat
"bereinige_wiba" in der Form

```
bereinige_wiba:-retract(eintrage_db(Wert)),
     fail.
bereinige_wiba.
```

zum Löschen von Fakten der Wiba eingesetzt. Es entfernt — durch das
mit Hilfe des Prädikats "fail" erzwungene (tiefe) Backtracking — *sukzessiv*
alle Fakten, die sich mit dem Argument des Prädikats *"retract"* unifizieren
lassen. Erst wenn aus der Wiba alle Fakten mit dem Prädikatsnamen "ein-
trage_db" gelöscht sind, schlägt die Ableitung der 1. Klausel *endgültig* fehl.
Daraufhin wird die 2. Klausel nach (seichtem) Backtracking abgeleitet, so
daß der Löschvorgang beendet ist.

Wollen wir etwa 3 Zahlenwerte eingeben und die Summe dieser Zahlen berechnen und anzeigen lassen, so können wir nach dem Programmstart z.B.
den folgenden Dialog führen[22]:

```
[' auf16_1' ].
Gib Anzahl der Summanden: 3.

Gib Wert: 11.

Gib Wert: 22.

Gib Wert: 33.

Summe der Werte: 66

yes
```

### 6.2.2   Unmittelbare Verarbeitung

Im oben angegebenen Programm haben wir zunächst alle zu summieren-
den Werte im dynamischen Teil der Wiba zwischengespeichert und *erst* anschließend die Summation durchgeführt.

---

[22]Zur Programmversion im "Turbo Prolog"-System siehe im Anhang unter A.4.
Statt der Subgoals "Kriterium is Rest_Eingabe−1" und "Wert2 is Wert1+Wert"
müssen wir im System "Turbo Prolog" die Angaben "Kriterium=Rest_Eingabe−1" bzw.
"Wert2=Wert1+Wert" machen (siehe Abschnitt 6.3.1). Bei der Programmausführung im
"Turbo Prolog"-System erscheint die Meldung:
  WARNING: The variable is used only once. (F10=Ok, Esc=abort). In dieser Situation
drücken wir die Funktions-Taste "F10" zur Fortsetzung des Programmablaufs.

Jetzt wollen wir zeigen, wie wir die eingegebenen Werte bereits *unmittelbar* nach dem Einlesen summieren können.

Zur Eingabe der Zahlenwerte übernehmen wir die oben angegebene Regel:

```
bestimme(Kriterium,Rest_Eingabe,Wert):-
    nl,write(' Gib Wert: '),
    ttyread(Wert),
    Kriterium is Rest_Eingabe-1.
```

Das Prädikat, durch dessen Ableitung die Summe der eingelesenen Werte gebildet werden soll, nennen wir "bau_summe". Für dieses Prädikat sehen wir 3 Argumente vor:

- Über das 1. Argument soll gesteuert werden, ob noch weitere ganzzahlige Werte über die Tastatur eingelesen werden sollen.

- Über das 2. Argument ist der Wert der Summation bereitzustellen.

- Das 3. Argument soll mit der jeweils *aktuellen* Zwischensumme instanziert werden.

Für das Prädikat "bau_summe" formulieren wir die folgende *rekursive* Regel:

```
bau_summe(Rest_Eingabe,Summe,Wert1):-
    bestimme(Kriterium,Rest_Eingabe,Wert),
    Wert2 is Wert1+Wert,
    bau_summe(Kriterium,Summe,Wert2).
```

Nach der Ableitung des Prädikats "bestimme" ist die Variable "Kriterium" wiederum mit der Anzahl der *noch* einzugebenden Zahlenwerte und die Variable "Wert" mit dem unmittelbar zuvor eingelesenen Summanden instanziert.

Zur Bildung der *aktuellen* Zwischensumme setzen wir die beiden Operatoren "*is*" und "+" in der folgenden Form ein:

```
Wert2 is Wert1+Wert
```

Dadurch wird die Variable "Wert2" mit dem *neuen* Wert der Zwischensumme instanziert. Wird das Prädikat "bau_summe" im Regelrumpf — bei einer *erneuten* Ableitbarkeits-Prüfung — anschließend mit dem gleichnamigen Prädikat im Regelkopf unifiziert, so ist die Variable "Wert1" durch einen

*Pakt* an die Variable "Wert2" und die Variable "Rest_Eingabe" entsprechend an die Variable "Kriterium" gebunden.

Da die Rekursion dann *enden* soll, wenn bei der Ableitung des Prädikats "bestimme" die Variable "Kriterium" mit dem Wert "0" instanziert ist, geben wir für das Prädikat "bau_summe" als Abbruch-Kriterium den folgenden Fakt an:

```
bau_summe(0,Gesamt,Gesamt).
```

Fassen wir die beiden angegebenen Klauseln zusammen, so stellt sich das Prädikat "bau_summe" wie folgt dar:

```
bau_summe(0,Gesamt,Gesamt).
bau_summe(Rest_Eingabe,Summe,Wert1):-
      bestimme(Kriterium,Rest_Eingabe,Wert),
      Wert2 is Wert1+Wert,
      bau_summe(Kriterium,Summe,Wert2).
```

Durch das Abbruch-Kriterium erreichen wir, daß beim *letzten* Unifizieren des Prädikats "bau_summe" der Wert der *letzten* Zwischensumme (als Instanzierung der Variablen "Wert2") an die Variable "Gesamt" auf der 3. Argumentposition des Fakts "bau_summe(0,Gesamt,Gesamt)" gebunden wird. Da wegen der Gleichnamigkeit der Argumente "Gesamt" zwischen dem 2. und dem 3. Argument ein *Pakt* besteht, wird der Summenwert an das 2. Argument weitergereicht.

Zur Durchführung der Summation lassen wir das Prädikat "anforderung" — als *internes* Goal — ableiten, das durch die folgende Regel gekennzeichnet ist:

```
anforderung:-nl,write(' Gib Anzahl der Summanden: '),
      ttyread(Anzahl),
      bau_summe(Anzahl,Resultat,0),
      write(' Summe der Werte: '),write(Resultat).
```

Im Regelrumpf haben wir das Prädikat "bau_summe" in der Form

```
bau_summe(Anzahl,Resultat,0)
```

angegeben, da wir den Wert "0" als Anfangswert für die Bildung der Summe festlegen müssen.

Insgesamt besteht somit das Programm zur Lösung der Aufgabenstellung

AUF16 — in der 2. Version — aus den folgenden Klauseln[23]:

```
/* AUF16_2: */

/* Programm zur Demonstration, wie sich eine fest
vorgegebene Anzahl von Iterationen realisieren läßt;
(ohne Einsatz des dynamischen Teils der Wiba) */

    bau_summe(0,Gesamt,Gesamt).
    bau_summe(Rest_Eingabe,Summe,Wert1):-
            bestimme(Kriterium,Rest_Eingabe,Wert),
            Wert2 is Wert1+Wert,
            bau_summe(Kriterium,Summe,Wert2).

    bestimme(Kriterium,Rest_Eingabe,Wert):-
            nl,write(' Gib Wert: '),
            ttyread(Wert),
            Kriterium is Rest_Eingabe-1.

    anforderung:-nl,write(' Gib Anzahl der Summanden: '),
            ttyread(Anzahl),
            bau_summe(Anzahl,Resultat,0),
            write(' Summe der Werte: '), write(Resultat).

:- anforderung.
```

## 6.3  Operatoren

Zur Lösung der Aufgabenstellung AUF16 haben wir die Operatoren "+", "−" und *"is"* verwendet, um eine Variable mit einer Summe bzw. einer Differenz zu instanzieren. Dies sind Beispiele für Operatoren zur Bildung von arithmetischen Ausdrücken und zur Durchführung von Wertzuweisungen. Insgesamt stehen die folgenden Arten von Operatoren zur Verfügung:

- Zuweisungs-Operatoren,

- arithmetische Operatoren und mathematische Funktionen,

- Operatoren zum Vergleich arithmetischer Ausdrücke,

- Operatoren zum Vergleich von Ausdrücken und

- Operatoren zum Test auf Unifizierbarkeit.

---

[23]Zur Programmversion im "Turbo Prolog"-System siehe im Anhang unter A.4.

### 6.3.1   Zuweisungs-Operatoren "is" und "="

Mit Ausnahme des Programms AUF16 haben wir eine Variable bislang dadurch mit einem Wert instanzieren können, daß wir ein zugehöriges Prädikat, in dem diese Variable als Argument aufgeführt wurde, unifizieren ließen.

Alternativ dazu kann die *Instanzierung* einer Variablen auch durch den Einsatz der Zuweisungs-Operatoren *"is"* bzw. "=" erreicht werden[24]. Diese Operatoren haben zwei Operanden, wobei der eine Operand eine *nicht* instanzierte Variable sein muß. Der andere Operand muß beim Operator "is" ein *arithmetischer* Ausdruck (siehe unten) und beim Operator "=" eine *Text*-Konstante sein.

Wollen wir eine Variable mit dem Ergebniswert eines *arithmetischen* Ausdruck instanzieren, so setzen wir den Operator *"is"* z.B. in der folgenden Form ein:

    addiere_1(Wert1,Wert2,Resultat):-Resultat is Wert1+Wert2.

Durch die Ableitbarkeits-Prüfung der Anfrage

    ?- addiere_1(100,200,Resultat).

erhalten wir das folgende Ergebnis:

    Resultat = 300

Bei dieser Ableitbarkeits-Prüfung wird *zuerst* der arithmetische Ausdruck "Wert1+Wert2" ausgewertet und anschließend die Variable "Resultat" mit dem daraus resultierenden Ergebniswert instanziert.

Wollen wir eine Variable mit einer *Text*-Konstanten instanzieren, so setzen wir den Operator "=" ein. Somit können wir z.B. an das Programm AUF4 statt der Anfrage

    ?- dic(Von,fu),ic(fu,Nach).

auch eine Anfrage in der Form

---

[24]Zwischen dem Operator "is" und den beiden Operanden müssen Leerzeichen "⊔" stehen. Im "Turbo Prolog"-System ist anstelle des Operators "is" das Zeichen "=" einzusetzen.

```
?- Z=fu,dic(Von,Z),ic(Z,Nach).
```

stellen. Wir erhalten in beiden Fällen die IC-Verbindung von "ha" nach
"mü" angezeigt, die über die Zwischenstation "fu" führt.

### 6.3.2  Arithmetische Operatoren und mathematische Funktionen

Durch arithmetische Operatoren lassen sich Zahlen-Konstante und numeri-
sche Instanzierungen von Variablen arithmetisch verknüpfen. Die Vorschrift,
nach der die jeweils gewünschte Auswertung der arithmetischen Operanden
erfolgen soll, wird *"arithmetischer Ausdruck"* genannt. In arithmetischen
Ausdrücken dürfen die folgenden *arithmetischen Operatoren* verwendet werden:

| Arithmetische Operatoren | |
| --- | --- |
| Addition | + |
| Subtraktion | − |
| Multiplikation | * |
| ganzzahlige Division | // |
| reellwertige Division | / |
| Potenzierung | ^ |

Wird ein arithmetischer Ausdruck bei einer Ableitbarkeits-Prüfung ausgewertet, so kann anschließend eine Variable — durch den Einsatz des Zu-
weisungs-Operators "is" (siehe oben) — mit dem Ergebniswert instanziert
werden. Beim Einsatz arithmetischer Operatoren müssen Variable, die in
den arithmetischen Ausdrücken vorkommen, (zum Zeitpunkt der Auswertung) mit Zahlen-Konstanten instanziert sein.

Zum Beispiel lassen sich die beiden Werte "10" und "20" durch die Ableitung
der folgenden Klausel addieren:

```
addiere_2(Resultat):-Wert1 is 10,Wert2 is 20,
        Resultat is Wert1+Wert2.
```

Dabei erhalten wir den Ergebniswert "30" als instanzierten Wert der Variablen "Resultat".

Falls in einem arithmetischen Ausdruck mehrere Operatoren auftreten, muß
die Auswertungsreihenfolge beachtet werden. Diese Reihenfolge ist bestimmt
durch die *Priorität* der Operatoren, die wie folgt festgelegt ist (siehe auch
Abschnitt 6.3.6.):

| Priorität der Operatoren | |
| --- | --- |
| Operator | Prioritätsstufe |
| +, − | 500 |
| *, /, // | 400 |
| mod | 300 |
| ^ | 250 |

Bei der Auswertung eines arithmetischen Ausdrucks werden die Operatoren von *"links nach rechts"* unter Beachtung der Prioritätsstufen verglichen. Dabei werden Operatoren mit *niedriger* Prioritätsstufe *zuerst* ausgeführt. Zum Beispiel ergibt die Auswertung des Ausdrucks

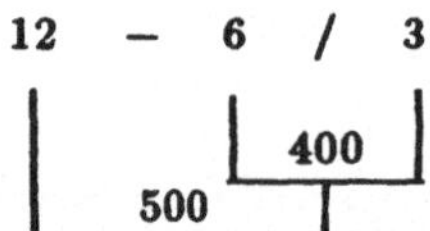


den Ergebniswert "10", weil zuerst dividiert (der Operator "/" hat die Prioritätsstufe "400") und anschließend subtrahiert wird (der Operator "−" hat die Prioritätsstufe "500").

Soll von dieser Reihenfolge abgewichen werden, so sind Klammern zu setzen. So liefert zum Beispiel[25]

$$( \quad 12 \quad - \quad 6 \quad ) \quad / \quad 3$$

den Ergebniswert "2".

Treten im Hinblick auf die oben tabellarisch aufgeführten arithmetischen Standard-Operatoren zwei Operanden gleicher Prioritätsstufe hintereinander auf, so wird von *"links nach rechts"* ausgewertet.

So ergibt sich z.B. für

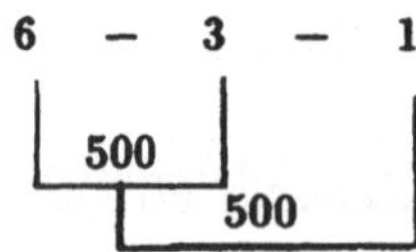


der Ergebniswert "2". Weil die Gleichheit von

---

[25] Beim Setzen von Klammern muß zwischen einem Operator und der öffnenden Klammer mindestens ein Leerzeichen "⊔" stehen (siehe unten).

$$6 \ - \ 3 \ - \ 1 \ = \ ( \ 6 \ - \ 3 \ ) \ - \ 1$$

gilt, wird der Operator "−" als *links-assoziativ* bezeichnet (siehe Abschnitt 6.3.6)[26].

Neben dem Operator "−" sind auch die anderen arithmetischen Operatoren "*", "/", "//" und "^" links-assoziativ.

Außer Zahlen-Konstanten und instanzierten Variablenwerten lassen sich zusätzlich die folgenden *mathematischen Funktionen* innerhalb von arithmetischen Ausdrücken verwenden:

| Mathematische Funktionen | |
| --- | --- |
| minint | kleinster ganzzahliger Wert (rechnerabhängig) |
| maxint | größter ganzzahliger Wert (rechnerabhängig) |
| float(X) | Umwandlung eines ganzzahligen Werts in eine reellwertige Zahl |
| trunc(X) | Abschneiden der Dezimalstellen und Umwandlung in einen ganzzahligen Wert |
| ceil(X) | Aufrunden |
| floor(X) | Abrunden |
| abs(X) | Absolutwert |
| exp(X) | Potenz zur Basis $e$ |
| ln(X) | Logarithmus zur Basis $e$ |
| sqrt(X) | Quadratwurzel |
| cos(X) | Cosinus (Argument in Bogenmaß) |
| sin(X) | Sinus (Argument in Bogenmaß) |
| tan(X) | Tangens (Argument in Bogenmaß) |
| asin(X) | Arcussinus (Argument reellwertig) |
| atan(X) | Arcustangens (Argument reellwertig) |

Es ist zulässig, daß als Argumente dieser mathematischen Funktionen sowohl arithmetische Ausdrücke als auch mathematische Funktionen auftreten können.

Somit können wir an das PROLOG-System z.B. die folgende Anfrage stellen[27]:

```
?- Z is trunc(sqrt(100+100)).
```

---

[26] Bei links-assoziativen Operatoren werden — bei der Auswertung — implizit Klammern von *links* nach *rechts* gesetzt.

[27] Zwischen den Funktionen "trunc" und "sqrt" und den jeweiligen öffnenden Klammern darf kein Leerzeichen "⊔" stehen.

Daraufhin wird der Wert "14" als Ergebnis angezeigt.

### 6.3.3   Operatoren zum Vergleich arithmetischer Ausdrücke

Zum Vergleich von arithmetischen Ausdrücken stehen die folgenden *Vergleichs-Operatoren* zur Verfügung[28]:

| Operatoren zum Vergleich arithmetischer Ausdrücke | |
|---|---|
| Test auf Gleichheit | =:= |
| Test auf Ungleichheit | = \ = |
| Test auf größer als | > |
| Test auf kleiner als | < |
| Test auf größer gleich | >= |
| Test auf kleiner gleich | =< |

Für diese Vergleichs-Operatoren ist sämtlich die Prioritätsstufe "700" festgelegt. Da diese Priorität größer als die Priorität der arithmetischen Operatoren ist, werden *zunächst* die links *und* rechts von den arithmetischen Vergleichs-Operatoren stehenden arithmetischen Ausdrücke ausgewertet und anschließend die numerischen Ergebniswerte miteinander verglichen. Dabei müssen Variable, die in einem arithmetischen Ausdruck vorkommen — *vor* der Auswertung des Vergleichs-Operators — mit Zahlen-Konstanten instanziert sein.

So erhalten wir z.B. für den Vergleichs-Operator[29] "=:=" die folgenden Ergebnisse:

```
?- 100=:=200-50.
no
?- 100+50=:=200-50.
yes
?- Wert1 is 100+50,Wert2 is 200-50, Wert1=:=Wert2.
Wert1    =    150
Wert2    =    150
yes
```

---

[28]Operatoren, die aus mehreren Zeichen bestehen, dürfen keine Leerzeichen "⎵" enthalten.

[29]Im System "Turbo Prolog" muß das Zeichen "=" verwendet werden.

### 6.3.4  Operatoren zum Vergleich von Ausdrücken

In einem PROLOG-Programm lassen sich nicht nur arithmetische Ausdrücke, sondern beliebige Ausdrücke miteinander vergleichen. Dazu stehen die beiden folgenden Operatoren zur Verfügung[30]:

| Operatoren zum Vergleich von Ausdrücken | |
|---|---|
| Test auf Gleichheit | == |
| Test auf Ungleichheit | \== |

Bei der Ableitbarkeits-Prüfung werden die beiden Operanden als *Text*-Konstanten interpretiert und Zeichen für Zeichen miteinander verglichen. Ist ein Operand ein arithmetischer Ausdruck, so wird — falls die Variablen mit Zahlen-Konstanten instanziert sind — der Ausdruck *zuvor* ausgewertet und anschließend das Ergebnis als *Text*-Konstante interpretiert. Treten im arithmetischen Ausdruck *nicht* instanzierte Variable auf, so wird der gesamte arithmetische Ausdruck als Text-Konstante aufgefaßt.

Somit erhalten wir z.B. die folgenden Anzeigen:

```
?-wert == wert.
yes
?-Wert == wert.
no
?-Wert == Wert.
Wert    =    _636
yes
?-Wert is 10+20,Wert == 30.
Wert    =    30
yes
?-Wert is 10.5+20,Wert+10==30.5+10.
Wert    =    30.5
yes
?-Wert+10 == 30.5+10.
no
```

Sind wir z.B. — im Hinblick auf das IC-Netz in Abb. 3.1 — lediglich an denjenigen IC-Verbindungen interessiert, die *nicht* über die Zwischenstation "fu" führen, so können wir z.B. an das Programm AUF4 die Anfrage

---

[30]Für die Vergleichs-Operatoren "==" und "\ ==" ist ebenfalls die Prioritätsstufe "700" festgelegt. Zwischen den Zeichen "=" und "=" bzw. "\", "=" und "=" dürfen keine Leerzeichen "␣" stehen.

> ?– dic(Von,Z),Z \ == fu,ic(Z,Nach).

stellen. Als Ergebnis erhalten wir sukzessiv — nach der Eingabe des Semikolons ";" — die folgenden Anzeigen:

```
Von    =   ha
Z      =   kö
Nach   =   ka;
Von    =   ha
Z      =   kö
Nach   =   ma;
Von    =   ha
Z      =   kö
Nach   =   fr;
Von    =   kö
Z      =   ma
Nach   =   fr;

no
```

Dabei wird, sobald die Variable "Z" im 1. Subgoal mit dem Wert "fu" instanziert ist, durch das 2. Subgoal in der Form "Z\==fu" (tiefes) Backtracking erzwungen. Daraufhin wird versucht, das 1. Subgoal mit einer anderen Klausel zu unifizieren. Ist die Variable "Z" mit einem *anderen* Wert als "fu" instanziert, so wird das 2. Subgoal abgeleitet und anschließend die Ableitbarkeits-Prüfung mit dem 3. Subgoal fortgesetzt.

### 6.3.5  Operatoren zum Test auf Unifizierbarkeit

Zum *Test auf Unifizierbarkeit* stehen die beiden folgenden Operatoren zur Verfügung[31]:

| | |
|---|---|
| Test auf Unifizierbarkeit | = |
| Test auf Nicht-Unifizierbarkeit | \ = |

Durch den Einsatz dieser Operatoren können wir prüfen, ob sich die Argumente zweier Prädikate unifizieren lassen oder ob eine Variable mit einer Konstanten instanziert ist. Handelt sich bei einem der beiden Operanden um eine *nicht* instanzierte Variable, so wird sie mit dem Wert des anderen

---

[31]Zwischen den Zeichen "\" und "=" darf kein Leerzeichen "⊔" stehen.

Operanden — als Text-Konstante – instanziert. Somit erhalten wir z.B. die folgenden Anzeigen:

```
?- dic(ha,fu)=dic(ha,fu).
yes
?- dic(ha,fu)\=dic(ha,fu).
no
?- dic(ha,Nach)=dic(ha,fu).
Nach    =    fu
yes
```

Setzen wir den Operator "=" in der Form

```
?- A = B.
```

ein, so wird folgendes Ergebnis angezeigt:

```
A    =    _636
B    =    _636
yes
```

In diesem Fall wird die Variable "A" mit der Variablen "B" unifiziert. Da beide Variablen *nicht* mit einer Konstanten instanziert sind, wird zwischen ihnen ein Pakt geschlossen und sie werden mit der gleichen internen Variablen instanziert. Stellen wir eine Anfrage in der Form

```
A = B,A == B.
```

so ist das Ergebnis:

```
A    =    _636
B    =    _636
yes
```

## 6.3.6  Auswertung und Vereinbarung von Operatoren

Genauso wie für die arithmetischen Operatoren ist in PROLOG für jeden Operator eine ganze Zahl zwischen 1 und 1200 als *Prioritätsstufe* festgelegt[32].

---

[32]Siehe die nachfolgende Tabelle.

Je *niedriger* der jeweils zugeordnete Wert ist, umso *höher* ist die Priorität des betreffenden Operators. Die Angabe einer Prioritätsstufe ist notwendig, um eine eindeutige Auswertung von Ausdrücken zu ermöglichen, in denen mehrere Operatoren vorkommen. Die Betrachtung der Priorität reicht aus, wenn in einem Ausdruck *verschiedene* Operatoren verschiedener Prioritätsstufen enthalten sind.

So liefert z.B. die Auswertung des arithmetischen Ausdrucks

$$12 - 6 \,// \,3$$

den Ergebniswert "10", weil der Operator "−" die Prioritätsstufe "500" und der Operator "//" die Prioritätsstufe "400" besitzt. Somit wird der Ausdruck so ausgewertet, als wären Klammern in der Form

$$12 - (6 \,// \,3)$$

gesetzt worden.

Gemäß der unten angegebenen Tabelle resultiert aus den dort aufgeführten Prioritäten für den Ausdruck "12−6//3=:=6*3−1;X is 3,X=:=3" die folgende Auswertungsreihenfolge:

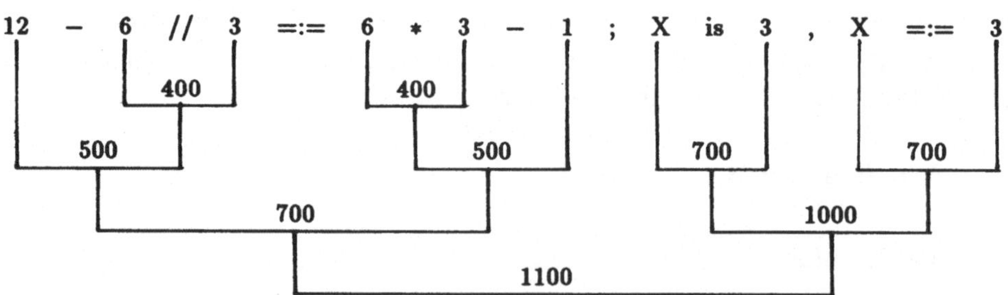

Bei der Auswertung von Ausdrücken, die Operatoren *gleicher* Prioritätsstufen enthalten, ist die Auswertungsreihenfolge durch die Priorität nicht mehr *eindeutig* beschrieben. Für die arithmetischen Operatoren haben wir für diesen Fall im Abschnitt 6.3.2 die Regel angegeben, daß bei gleicher Prioritätsstufe von *"links nach rechts"* ausgewertet wird.

So wird z.B. bei der Auswertung von

$$6 - 3 - 1$$

zuerst "6−3" berechnet und anschließend vom Ergebnis der Wert "1" subtrahiert, d.h. es wird gemäß der Klammerung

$$( 6 - 3 ) - 1$$

ausgewertet.

Die Vorschrift, wie bei zwei aufeinanderfolgenden Operatoren, die dieselbe Priorität besitzen, bei der Auswertung intern zu klammern ist, wird *Assoziativität* genannt. Wir stellen die Prioritätsstufen und die Assoziativitätsangaben für ausgewählte Operatoren in der folgenden Tabelle zusammen:

| | | |
|---|---|---|
| 1100 | xfy | ; |
| 1000 | xfy | , |
| 700 | xfx | is |
| 700 | xfx | >=, =<, >, <, =, \ =, =:=, \ ==, ==, = \ = |
| 500 | yfx | −, + |
| 400 | yfx | //, /, * |
| 300 | xfx | mod |
| 250 | yfx | ^ |

In der ersten Spalte ist die Prioritätsstufe und in der zweiten Spalte die Assoziativität des zugehörigen Operators aufgeführt. Durch "x" und "y" werden die Operanden gekennzeichnet, und "f" ist der Platzhalter für einen der innerhalb derselben Zeile aufgeführten Operatoren.

Die Angabe "yfx" besagt, daß der Operator "f" *links-assoziativ* ist, d.h. daß von *"links nach rechts"* ausgewertet wird[33]. Diese Vorschrift spiegelt sich in Form von "yfx" *formal* dadurch wieder, daß Prioritäten für die Operanden festgelegt sind, die bestimmte Eigenschaften erfüllen müssen:

- Ist ein Operand eines Operators eine Konstante oder ein geklammerter Ausdruck, so wird diesem Operanden die Prioritätsstufe "0" (höchste Priorität) zugeordnet, andernfalls wird ihm die Prioritätsstufe des Operators zugewiesen.

- Die Priorität des Operanden, für den "x" als Platzhalter steht, muß *echt kleiner* als die Priorität des Operators "f" sein.

- Die Priorität des Operanden, für den "y" als Platzhalter steht, muß *kleiner* oder *gleich* der Priorität des Operators "f" sein.

---

[33]Bei *rechts-assoziativen* Operanden wird von *"rechts nach links"* ausgewertet. Dies wird durch "xfy" gekennzeichnet.

Die Vorschrift der Links-Assoziativität "yfx" besagt somit, daß die Prioritätsstufe des linken (rechten) Operanden kleiner oder gleich (echt kleiner) als die Prioritätsstufe des Operators "f" sein muß.

Somit ergibt sich die Links-Assoziativität für die Auswertung von

$$6 - 3 - 1$$

*formal* aus der folgenden Betrachtung:

1. Fall:

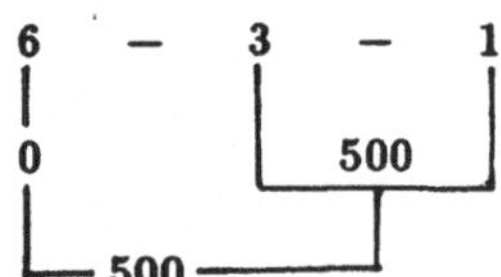

Würde — wie angegeben — das erste Minuszeichen "−" auf die Operanden "6" und "3 − 1" wirken, so hätte "6" als Konstante die Prioritätsstufe "0" und "3 − 1" die Prioritätsstufe "500", weil es sich bei "3 − 1" um keine Konstante und keinen geklammerten Ausdruck handelt, so daß die Prioritätsstufe des Operators "−" zuzuordnen ist. Damit wäre — entgegen der Vorschrift "yfx" — die Prioritätsstufe des rechten Operanden "3 − 1" *nicht* echt kleiner als die Prioritätsstufe des Operators "−".

Anders ist die Situation, wenn das zweite Minuszeichen "−" auf die Operanden "6 − 3" und "1" wirkt:

2. Fall:

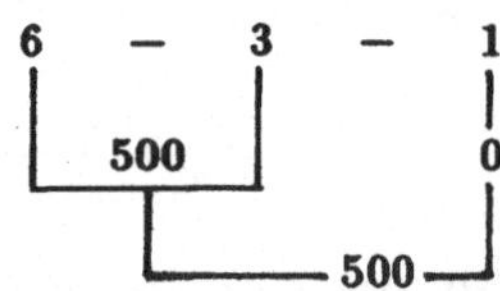

Gemäß der Vorschrift "yfx" ist in diesem Fall die Prioritätsstufe des linken (rechten) Operanden kleiner oder gleich (echt kleiner) als die Prioritätsstufe des Operators "−", so daß die Auswertung im Einklang mit der durch die Klammerung

$$( 6 - 3 ) - 1$$

beschriebenen Auswertungsreihenfolge steht.

Sofern gleiche Operatoren — in ungeklammerter Form — innerhalb eines Ausdrucks *nicht* aufeinanderfolgen dürfen, ist der Eintrag "xfx" in der Spalte mit den Angaben zur Assoziativtät innerhalb der oben aufgeführten Tabelle gemacht worden.

Für den Operator "mod", der in der Form "op_1 mod op_2" den ganzzahligen Rest der ganzzahligen Division des Operanden "op_1" durch den Operanden "op_2" ermittelt, ist z.B. der Ausdruck

    ?– X is 23 mod 4 mod 2.

*nicht* erlaubt. Soll von links nach rechts ausgewertet werden, so klammern wir durch

    ?– X is (23 mod 4) mod 2.

und erhalten den Ergebniswert "1" angezeigt.

Neben den oben aufgeführten *binären* Operatoren mit zwei Operanden gibt es die *unären* Operatoren "+", "–" und "not" mit jeweils einem Operanden. Für diese Operatoren gelten die folgenden Prioritätsstufen und Assoziativitätsangaben[34]:

| | | |
|---|---|---|
| 900 | fy | not |
| 500 | fx | –, + |

Somit wird der Ausdruck "not X is – 3 / 1" wie folgt ausgewertet:

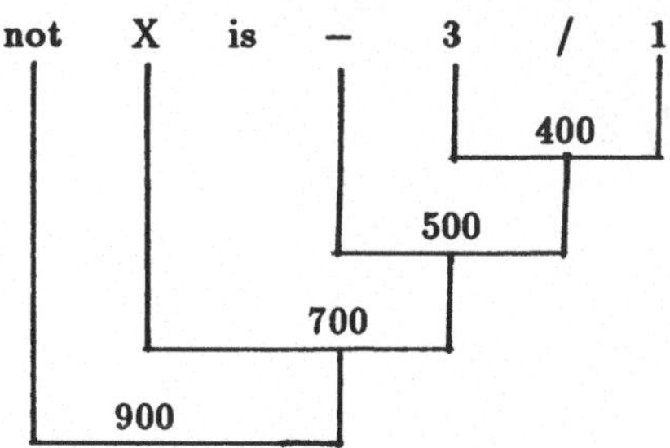


Die Kennung "fy" des Operators "not" besagt, daß dieser Operator *mehrfach* unmittelbar hintereinander aufgeführt werden darf. Eine derartige Reihung ist bei der Assoziativitätsangabe "fx" ausgeschlossen.

---

[34]Dabei stehen "fx" und "fy" für einen Operator, der *vor* einem Argument aufgeführt werden darf.

So ist z.B. die Anfrage

    ?– X is – – 1.

*nicht* erlaubt, während die Anfrage

    ?– not not not 3=:=4.

zulässig ist.
Wir haben oben angegeben, daß das Standard-Prädikat *"not"* auch als Operator eingesetzt werden darf. Dies ist deswegen möglich, weil das Prädikat[35]

    not( argument )

als gleichbedeutend mit dem Ausdruck

    not argument

angesehen wird.

- Grundsätzlich lassen sich in PROLOG alle *Operatoren als Prädikate* mit einem oder zwei Argumenten schreiben. Dazu ist der Operator als Prädikatsname zu verwenden, und der Operand bzw. die Operanden sind als Argumente der Prädikate aufzuführen, wobei die Reihenfolge derjenigen in der Operator-Schreibweise entspricht.

So ist z.B. die Anfrage

    ?– X is 12 – 6 // 3.

gleichbedeutend mit[36]:

    ?– X is –(12, 6//3).

Dabei ist im Ausdruck "–(12, 6//3)" das Minuszeichen "–" ein Prädikatsname, dem *unmittelbar* die Argumente folgen — eingeschlossen in Klammern

---

[35]Zum Standard-Prädikat *"not"* siehe Abschnitt 5.3.
[36]Zwischen einem Prädikatsnamen wie z.B. "–" und der öffnenden Klammer "(" darf *kein* Leerzeichen "␣" stehen.

und durch Komma "," getrennt.  Weiterhin läßt sich auch der Ausdruck
"6//3" als Prädikat angeben, so daß insgesamt

$$?- X \text{ is } -(12, //(6,3)).$$

geschrieben werden darf.
Ebenfalls können z.B. die Ausdrücke

$$X \text{ is } mod(23 \text{ mod } 4, 2)$$
$$X \text{ is } mod(mod(23,4), 2)$$
$$is(X, mod(mod(23,4), 2))$$

anstelle von "X is (23 mod 4) mod 2" und die Ausdrücke

$$,(X \text{ is } 3, X=:=3)$$
$$,(is(X, 3), =:=(X,3))$$

anstelle von "X is 3, X=:=3." verwendet werden.  Ferner läßt sich der
Ausdruck

$$X \text{ is } 3, Y \text{ is } X, Y=:=3$$

auch in den Formen[37]

$$,(X \text{ is } 3, ','(Y \text{ is } X, Y=:=3))$$
$$,(','(is(X,3), is(Y,X)), =:=(Y,3))$$

darstellen.

Nachdem wir kennengelernt haben, wie die in PROLOG zur Verfügung stehenden Operatoren ausgewertet werden, wollen wir abschließend zeigen, wie
wir *eigene* Operatoren *vereinbaren* und einsetzen können.

---

[37]Da das Komma *innerhalb* einer Klammer als Argumenttrennzeichen wirkt, ist hier für
das Operatorsymbol "," zur Kennzeichnung der logischen UND-Verbindung eine Ersatzdarstellung in Form von ',' anzugeben.

- Zur Definition eigener Operatoren steht das Standard-Prädikat *"op"* in der Form

    ?– op( *priorität,assoziativität,operator* ).

zur Verfügung.

Das Prädikat "op" hat 3 Argumente. Durch das 1. Argument wird die Priorität, durch das 2. die Assoziativität und durch das 3. Argument eine Zeichenfolge zur Kennzeichnung eines Operators vereinbart. Derart selbstdefinierte Operatoren werden insbesondere eingesetzt, um die Lesbarkeit von Programmen zu unterstützen.

Zum Beispiel ist bei dem bisher von uns verwendeten Prädikat "dic" nicht unmittelbar ersichtlich, welches Argument den Abfahrtsort bzw. den Ankunftsort einer Direktverbindung kennzeichnet. Deshalb wollen wir (z.B. an das Programm AUF4 zur Anzeige der Direktverbindungen von "ha" aus) statt der Anfrage

    ?– dic(ha,Nach).

eine Anfrage in der Form

    ?– ha von_dic_nach Nach.

stellen können. Dazu definieren wir (nach dem Laden des Programms AUF4) den Operator *"von_dic_nach"* in der folgenden Form:

    ?– op(100,xfx,von_dic_nach).

Anschließend tragen wir die Klausel "X von_dic_nach Y:-dic(X,Y)." durch den Einsatz des Standard-Prädikats *"asserta"* in der Form

    ?– asserta(X von_dic_nach Y,dic(X,Y)).

an den Anfang der Wiba ein, so daß daraufhin die Anfrage

    ?– ha von_dic_nach Nach.

gestellt werden kann.

## 6.4  Aufgaben

**Aufgabe 6.1**
Laß aus der Datenbasis die Namen aller Vertreter mit Ausnahme des Vertreters "meyer" anzeigen!

**Aufgabe 6.2**
Welche der folgenden Klauseln sind syntaktisch korrekt?

- a) multipliziere(X,Y,Res):-Res=X*Y.
  multipliziere(X,Y,X*Y).

- b) zähler(0).
  zähler(N):-write(N),nl,N>0,M is N−1,zähler(M).

**Aufgabe 6.3**
Welche Ausgaben liefert die Ableitbarkeits-Prüfung der Anfrage "zähler_1(3)" und "quadriere_1(3)" mit den folgenden Klauseln?

- a) zähler_1(0).
  zähler_1(N):-write(N),nl,N>0,M=N-1,zähler_1(M).

- b) zähler_1(0).
  zähler_1(N):-write(N),nl,N>0,N is M-1,zähler_1(M).

- c) zähler_1(N):-write(N),nl,M is N-1,zähler_1(M).
  zähler_1(N).

- d) quadriere_1(N):-M is N^2,write(M),nl.

- e) quadriere_1(N):-M = N^2,write(M),nl.

- f) quadriere_1(N):-M is N^2,N is M,write(M),nl.

- g) quadriere_1(N):-N is N^2,write(M),nl.

**Aufgabe 6.4**
Verfolge die Ableitbarkeits-Prüfung der Prädikate "vergleich(10,10)" und "vergleich(10.0,10)" mit den folgenden Klauseln:

- a) vergleich(Wert1,Wert2):-Wert1==Wert2.

- b) vergleich(Wert1,Wert1).

## Aufgabe 6.5

Gib ein Programm an, das die Vertreterstammdaten in eine Sicherungs-Datei
überträgt. Dabei sollen identische Fakten nur *einmal* übertragen werden!

## Aufgabe 6.6

Setze im Programm AUF10 im Regelrumpf des Prädikats "lesen" statt des
Prädikats *"reconsult"* das Standard-Prädikat *"consult"* ein. Vereinbare das
interne Goal als Regel mit dem Prädikat "start" und lasse die IC-Verbindung
von "ha" nach "fr" *dreimal* ableiten. Begründe die Tatsache, daß der Fakt
"ic_db(ha,fr)." *siebenmal* in der Sicherungs-Datei "ic.pro" enthalten ist!

## Aufgabe 6.7

Gib ein Programm an, das bei der Lösung der Aufgabenstellung 5.10 maxi-
mal drei Versuche zuläßt!

## Aufgabe 6.8
Die Fibonacci-Folge

      1, 1, 2, 3, 5, 8, 13, ...

enthält die Zahl "1" als erstes und zweites Element. Jedes weitere Element
ist die Summe der beiden unmittelbar vorhergehenden Zahlen.
Formuliere ein Programm zur Berechnung des n.ten Elements der Fibonacci-
Folge, so daß z.B. durch eine Anfrage der Form "fibonacci(5,F)." die Zahl
"5" angezeigt wird!

- a) ohne Einsatz der dynamischen Wiba

- b) mit Einsatz der dynamischen Wiba

Wie können wir erreichen, daß eine Anfrage in der folgenden Form gestellt
werden kann:

      ?- 5 fibonacci Resultat.

**Aufgabe 6.9**
Welche der folgenden Anfragen liefert eine Fehlermeldung?

- a) X is 100−(200−300).

- b) X is 100−   (200−300).

- c) a,(b,c).

Begründe die Fehlermeldung!

**Aufgabe 6.10**
Warum liefern die Klauseln

```
a:-write('a').
b:-write('b').
c:-write('c').
```

bei der Anfrage

```
?- a,   (b,c).
```

*nicht* das folgende Ergebnis?

```
bca.
yes.
```

**Aufgabe 6.11**
Definiere die Operatoren "if", "then" und "else" derart, daß die folgende Anfrage zulässig ist:

```
?- X= −5,if X >= 0 then positiv(X) else negativ(X).
```

Dabei soll der Operator "if" eine höhere Prioritätsstufe als die Operatoren "then" und "else" haben. Die Assoziativität des Operators "if" ist mit "fx", die der Operatoren "then" und "else" ist mit "xfx" zu vereinbaren. Durch die Ableitung von "positiv(X)" bzw. "negativ(X)" soll jeweils der zugehörige nicht-negative Wert angezeigt werden.

**Aufgabe 6.12**

Formuliere ein Programm, das solange Zeichen von der Tastatur einliest, bis die Text-Konstante "stop" oder "ende" eingegeben wird.

**Aufgabe 6.13**

Welche Ergebnisse liefern die folgenden Anfragen:

- a) ?– A==B.

- b) ?– A=B.

- c) ?– A=B,A==B.

Begründe die Ergebnisse!

**Aufgabe 6.14**

Entwickle ein Programm, das alle Lösungen des Prädikats "dic" bestimmt, ohne daß sukzessiv Semikolons ";" einzugeben sind. Dabei sind die abgeleiteten Lösungen im dynamischen Teil der Wiba zwischenzuspeichern, und es ist solange Backtracking durchzuführen, bis eine gesetzte Markierung erreicht ist.

# 7 Verarbeitung von Listen

## 7.1 Listen als geordnete Zusammenfassung von Werten

Im Rahmen der Aufgabenstellung AUF7 (siehe Abschnitt 4.2) haben wir
uns für die Zwischenstationen im Hinblick auf Abfahrts- und Ankunftsorte
interessiert, zwischen denen *keine* Direktverbindung besteht. Wir haben
festgestellt, daß das von uns entwickelte Programm AUF7 die jeweils *möglichen* Variablen-Instanzierungen anzeigt, die jedoch *nicht* unbedingt mit den
*tatsächlichen* Zwischenstationen übereinstimmen müssen.

Zum Beispiel erfolgt beim Programm AUF7 bei der Ableitung des Goals
"ic(ha,fr)" die folgende Überprüfung:

> ic(ha,fr) ist ableitbar, weil
>> ic(kö,fr) ableitbar ist, und
>>> ic(kö,fr) ist ableitbar, weil
>>>> (ic(ka,fr) ist *nicht* ableitbar)
>>>> ic(ma,fr) ableitbar ist.

Durch die für das Prädikat "ic(Z,Nach)" vorgenommenen Unifizierungen
werden die Instanzierungen für die Variable "Z" in der folgenden Reihenfolge durchgeführt:

> Z:=kö (im *ursprünglichen* Exemplar der Wiba)
>> ("Z_1:=ka" wird im 1. *neuen* Exemplar der Wiba wieder gelöst)
>> Z_1:=ma (im 1. *neuen* Exemplar der Wiba)

Dies zeigt, daß alle Instanzierungen — ausgehend von der letzten Instanzierung — gesammelt werden müssen, wobei die zwischenzeitlich wieder
gelösten Instanzierungen unberücksichtigt bleiben sollen. Folglich ergibt
sich für das oben angegebene Goal — bei der rückwärtigen Betrachtung
der Ableitbarkeits-Prüfung — der Wert "ma" als letzte Instanzierung und
der Wert "kö" als vorausgehende Instanzierung derjenigen Variablen ("Z",
"Z_1"), die jeweils mit den Zwischenstationen instanziert werden.

Um die Reihenfolge der durchgeführten Instanzierungen zu dokumentieren, beschreiben wir die ermittelten Zwischenstationen in der folgenden Form:

[ ma |[ kö ] ]

Diese Form der *geordneten* Zusammenfassung von Werten wird *Liste* genannt.

- Eine *Liste* wird durch eine öffnende eckige Klammer "[" eingeleitet und durch eine schließende eckige Klammer "]" beendet. Die in einer Liste aufgeführten Werte werden als *Listenelemente* bezeichnet. Jede Liste, die mindestens zwei Werte enthält, besteht aus den beiden Komponenten *"Listenkopf"* (mit dem ersten Listenelement) und dem *"Listenrumpf"* (mit den restlichen Elementen). Listenkopf und Listenrumpf werden durch den senkrechten Strich "|" voneinander abgegrenzt.

Somit ist der Wert "ma" der Listenkopf und "[ kö ]" (mit dem Listenelement "kö") der Listenrumpf der Liste "[ ma |[ kö ] ]".

Damit sich gemäß der oben angegebene Definition auch Listen mit nur einem Element in Listenkopf und Listenrumpf gliedern lassen, muß eine besondere Liste definiert werden:

- Eine Liste ohne Listenelement wird *"leere Liste"* genannt und durch unmittelbar aufeinanderfolgende öffnende und schließende eckige Klammern der Form "[ ]" gekennzeichnet[1]. Die leere Liste enthält *keinen* Listenkopf und *keinen* Listenrumpf.

Auf Grund dieser Vereinbarung läßt sich z.B. die einelementige Liste "[ kö ]" auch wie folgt schreiben:

[ kö |[ ] ]

In dieser Form enthält die Liste das Listenelement "kö" als Listenkopf und die leere Liste "[ ]" als Listenrumpf.

Zusammenfassend läßt sich im Hinblick auf den Aufbau von Listen somit folgendes feststellen:

---

[1] Zwischen den Klammern "[" und "]" darf — im Gegensatz zum System "Turbo Prolog" — beim "IF/Prolog"-System *kein* Leerzeichen eingetragen sein.

- Jede Liste, die sich von der leeren Liste unterscheidet, ist in Listenkopf und Listenrumpf gegliedert, wobei der Listenkopf ein *Wert* (das 1. Element der Liste) und der Listenrumpf wiederum eine *Liste* ist.

Zum Beispiel enthält die Liste "[ha | [kö | [ma]]]" den Listenrumpf "[kö | [ma]]". Diese Liste enthält wiederum "[ma]" als Listenrumpf, und — wegen der Gleichheit von "[ma]" und "[ma | [ ]]" — enthält diese Liste den Listenrumpf "[ ]".

Bei der Entwicklung von Problemlösungen mit der Programmiersprache PROLOG spielt die *"Liste"* — als geordnete Zusammenfassung von Werten — eine bedeutende Rolle. Listen werden einerseits zum Sammeln von Instanzierungen einer oder mehrerer Variablen und andererseits zur Kennzeichnung von Ordnungsbeziehungen zwischen zwei oder mehreren Werten eingesetzt. Wie Listen aufgebaut und entsprechend verarbeitet werden können, beschreiben wir in den nachfolgenden Abschnitten.

Um die Schreibweise von Listen zu vereinfachen, ist es z.B. erlaubt, die Liste

$$[ \text{ha} \,|\, [ \text{kö} \,|\, [ \text{ma} \,|\, [\,] \,] \,] \,]$$

mit den Listenelementen "ha", "kö" und "ma" in der Form

$$[ \text{ha} \,|\, [ \text{kö} \,|\, [ \text{ma} \,] \,] \,]$$

bzw. in der Form

$$[ \text{ha,kö} \,|\, [ \text{ma} \,] \,]$$

oder in der Form

$$[ \text{ha,kö,ma} \,]$$

anzugeben.

- Allgemein lassen sich zwei aufeinanderfolgende Listenelemente durch ein *Komma* abgrenzen. Sofern also eine Liste mindestens zwei Werte enthält, darf der Listenkopf vom Listenkopf des Listenrumpfes anstelle von " | [" durch das Komma "," getrennt werden.

Da diese Regel auch auf jede innerhalb einer Liste enthaltene Restliste angewendet werden darf, ist für die oben angegebene Liste auch die folgende Schreibweise zugelassen:

[ ha | [ kö,ma ] ]

Folglich sind z.B. auch die nachfolgend aufgeführten Schreibweisen alle gleichwertig:

[ ha | [ kö,ma,fr ] ]
[ ha,kö | [ ma,fr ] ]
[ ha,kö | [ ma,fr | [ ] ] ] ]
[ ha,kö,ma | [ fr ] ]
[ ha,kö,ma | [ fr | [ ] ] ] ]

Im Hinblick auf die Verarbeitung der Listenelemente ist grundsätzlich folgendes zu beachten:

- Ein in einer Liste enthaltenes Listenelement kann nur dann *instanziert* werden, wenn sich durch Listen-Operationen mit geeigneten Prädikaten (siehe unten) eine geeignete Restliste bilden läßt, innerhalb der dieses Element als Listenkopf erscheint.

Somit läßt sich z.B. das Listenelement "kö" innerhalb der Liste "[ ha | [ kö | [ ma ] ] ]" nur dann instanzieren, wenn aus dieser Liste zunächst der Listenrumpf "[ kö | [ ma ]]" als eigenständige (Rest-)Liste gebildet und damit der Wert "kö" zum Listenkopf dieser Restliste wird. Wie wir diese Listen-Operationen durchführen können, lernen wir in den folgenden Abschnitten kennen.

## 7.2  Unifizierung von Komponenten einer Liste

Wir haben bei der Beschreibung des Inferenz-Algorithmus dargestellt, daß sich ein Goal oder Subgoal mit einem Prädikat dadurch unifizieren läßt, daß die jeweils miteinander korrespondierenden Argumente in Übereinstimmung gebracht (unifiziert) werden[2]. Bislang handelte es sich bei den Argumenten jeweils um Konstante und Variable. Bei der Instanzierung einer Variablen mit einer Konstanten haben wir die Zeichenfolge ":=" verwendet. Muß eine Variable mit einer anderen Variablen in Übereinstimmung gebracht werden, so kennzeichnen wir diesen Sachverhalt durch die Zeichenfolge ":=:". In

---

[2]Wir verwenden das Wort *"Unifizierung"* fortan auch für den Abgleich von Komponenten einer Liste, sofern sie mit Variablen oder Konstanten in Übereinstimmung zu bringen sind.

diesem Fall wird zwischen beiden Variablen ein *"Pakt"* geschlossen, d.h.
es wird diejenige Konstante, mit der die *eine* der *beiden* Variablen zu einem
*späteren* Zeitpunkt instanziert wird, an die andere Variable zur Instanzierung
"durchgereicht".

Zum Beispiel wird das Goal "ic(ha,Z)" dadurch mit dem Prädikat
"ic(Von,Nach)" unifiziert, daß die Instanzierungen

    Von:=ha
    Nach:=:Z

vorgenommen werden[3].

Während bei den bislang beschriebenen Unifizierungen jeweils Argumente
von Prädikaten auf gleiche Zeichenmuster zu untersuchen waren, ist bei der
Unifizierung von Prädikaten, die Listen als Argumente enthalten, zusätzlich
die jeweilige Listenstruktur zu berücksichtigen.
Grundsätzlich gilt:

- Müssen Argumente von Prädikaten, welche die Struktur einer Liste
  besitzen, in Übereinstimmung gebracht (unifiziert) werden, so ist *zuerst* ein Abgleich für die Listenköpfe und *danach* ein Abgleich für die
  Listenrümpfe vorzunehmen.

Zum Beispiel läßt sich die Liste "[ a,b ]" mit der Liste "[ X | Y ]" durch die
folgenden Instanzierungen unifizieren:

    X:=a
    Y:=[ b ]

Entsprechend gilt[4]:

---

[3]Die Schreibweise "Nach:=:Z" ist willkürlich. Wir könnten auch "Z:=:Nach" angeben.
[4]Wir können dies mit dem im Abschnitt 6.3 beschriebenen Operator "=" testen.

| | | | | |
|---|---|---|---|---|
| [ ] | ist unifizierbar mit | X | durch | X:=[ ] |
| [ a,b,c ] | ist unifizierbar mit | [ X \| Y ] | durch | X:=a, Y:=[ b,c ] |
| [ a,b\| [ ] ] | ist unifizierbar mit | [ X \| Y ] | durch | X:=a, Y:=[ b ] |
| [ a ] | ist unifizierbar mit | [ X \| Y ] | durch | X:=a, Y:=[ ] |
| [ a,b,c ] | ist unifizierbar mit | [ X,Y,Z ] | durch | X:=a, Y:=b, Z:=c |
| [ a,b,c ] | ist unifizierbar mit | [ X \| Y ] | durch | X:=a, Y:=[ b,c ] |
| [ a,b\|[ c,d ] ] | ist unifizierbar mit | [ X,Y \| Z ] | durch | X:=a, Y:=b, Z:=[ c,d ] |
| [ a,b ] | ist unifizierbar mit | [ X \| [ Y ] ] | durch | X:=a, Y:=b |
| [ a,b,c ] | ist unifizierbar mit | [ X,Y\|[ Z ] ] | durch | X:=a, Y:=b, Z:=c |
| [ a,b ] | ist unifizierbar mit | [ X \|[ Y \| Z ] ] | durch | X:=a, Y:=b, Z:=[ ] |
| [ a,b ] | ist unifizierbar mit | X | durch | X:=[ a,b ] |

In den folgenden Fällen ist keine Unifizierung möglich:

| | | |
|---|---|---|
| [ ] | ist nicht unifizierbar mit | [ X \| Y ] |
| [ ] | ist nicht unifizierbar mit | [ X ] |
| [ a ] | ist nicht unifizierbar mit | [ X \| [ Y ] ] |
| [ a,b ] | ist nicht unifizierbar mit | [ X,Y,Z ] |
| [ a,b ] | ist nicht unifizierbar mit | [ X ] |

## 7.3  Ausgabe von Listenelementen

Bei der Liste "[ ma,kö ]" — gleichbedeutend mit "[ ma\|[ kö ] ]" — ist "ma"
der Listenkopf und "[ kö ]" der Listenrumpf. Fassen wir den Listenrumpf
"[ kö ]" wiederum als Liste auf, so besteht diese Liste aus dem Listenkopf
"kö" und dem Listenrumpf "[ ]", d.h. der leeren Liste, die keinen Listenkopf
und keinen Listenrumpf besitzt.

Verfahren wir im *allgemeinen* Fall ebenso wie in diesem Beispiel, so läßt
sich eine Liste mit den Listenelementen "zwi_1", "zwi_2",...,"zwi_n-1" und
"zwi_n" wie folgt als *Verschachtelung* von Listen auffassen:

```
[ zwi_1 |
    [ zwi_2 |
        [ zwi_3 |
            [ ... |
                [ zwi_n-1 |
                    [ zwi_n |
                        [ ]
                    ]] ... ]]]]
```

Diese Form der Darstellung erinnert an die Struktur des Ableitungsbaums
bei rekursiven Regeln, so daß wir eine Liste — gegenüber der in Abschnitt 7.1
angegebenen Vereinbarung — auch durch die folgende *rekursive* Vorschrift

definieren können:

[ ]                          ist eine Liste.

[ Kopf | Rumpf ]             ist eine Liste,    wenn "Rumpf" eine Liste und "Kopf" ein Wert des zugrundegelegten Wertebereichs ist[5].

Dies verdeutlicht, daß die Verarbeitung von Listen immer *rekursiv* zu erfolgen hat. Bei einer Liste ist daher stets das *erste* Listenelement, d.h. der Listenkopf, als *erstes* abzuspalten und für eine geeignete Instanzierung zu verwenden. Anschließend ist dieser Vorgang gegebenenfalls für den neuen Listenkopf der *Restliste* zu wiederholen. Dieser Vorgang muß solange fortgesetzt werden, bis das letzte Element der Liste abgespaltet ist, so daß der zur Restliste gehörende Listenrumpf mit der *leeren* Liste übereinstimmt. Somit muß die Rekursion durch die Unifizierung eines Prädikats beendet werden, das ein geeignetes *Abbruch-Kriterium* (etwa die erforderliche Unifizierung der leeren Liste) enthält.

Um die grundsätzliche Vorgehensweise bei der Verarbeitung von Listen zu demonstrieren, stellen wir uns zunächst die folgende Aufgabe:

- Es ist der Inhalt einer Liste am Bildschirm anzuzeigen, wobei die Listenelemente einzeln untereinander auszugeben sind (AUF17).

Somit sollen z.B. die Elemente der Liste "[ a,b ]" in der Form

a

b

angezeigt werden.

Wir vereinbaren zunächst das Prädikat, durch dessen Unifizierung die Ausgabe der Listenelemente vorgenommen werden soll. Dazu wählen wir den Prädikatsnamen *"ausgabe_listenelemente"*. Als Argument muß dieses Prädikat diejenige Liste enthalten, deren Elemente auszugeben sind.

Um eine *rekursive* Vorschrift für die Lösung der Aufgabenstellung angeben zu können, machen wir uns die Vorgehensweise zunächst an der Liste "[ a,b ]" mit zwei Listenelementen klar:

- Zunächst ist der Listenkopf "a" geeignet zu instanzieren. Anschließend ist dieser instanzierte Wert anzuzeigen und von der Liste *abzuspal-*

---

[5]Auf der Basis des Sachverhalts, der durch Abb. 1.1 gekennzeichnet ist, besteht der zugehörige Wertebereich aus den Werten "ha", "kö", "fu", "mü" und "ma".

*ten.* Danach ist vom resultierenden Listenrumpf "[ b ]" wiederum der Listenkopf "b" zu instanzieren, auszugeben und von der Liste *abzuspalten.* Da der daraus resultierende Listenrumpf mit der *leeren* Liste übereinstimmt, kann *kein* weiteres Element mehr abgespaltet werden, so daß die Ableitbarkeits-Prüfung zu beenden ist.

Als *Grundidee* für eine generelle Lösung entwickeln wir aus diesem Beispiel die folgende Vorschrift:

- Wenn eine Liste von der *leeren* Liste verschieden ist, so besitzt sie einen Listenkopf und einen Listenrumpf. Es ist der Listenkopf geeignet zu instanzieren, anzuzeigen und von der Liste abzutrennen. Sofern der daraus resultierende Listenrumpf *ungleich* der *leeren* Liste ist, muß dieser *Listenrumpf* erneut in einen *Listenkopf* und einen *Listenrumpf* gegliedert werden. Anschließend ist wiederum der Listenkopf zu instanzieren, anzuzeigen und abzuspalten. Dieser Prozeß ist solange fortzusetzen, bis der resultierende Listenrumpf nicht mehr in Kopf und Rumpf aufgeteilt werden kann. Dies ist dann der Fall, wenn der Listenrumpf mit der *leeren* Liste übereinstimmt.

Diese Beschreibung kennzeichnet, wie die Verarbeitung einer Liste *schrittweise* auf die jeweils erforderliche Verarbeitung des um den ursprünglichen Listenkopf reduzierten Listenrumpfs zurückgeführt werden muß. Indem wir diese Beschreibung formalisieren und eine von der leeren Liste verschiedene Liste durch die beiden Variablen "Kopf" und "Rumpf" in der Form "[ Kopf |Rumpf ]" kennzeichnen, erhalten wir die folgende Vorschrift:

- Das Prädikat "ausgabe_listenelemente([ Kopf |Rumpf ])" soll dann unifizierbar sein, wenn die Variable "Kopf" mit einem Listenkopf und die Variable "Rumpf" mit dem zugehörigen Listenrumpf instanziert werden kann. Nach der Ausgabe des instanzierten Listenkopfes muß das Prädikat "ausgabe_listenelemente" mit dem instanzierten Wert der Variablen "Rumpf" — als der aus der Abspaltung resultierenden Restliste — wiederum abgeleitet werden können.

Diese verbale Beschreibung für das Prädikat "ausgabe_listenelemente" läßt sich wie folgt als *rekursive* Regel angeben:

```
ausgabe_listenelemente([ Kopf|Rumpf ]):-
     write(Kopf),nl,
     ausgabe_listenelemente(Rumpf).
```

Die Rekursion ist dann zu beenden, wenn die Variable "Rumpf" letztendlich mit der *leeren* Liste instanziert wird. Folglich kann der Fakt

```
ausgabe_listenelemente([ ]).
```

als *Abbruch-Kriterium* der rekursiven Regel dienen.

Somit können wir das Prädikat "ausgabe_listenelemente" insgesamt durch die beiden oben angegebenen Klauseln kennzeichnen und als Lösung der Aufgabenstellung AUF17 das folgende Programm angeben:

```
/* AUF17: */

/* Anforderung zur Eingabe einer Liste in der Form
"[ a_1,a_2,a_3,...,a_n ]"
über internes Goal mit dem Standard-Prädikat "ttyread"
und zeilenweise Ausgabe der Listenelemente
mit dem Prädikat "ausgabe_listenelemente" */

ausgabe_listenelemente([ ]).
ausgabe_listenelemente([ Kopf | Rumpf ]):-
        write(Kopf),nl,
        ausgabe_listenelemente(Rumpf).


:- write(' Gib Liste: '),nl,
        ttyread(Liste),ausgabe_listenelemente(Liste).
```

Geben wir bei der Programmausführung[6] auf die Eingabeanforderung hin z.B. die Liste

        [ ha,kö,ma,fr ].

ein, so werden die Werte

        ha
        kö

---

[6]Im "Turbo Prolog"-System müssen wir hinter dem Schlüsselwort "domains" z.B. die Angabe "elemente=symbol*" und hinter dem Schlüsselwort "predicates" die Angabe "ausgabe_listenelement(elemente)" machen. Zum Einlesen der Liste setzen wir das Standard-Prädikat *"readterm"* in der Form *"readterm(elemente,Liste)"* ein. Die einzugebenden Listenelemente müssen durch die öffnende eckige Klammer "[" eingeleitet und durch die schließende eckige Klammer "]" beendet werden. Die Listenelemente sind jeweils in Anführungszeichen """" einzuschließen und durch Kommata "," voneinander zu trennen (siehe im Anhang unter A.4).

        ma
        fr

als Ergebnis angezeigt.

Mit der Lösung dieser Aufgabenstellung haben wir ein erstes Beispiel für die Verarbeitung von Listen kennengelernt. Dabei wurde die Ableitung des Prädikats "ausgabe_listenelemente", dessen Argument eine Liste ist, *sukzessiv* auf die Ableitung desselben Prädikats mit einer um *ein* Element *reduzierten* Liste zurückgeführt.

- Dieses Vorgehen ist *charakteristisch* für die Verarbeitung von Listen. Es wird stets versucht, eine Lösungsbeschreibung dadurch zu entwickeln, daß in einer Regel eine Beziehung zwischen zwei Prädikaten — mit Listen als Argumenten — hergestellt wird. Dabei hat *eines* der beiden Prädikate die *ursprüngliche* Liste als Argument, während das Argument des anderen Prädikats eine Liste enthält, die aus dem *Listenrumpf* der *ursprünglichen* Liste besteht. Die zugehörige Regel enthält eines dieser Prädikate im Regelkopf und das andere Prädikat im Regelrumpf. Sie ist also *rekursiv*, so daß stets ein geeignetes *Abbruch-Kriterium* anzugeben ist.

## 7.4  Aufbau von Listen

Wir vertiefen unsere Kenntnisse über die Verarbeitung von Listen, indem wir uns die folgende Aufgabe stellen:

- Es soll eine Liste aus einer *vorzugebenden* Anzahl von ganzzahligen Elementen aufgebaut werden, deren Listenelemente nacheinander über die Tastatur bereitzustellen sind (AUF18).

Zur Lösung dieser Aufgabenstellung setzen wir das — in Kapitel 6 entwickelte — Prädikat "bestimme" ein, das durch die folgende Regel festgelegt ist:

```
bestimme(Kriterium,Rest_Eingabe,Wert):-
    nl,write(' Gib Wert: '),
    ttyread(Wert),
    Kriterium is Rest_Eingabe-1.
```

Sofern die Variable "Rest_Eingabe" mit der Anzahl der einzulesenden Elemente instanziert ist, erfolgt die Instanzierung der Variablen "Wert" und "Kriterium" wie folgt:

Durch die Ableitung des Prädikats "bestimme" wird die Variable "Wert" mit einer über die Tastatur einzulesenden ganzen Zahl instanziert. Die Variable "Kriterium" erhält als Instanzierung den Wert, der sich aus dem instanzierten Wert der Variablen "Rest_Eingabe" durch die Verminderung um den Wert "1" ergibt.

Die Lösung der Aufgabenstellung AUF18 soll durch ein Prädikat "bau_liste" geleistet werden. Um geeignete Regeln für dieses Prädikat entwickeln zu können, skizzieren wir zunächst den Aufbau einer Liste mit den Listenelementen "1", "2" und "3"[7]:

| | |
|---|---|
| Basisliste: | [ ] |
| Basisliste nach Ergänzung des Werts "1": | [ 1 \| [ ] ] |
| Basisliste nach Ergänzung des Werts "2": | [ 2 \| [ 1 ] ] |
| Basisliste nach Ergänzung des Werts "3": | [ 3 \| [ 2,1 ] ] |

So soll z.B. die Liste "[ 3 \|[ 2,1 ] ]" aus der Basisliste "[ 2,1 ]" erhalten werden, indem der Wert "3", der durch die Instanzierung der Variablen "Wert" des Prädikats "bestimme" bereitgestellt wird, als Listenkopf *vor* die Basisliste einzufügen ist. Dies zeigt, daß das jeweils durch die Unifizierung des Prädikats "bestimme" bereitgestellte Element als Listenkopf zur Basisliste hinzuzufügen ist, damit daraus eine neue — *erweiterte* — Basisliste entsteht, mit der anschließend wiederum in gleicher Weise zu verfahren ist.

Im Gegensatz zu dem Prädikat "ausgabe_listenelemente" muß jetzt eine Liste *nicht* um den Listenkopf *reduziert* werden, sondern es ist ein weiterer Wert als *neuer* Listenkopf *hinzuzufügen*. Aus dem angegebenen Beispiel erkennen wir, daß die rekursive Regel für das Prädikat "bau_liste" die folgende Struktur besitzen muß[8]:

```
bau_liste(...,Basisliste,...):-
        bestimme(Kriterium,Rest_Eingabe,Wert),
        bau_liste(...,[ Wert|Basisliste ],...).
```

Neben dieser Vorschrift für den Aufbau der Liste müssen wir für das Prädikat "bau_liste" noch zwei weitere Argumente vorsehen:

- Über das 1. Argument soll gesteuert werden, ob der Aufbau der Liste weiterzuführen oder aber zu beenden ist, und

---

[7] Diese Elemente sind *sukzessiv* — durch die Unifizierung des Prädikats "bestimme" — über die Tastatur-Eingabe bereitzustellen.

[8] Wir wählen für den Listenaufbau statt der Variablennamen "Kopf" und "Rumpf" die Namen "Wert" und "Basisliste", vgl. das Prädikat "ausgabe_listenelemente".

- über das 3. Argument soll am Ende der Ableitbarkeits-Prüfung die resultierende Gesamtliste instanziert werden.

Im Hinblick auf die Struktur des Prädikats "bestimme" ist somit die folgende *rekursive* Regel für das Prädikat "bau_liste" sinnvoll:

```
bau_liste(Rest_Eingabe,Basisliste,Ergebnis):-
      bestimme(Kriterium,Rest_Eingabe,Wert),
      bau_liste(Kriterium,[ Wert I Basisliste ],Ergebnis).
```

Die Rekursion muß dann enden, wenn bei der Ableitung des Prädikats "bestimme" die Variable "Kriterium" durch den Wert "0" — als Anzahl der noch einzugebenden Werte — instanziert wird. Für diesen Fall ist eine geeignete Klausel als *Abbruch-Kriterium* für das *rekursive* Prädikat "bau_liste" vorzusehen.

Da sich zum Zeitpunkt des Abbruchs die gesamte aufzubauende Liste als Instanzierung des 2. Arguments des Prädikats "bau_liste" darstellt, muß diese Instanzierung an das 3. Argument weitergereicht werden. Dies läßt sich dadurch erreichen, daß wir für die Variablen an der 2. und 3. Argument-Position *identische* Namen vergeben, so daß wir folgenden Fakt als *Abbruch-Kriterium* für die *rekursive* Regel des Prädikats "bau_liste" formulieren können:

```
bau_liste(0,Gesamt,Gesamt).
```

Fassen wir die beiden angegebenen Klauseln zusammen, so stellt sich das Prädikat "bau_liste" wie folgt dar:

```
bau_liste(0,Gesamt,Gesamt).
bau_liste(Rest_Eingabe,Basisliste,Ergebnis):-
      bestimme(Kriterium,Rest_Eingabe,Wert),
      bau_liste(Kriterium,[ Wert I Basisliste ],Ergebnis).
```

Wir fordern den Listenaufbau über das interne Goal ":-anforderung." an. Im Regelrumpf des Prädikats "anforderung" führen wir das Subgoal "bau_liste(Anzahl,[ ],Resultat)" auf. Das 2. Argument enthält die *leere* Liste als Ausgangs-Basisliste für den Listenaufbau.

Hieraus ergibt sich das folgende Programm als Lösung der Aufgabenstellung
AUF18:

```
/* AUF18: */
/* Aufbau einer Liste;
Anforderung zur Eingabe der Anzahl der
Listenelemente und der einzelnen Elemente
über internes Goal mit dem Standard-Prädikat "ttyread" */
    bau_liste(0,Gesamt,Gesamt).
    bau_liste(Rest_Eingabe,Basisliste,Ergebnis):-
            bestimme(Kriterium,Rest_Eingabe,Wert),
            bau_liste(Kriterium,[Wert|Basisliste],Ergebnis).

    bestimme(Kriterium,Rest_Eingabe,Wert):-
            nl,write(' Gib Wert: '),
            ttyread(Wert),
            Kriterium is Rest_Eingabe-1.

    anforderung:-nl,write(' Gib Anzahl der Elemente: '),
            ttyread(Anzahl),
            bau_liste(Anzahl,[ ],Resultat),
            nl,write(' erstellte Liste: ',Resultat).

    :- anforderung.
```

Wird bei der Programmausführung[9] auf die Anforderung

>     Gib Anzahl der Elemente:

hin die Zahlen-Konstante "3" als Wert eingegeben, so fordern wir dadurch
den Aufbau einer Liste mit 3 Elementen an, der durch die Ableitung des
Subgoals

>     bau_liste(Anzahl,[ ],Resultat)

(die Variable "Anzahl" ist mit dem Wert 3 instanziert, d.h. es gilt:
Anzahl:=3) vorgenommen wird.

---

[9]Im "Turbo Prolog"-System müssen wir im Vereinbarungsteil hinter "domains" die
Angabe "liste=integer*" machen. Zum Einlesen der ganzzahligen Werte geben wir
"readint(Wert)" und "readint(Anzahl)" an. Außerdem müssen wir den Operator "is"
durch das Zeichen "=" ersetzen und das Argument des Prädikats "write" in Anführungszeichen "" einschließen (siehe im Anhang unter A.4).

Um das Verständnis für die Verarbeitung von Listen zu vertiefen, stellen wir
nachfolgend dar, wie die Ableitbarkeits-Prüfung dieses Subgoals im *einzelnen*
durchgeführt wird[10].
Die Unifizierung des aktuellen Subgoals "bau_liste(3,[ ],Resultat)" wird —
im 1. Schritt — mit dem 2. Regelkopf durch die Instanzierungen

>     Rest_Eingabe:=3
>     Basisliste:=[ ]
>     Ergebnis:=:Resultat

vorgenommen. Vor der Ableitbarkeits-Prüfung stellt sich damit das Prädikat
"bestimme" wie folgt dar:

>     bestimme(Kriterium,3,Wert)

Beantworten wir — bei der Ableitbarkeits-Prüfung des Subgoals "bestimme"
— die Anforderung zur Eingabe des 1. Listenelements durch den Wert "1", so
erhalten wir am Ende der Ableitung des Subgoals "bestimme" die folgenden
Instanzierungen[11]:

>     Kriterium:=Rest_Eingabe−1=3−1=2
>     Wert:=1

Damit ergibt sich als neues *Subgoal:*

>     bau_liste(2,[ 1 | Basisliste],Ergebnis)

Dieses Subgoal ist — auf der Basis eines *neuen* Exemplars der Wiba — durch
den 2. Regelkopf wiederum unifizierbar mit den folgenden Instanzierungen[12]:

---

[10]Bei den nachfolgend aufgeführten Prädikaten geben wir für bestimmte Argumente —
aus Gründen einer besseren Übersicht — anstelle der Variablen deren instanzierte Werte
an.

[11]Die Variablen "Kriterium" des Parent-Goals "bestimme(Kriterium,3,Wert)" und
des Prädikats "bestimme(Kriterium,Rest_Eingabe,Wert)" im Rumpf der 2. Regel von
"bau_liste" bilden einen *"Pakt"*. Dies bedeutet, daß der Wert, mit dem die Variable
"Kriterium" bei der Ableitung des Subgoals — später — instanziert wird, an die gleichnamige Variable im Parent-Goal weitergereicht wird.

[12]Die Indizierung mit dem Index "_1" geben wir deswegen in der Form "Rest_Eingabe_1",
"Basisliste_1" und "Ergebnis_1" an, weil der Ableitungs-Versuch mit dem 1. *neuen* Exemplar der Wiba erfolgt. Entsprechend werden wir auch die Variablen des 2. *neuen* Exemplars
der Wiba indizieren.

    Rest_Eingabe_1:=2
    Basisliste_1:=:[ 1 | Basisliste ]
    Ergebnis_1:=:Ergebnis

Nach der 2. Ableitbarkeits-Prüfung des Subgoals "bestimme" haben wir —
bei der Eingabe des Werts "2" für das 2. Listenelement — die folgenden
Instanzierungen:

    Kriterium_1:=Rest_Eingabe_1−1=2−1=1
    Wert_1:=2

Es ergibt sich als *neues* Subgoal:

    bau_liste(1,[ 2 | Basisliste_1 ],Ergebnis_1)

Dieses Subgoal ist — auf der Basis eines *neuen* Exemplars der Wiba —
wiederum unifizierbar durch den 2. Regelkopf mit den Instanzierungen:

    Rest_Eingabe_2:=1
    Basisliste_2:=:[ 2 | Basisliste_1 ]
    Ergebnis_2:=:Ergebnis_1

Da nach der obigen Annahme die 3. Unifizierung des Subgoals "bestimme"
zu den Instanzierungen

    Kriterium_2:=Rest_Eingabe_2−1=1−1=0
    Wert_2:=3

führt, ergibt sich als *neues* Subgoal:

    bau_liste(0,[ 3 | Basisliste_2 ],Ergebnis_2)

Dieses Subgoal ist durch den 1. Regelkopf unifizierbar, wobei für die beiden
letzten Argumente der folgende Pakt mit der Variablen "Gesamt" geschlossen wird:

    Gesamt:=:[ 3 | Basisliste_2 ]
    Gesamt:=:Ergebnis_2

Damit ist die Ableitbarkeit des ursprünglichen Subgoals "bau_liste(3,[ ], Resultat)" nachgewiesen. Durch die oben angegebenen Instanzierungen sind die folgenden Größen miteinander verbunden:

$$\text{Gesamt:=:[ 3 | Basisliste\_2 ]:=:[ 3 | [ 2 | Basisliste\_1 ] ]:=:}$$
$$[ 3 | [ 2 | [ 1 | \text{Basisliste}] ] ]:=[ 3 |[ 2 | [ 1 | [ ] ] ] ]$$

$$\text{Gesamt:=:Ergebnis\_2:=:Ergebnis\_1:=:Ergebnis:=:Resultat}$$

Also ist die Variable "Resultat" des Subgoals "bau_liste(3,[ ],Resultat)" über die Variable "Gesamt" des Fakts "bau_liste(0,Gesamt,Gesamt)." mit der folgenden Liste instanziert:

$$\text{Resultat:=[ 3 | [2 | [ 1 | [ ] ] ] ]}$$

Diese Liste ist gleichbedeutend mit:

$$\text{Resultat:=[ 3,2,1 ]}$$

Somit haben wir durch die Unifizierung des Subgoals

bau_liste(3,[ ],Resultat)

eine Liste mit den Werten "3", "2" und "1" als Instanzierung der Variablen "Resultat" aufgebaut. Dabei ist das zur leeren Liste als erstes hinzugefügte Element "1" zum *letzten* Element, das als zweites hinzugefügte Element "2" zum *vorletzten* Element und das zuletzt hinzugefügte Element "3" zum *ersten* Element der Liste geworden.

Wird eine andere Reihenfolge der Listenelemente gewünscht, so müssen die Elemente entsprechend eingegeben werden. Alternativ besteht die Möglichkeit, eine Liste durch ein geeignet zu entwickelndes Prädikat in die gewünschte Form "umbauen" zu lassen (siehe unten).

## 7.5   Anwendung des Prinzips zum Aufbau von Listen

Wir knüpfen an die zu Beginn dieses Kapitels dargestellten Erörterungen im Hinblick auf die Ausgabe der tatsächlichen Zwischenstationen zwischen Abfahrts- und Ankunftsort an und formulieren die folgende Aufgabenstellung:

- Es sollen Anfragen nach IC-Verbindungen durch die Eingabe von Abfahrts- und Ankunftsort beantwortet werden. Dabei sind die *tatsächlichen* Zwischenstationen anzuzeigen, sofern die angefragte IC-Verbindung existiert und keine Direktverbindung ist (AUF19).

Zur Lösung dieser Aufgabenstellung sind die bei früheren Aufgabenlösungen verwendeten Regeln

```
ic(Von,Nach):-dic(Von,Nach).
ic(Von,Nach):-dic(Von,Z),ic(Z,Nach).
```

geeignet abzuändern, damit die Zwischenstationen als Instanzierungen der Variablen "Z" in einer Liste gesammelt werden können. Da wir zur Lösung der Aufgabenstellung eine Liste aufbauen müssen, werden wir die Struktur der oben entwickelten Klauseln

```
bau_liste(0,Gesamt,Gesamt).
bau_liste(Rest_Eingabe,Basisliste,Ergebnis):-
      bestimme(Kriterium,Rest_Eingabe,Wert),
      bau_liste(Kriterium,[ Wert | Basisliste ],Ergebnis).
```

übernehmen und die Regeln für das Prädikat "ic" geeignet modifizieren.
Da das *Abbruch-Kriterium* dadurch gegeben ist, daß eine Direktverbindung von der *letzten* Zwischenstation zum Ankunftsort hergestellt werden kann, muß die Regel, welche die Rekursion *beenden* soll, wie folgt lauten:

```
ic(Von,Nach,Gesamt,Gesamt):-dic(Von,Nach).
```

Entsprechend der 2. Klausel mit dem Regelkopf "bau_liste" läßt sich die Regel zum Aufbau der Liste für das Prädikat "ic" wie folgt übertragen:

```
ic(Von,Nach,Basisliste,Ergebnis):-dic(Von,Z),
      ic(Z,Nach,[Z | Basisliste ],Ergebnis).
```

Damit die Liste mit den Zwischenstationen aufgebaut werden kann, müssen wir das ursprüngliche Subgoal "ic(Von,Nach)", das im Programm AUF6 angegeben ist, in "ic(Von,Nach, [ ],Resultat)" umformen.
Ändern wir im Programm AUF6 das Prädikat "ic" in der soeben beschriebenen Form, so erhalten wir das folgende PROLOG-Programm zur Lösung der Aufgabenstellung AUF19:

```prolog
/* AUF19: */

/* Anfrage nach IC-Verbindungen;
Anforderung zur Eingabe von Abfahrts- und Ankunftsort
über internes Goal mit dem Prädikat "anfrage";
Festhalten der möglichen Zwischenstationen
in einer Liste mit anschließender Ausgabe der Listenelemente;
dabei werden bei mehr als einer Zwischenstation
die Zwischenstationen nicht in der
tatsächlichen Reihenfolge ausgegeben;
Bezugsrahmen: Abb. 3.3 */

    dic(ha,kö).
    dic(ha,fu).
    dic(kö,ka).
    dic(kö,ma).
    dic(fu,mü).
    dic(ma,fr).

    ic(Von,Nach,Gesamt,Gesamt):-dic(Von,Nach).
    ic(Von,Nach,Basisliste,Ergebnis):-dic(Von,Z),
          ic(Z,Nach,[Z|Basisliste],Ergebnis).

    anfrage:-write(' Gib Abfahrtsort: '),nl,
          ttyread(Von),
          write(' Gib Ankunftsort: '),nl,
          ttyread(Nach),
          ic(Von,Nach,[ ],Resultat),
          write(' IC-Verbindung existiert '),nl,
          !,
          not(Resultat=[ ]),
          write(' Liste der Zwischenstationen: '),nl,
          ausgabe_listenelemente(Resultat),nl.
    anfrage:-write(' IC-Verbindung existiert nicht '),nl.

    ausgabe_listenelemente([ ]).
    ausgabe_listenelemente([ Kopf | Rumpf ]):-
          write(Kopf),nl,
          ausgabe_listenelemente(Rumpf).

    :- anfrage.
```

Führen wir dieses Programm aus, und geben wir die Werte "ha" und "fr"
ein, so erhalten wir das folgende Dialog-Protokoll angezeigt[13]:

```
?- [ 'auf19' ].
Gib Abfahrtsort:
ha.
Gib Ankunftsort:
fr.
IC-Verbindung existiert
Liste der Zwischenstationen:
ma
kö
yes
```

Bei dieser Programmausführung wird "[ ma,kö ]" als Liste mit den Zwischenstationen ermittelt. Dies demonstrieren wir durch die folgende Kurz-
beschreibung der Ableitbarkeits-Prüfung des Subgoals

```
ic(Von,Nach,[ ],Resultat)
```

für die Instanzierungen der Variablen "Von" mit "ha" ("Von:=ha") und der
Variablen "Nach" mit "fr" ("Nach:=fr"):

```
ic(ha,fr,[ ],Resultat) ist ableitbar, wenn der Regelkopf
ic(Von,Nach,Basisliste,Ergebnis)
   durch die Unifizierung mit
ic(ha,fr,[ ],Resultat) ableitbar ist, d.h.
wenn das Subgoal
   ic(kö,fr,[kö | [ ] ],Ergebnis) ableitbar ist, d.h.
   wenn der Regelkopf
      ic(Von_1,Nach_1,Basisliste_1,Ergebnis_1)
         durch die Unifizierung mit
      ic(kö,fr,[kö | [ ] ],Ergebnis) ableitbar ist, d.h.
      wenn das Subgoal
         ic(ma,fr,[ma | [ kö |[ ] ] ],Ergebnis_1) ableitbar ist, d.h.
         wenn der Regelkopf
            ic(Von_2,Nach_2,Gesamt_2,Gesamt_2)
```

---

[13]Zum Einlesen des Abfahrts- und Ankunftsortes müssen wir im "Turbo Prolog"-System
das Standard-Prädikat "readln" z.B. in der Form "readln(Von)" einsetzen (siehe im Anhang unter  A.4).

> durch die Unifizierung mit
>
> ic(ma,fr,[ma | [ kö | [ ] ] ],Ergebnis_1) ableitbar ist, d.h.
>
> wenn das Subgoal
>
> dic(ma,fr) ableitbar ist.

Da das Programm den Fakt "dic(ma,fr)." enthält, ist somit das Subgoal "dic(ma,fr)" ableitbar. Folglich wird das 3. Argument — die Variable "Gesamt_2" — im Abbruch-Kriterium

ic(Von_2,Nach_2,Gesamt_2,Gesamt_2):-dic(Von_2,Nach_2).

mit dem gleichnamigen 4. Argument instanziert, so daß gilt:

[ma|[ kö|[ ] ] ]:=:Gesamt_2:=: Ergebnis_1:=:Ergebnis:=:Resultat

Folglich wird die Variable "Resultat" des Subgoals "ic(ha,fr,[ ], Resultat)" mit der Liste "[ ma | [ kö | [ ] ] ]", d.h. mit "[ ma,kö ]", instanziert.

Abschließend stellen wir nochmals die Struktur der Argumente in den Prädikaten für die Verarbeitung und den Aufbau einer Liste schematisch dar:

| Verarbeitung von Listenelementen | Listen-Aufbau |
| --- | --- |
| *prädikat*(...,[Kopf\|Rumpf],...):-<br>...<br>*prädikat*(...,Rumpf,...),<br>...<br>. | *prädikat*(...,Rumpf,...):-<br>...<br>*prädikat*(...,[Kopf\|Rumpf],...),<br>...<br>. |

## 7.6  Prädikate zur Verarbeitung von Listen

Durch die Ausführung des Programms AUF19 ließen sich durch die Ableitung des Subgoals "ic(Von,Nach,[ ],Resultat)" die *tatsächlichen* Zwischenstationen innerhalb einer Liste sammeln, mit der die Variable "Resultat" instanziert wurde. Die Ausgabe der Listenelemente erfolgte durch die Ableitung des Subgoals "ausgabe_listenelemente(Resultat)". Dabei wurden die Zwischenstationen in *umgekehrter* Reihenfolge angezeigt. So wurde z.B. nicht die Liste "[ kö,ma ]", sondern "[ ma,kö ]" als Liste der Zwischenstationen von "ha" nach "fr" ermittelt.

Wir erweitern deshalb die Aufgabenstellung AUF19,

- indem wir uns die Zwischenstationen einer abgeleiteten IC-Verbindung in der *richtigen* Reihenfolge anzeigen lassen wollen (AUF20).

Bevor wir diese Aufgabenstellung lösen, werden wir zunächst die Prädikate *"anfüge"* und *"umkehre"* entwickeln. Diese Prädikate spielen eine zentrale Rolle bei der Verarbeitung von Listen.

## 7.6.1 Anfügen von Listen

Um die Listenelemente zweier Listen aneinanderzureihen, muß die *eine* Liste in geeigneter Form an die *andere* Liste angefügt werden.

So soll z.B. aus dem Anfügen der Liste "[ c,d ]" an die Liste "[ a,b ]" die Liste "[ a,b,c,d ]" entstehen.

Um diese Anfügung erreichen zu können, müssen die Listen "[ a,b ]" und "[ c,d ]" als Argumente eines Prädikats aufgeführt werden, und durch die Unifizierung dieses Prädikats muß ein weiteres Argument mit dem Ergebnis "[ a,b,c,d ]" instanziert werden. Wir stellen uns daher die Aufgabe,

- ein Prädikat namens *"anfüge"* zu entwickeln, bei dessen Unifizierung eine Liste an eine andere Liste angefügt wird[14]. Dabei soll eine an 3. Argumentposition aufgeführte Variable mit derjenigen Liste instanziert werden, deren Listenlemente sich durch die Aneinanderreihung der Elemente einer ersten Liste (an 2. Argumentposition) an die Listenlemente einer 2. Liste (an 1. Argumentposition) ergibt (AUF21).

Wir kennzeichnen den für diese drei Listen geforderten Sachverhalt durch die folgende Skizze:

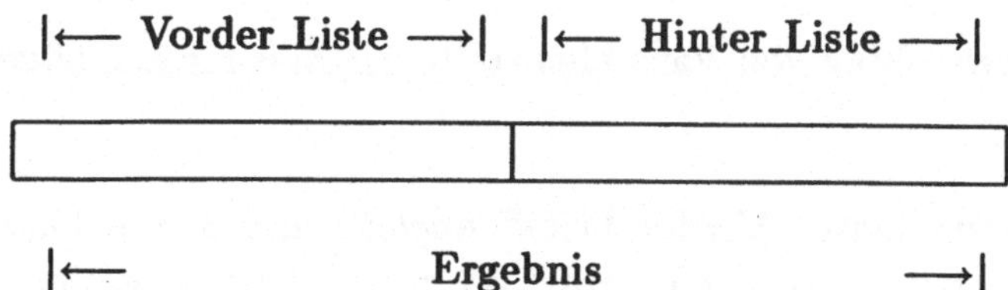


---



[14]Im System "IF/Prolog" leistet dies das Standard-Prädikat *"append"*.

Zum Beispiel muß die Unifizierung des Prädikats

    anfüge(Vorder_Liste,Hinter_Liste,Ergebnis)

auf der Basis der Instanzierungen

    Vorder_Liste:=[ a,b ]
    Hinter_Liste:=[ c,d ]

zur folgenden Instanzierung der Variablen "Ergebnis" führen:

    Ergebnis:=[ a,b,c,d ]

Um die *Grundidee* zur Angabe einer *rekursiven* Regel für das Prädikat "anfüge" zu entwickeln, betrachten wir das folgende Schema:

| Vorder_Liste | Hinter_Liste | Ergebnis |
|:---:|:---:|:---:|
| [ ] | [ c,d ] | [ c,d ] |
| [ b|[ ] ] | [ c,d ] | [ b|[ c,d ] ] |
| [ a|[ b ] ] | [ c,d ] | [ a|[ b,c,d ] ] |

Indem wir die Situation in der letzten Zeile auf den Inhalt der vorletzten Zeile *zurückführen*, läßt sich folgendes feststellen:

Aus dem Anfügen von "[ c,d ]" an "[ a|[ b ] ]" entsteht "[ a|[ b,c,d ] ]", **dann,**
**wenn** "[ b,c,d ]" durch die Anfügung von "[ c,d ]" an "[ b ]" erhalten wird.

Durch die Verwendung von Variablen stellt sich dies für den allgemeinen Fall wie folgt dar:

- Sofern eine Liste "Vorder_Liste" *ungleich* der *leeren* Liste und somit von der Form "[Kopf |Rumpf]" ist, muß folgendes gelten:

> Aus dem Anfügen von "Hinter_Liste" – ("[ c,d ]") – an "[Kopf|Rumpf]"
> – ("[a|[b]]") – entsteht **dann**
> "[Kopf|[Ergebnis]]" – ("[a|[b,c,d]]") –,
> **wenn** die Liste "Ergebnis" – ("[ b,c,d ]") – durch die Anfügung von
> "Hinter_Liste" – ("[ c,d ]") – an "Rumpf" – ("[ b ]") – erhalten wird.

Für das Prädikat "anfüge" muß somit die folgende Regel zutreffen:

```
anfüge([ Kopf|Rumpf ],Hinter_Liste,[ Kopf| Ergebnis ]):-
       anfüge(Rumpf,Hinter_Liste,Ergebnis).
```

Bei der hierdurch beschriebenen Rekursion wird *schrittweise* der jeweilige
Listenkopf von derjenigen Liste *abgespaltet*, die an der 1. Argument-Position
aufgeführt ist.  Die Rekursion ist folglich dann zu beenden, wenn das 1.
Argument von "anfüge" gleich der *leeren* Liste ist. In diesem Fall muß durch
Anfügen von "Hinter_Liste" an die *leere* Liste wiederum "Hinter_Liste" als
Ergebnis erhalten werden.

Demnach läßt sich die folgende Klausel als *Abbruch-Kriterium* für die rekursive Regel angeben:

```
anfüge([ ],Hinter_Liste,Hinter_Liste).
```

Durch die Unifizierung dieser Klausel lassen sich über das 2. und 3. Argument — wie in Abschnitt 7.4 für das Prädikat "bau_liste" beschrieben — die
jeweiligen Instanzierungen *verbinden*, da *gleichnamige* Argumente innerhalb
einer Klausel einen *Pakt* bilden.
Wir überprüfen unsere Lösung der Aufgabenstellung AUF21 durch das folgende Programm, in dem wir das Prädikat "anfüge" im Regelrumpf des
Prädikats "anfrage" als Subgoal einsetzen[15]:

```
/* AUF21: */
/* Anfügen einer Liste an eine andere Liste
mit dem Prädikat "anfüge";
Anforderung zur Eingabe einer Liste in der Form
"[a_1,a_2,a_3,...,a_n]"
über externes Goal mit dem Prädikat "anfrage"
(mit dem Standard-Prädikat "ttyread") */
```

---

[15]Dabei soll die Ableitung des Goals "anfrage" die Eingabe der beiden aneinander anzufügenden Listen und die Ausgabe der resultierenden Liste bewirken (siehe im Anhang
unter A.4).

```
/* AUF21: */
    anfüge([ ],Hinter_Liste,Hinter_Liste).
    anfüge([Kopf | Rumpf],Hinter_Liste,[Kopf | Ergebnis]):-
            anfüge(Rumpf,Hinter_Liste,Ergebnis).

    anfrage:-write(' Gib Hinter_Liste: '),nl,
            ttyread(Hinter_Liste),
            write(' Gib Vorder_Liste: '),nl,
            ttyread(Vorder_Liste),
            anfüge(Vorder_Liste,Hinter_Liste,Resultat),
            write(Resultat),nl.
```

Durch die Ausführung dieses Programms erhalten wir z.B. nach der Eingabe
der Listen "[ a,b ]" und "[ c,d ]" in der Form

        Gib Hinter_Liste:
        [ c,d ].
        Gib Vorder_Liste:
        [ a,b ].

die Liste

        [ a,b,c,d ]

als Instanzierung der Variablen "Resultat" des Subgoals

        anfüge(Vorder_Liste,Hinter_Liste,Resultat)

angezeigt (Vorder_Liste:=[ a,b ], Hinter_Liste:=[ c,d ]).
Wir demonstrieren die Ableitung dieses Subgoals durch den folgenden
Ableitungsbaum[16]:

---

[16] Durch die Indizes "_1" und "_2" sind die Variablen-Exemplare des jeweils 1. bzw. 2.
Exemplars der Wiba gekennzeichnet. Wir kennzeichnen dabei die im Programm verwendeten Variablen durch ihren Anfangsbuchstaben.

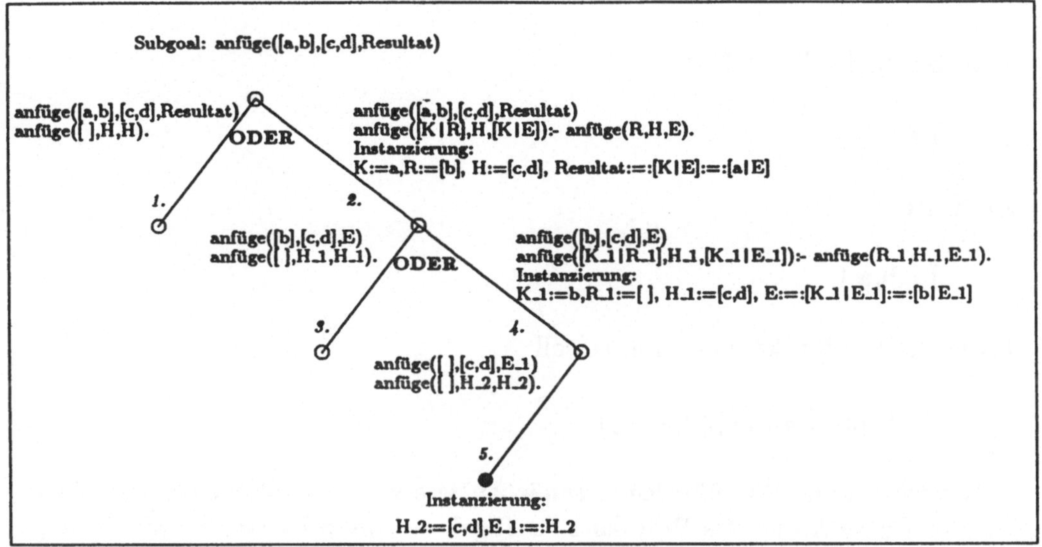


**Abb. 7.1**

Zusammenfassend gelten die folgenden Instanzierungen:

$$E\_1 :=: H\_2 := [\,c,d\,]$$
$$E :=: [\,K\_1|E\_1\,] :=: [\,b|E\_1\,] := [\,b|[\,c,d\,]\,] = [\,b,c,d\,]$$
$$\text{Resultat} :=: [\,K|E\,] :=: [\,a|E\,] := [\,a|[\,b,c,d\,]\,] = [\,a,b,c,d\,]$$

**Nach der Ableitung des Subgoals**

$$\text{anfüge}([\,a,b\,],[\,c,d\,],\text{Resultat})$$

ist somit die Variable "Resultat" durch die Liste "[ a,b,c,d ]" instanziert.

## 7.6.2  Invertierung von Listen

Nachdem wir kennengelernt haben, wie wir mit Hilfe des Prädikats *"anfüge"* eine Liste an eine andere Liste anfügen können, stellen wir uns jetzt die Aufgabe,

- das Prädikat *"umkehre"* zu entwickeln, durch dessen Unifizierung die *Invertierung* einer Liste durchgeführt werden soll. Dabei ist eine Variable (an der 2. Argumentposition) mit einer Liste zu instanzieren, deren Elemente aus der zu invertierenden Liste (an der 1. Argumentposition) in umgekehrter Reihenfolge übernommen werden (AUF22).

Zum Beispiel soll die Liste .

    [ a,b,c ]

zur Liste

    [ c,b,a ]

invertiert werden können, d.h. es soll

    umkehre([ a,b,c ],[ c,b,a ])

unifizierbar sein. Wir überlegen zunächst, wie wir — analog zum Vorgehen bei der Entwicklung des Prädikats "anfüge" — eine *rekursive* Vorschrift angeben können, aus der sich die Regeln für das Prädikat "umkehre" ableiten lassen. Dazu betrachten wir den folgenden Sachverhalt:

| zu invertierende Liste | invertierte Liste |
|:---:|:---:|
| [ ] | [ ] |
| [c|[ ] ] | [ c ] |
| [ b|[ c ] ] | [ c|[ b ] ] |
| [ a|[ b,c ] ] | [ c,b|[ a ] ] |

Aus den letzten beiden Zeilen dieses Schemas können wir folgendes entnehmen:

- Wird der Listenkopf "a" von der Liste "[ a,b,c ]" abgespaltet, so ergibt sich der Listenrumpf "[ b,c ]",

- durch die Invertierung des Listenrumpfs "[ b,c ]" ergibt sich die Liste "[ c,b ]", und

- indem die Liste "[ a ]", die den Wert "a" als Listenkopf enthält, an die Liste "[ c,b ]" angefügt wird, resultiert die Liste "[ c,b,a ]".

Formulieren wir diesen Sachverhalt als Vorschrift, so erhalten wir:

Aus der Liste "[ a|[ b,c ] ]", d.h. "[ a,b,c ]", entsteht die Liste "[ c,b,a ] ]"
**dann,**
**wenn** die Liste "[ a ]" an die Liste "[ c,b ]" angefügt wird, wobei "[ c,b ]"
das Resultat der Invertierung von "[ b,c ]" ist.

Folglich muß für das Prädikat "umkehre" — unter Einsatz des Prädikats
*"anfüge"* — gelten:

```
umkehre([ a|[ b,c ] ],[ c,b,a ]):-
      umkehre([ b,c ],[ c,b ]),
      anfüge([ c,b ],[ a ],[ c,b,a ]).
```

Gemäß der Beschreibung, die wir soeben für die Invertierung der Liste
"[ a,b,c ]" entwickelt haben, läßt sich die *Grundidee* für eine allgemeine
Lösung durch die folgende Vorschrift angeben:

- Sofern die zu invertierende Liste *ungleich* der *leeren* Liste ist und somit
  die Form "[ Kopf|Rumpf ]" besitzt, muß folgendes gelten:

  Aus der Liste "[ Kopf|Rumpf ]" – ("[ a|[ b,c ] ]") – entsteht die Liste
  "Ergebnis" – ("[ c,b,a ]") – **dann,**
  **wenn** die Liste "[ Kopf ]" – ("[ a ]") – an "Vorder_Liste" – ("[ c,b ]")
  – angefügt wird, wobei "Vorder_Liste" – ("[ c,b ]") – das Resultat der
  Invertierung von "Rumpf" – ("[ b,c ]") – ist.

Formalisieren wir diese Vorschrift, so erhalten wir die folgende *rekursive*
Regel:

```
umkehre([ Kopf|Rumpf ],Ergebnis):-
      umkehre(Rumpf,Vorder_Liste),
      anfüge(Vorder_Liste,[ Kopf ],Ergebnis).
```

Dieser Regel ist noch ein geeignetes *Abbruch-Kriterium* voranzustellen. Da
aus der zu invertierenden Liste *sukzessive* der Listenkopf abgespaltet wird,
ist die Rekursion dann zu beenden, wenn das 1. Argument des Prädikats
"umkehre" im Regelkopf gleich der *leeren* Liste ist. Da die Invertierung einer
*leeren* Liste wiederum zur *leeren* Liste führt, muß auch das 2. Argument im
Abbruch-Kriterium gleich der leeren Liste sein, so daß der folgende Fakt zu
verwenden ist:

```
umkehre([ ],[ ]).
```

Somit läßt sich das Prädikat "umkehre" zur Lösung der Aufgabenstellung
AUF22 durch die beiden folgenden Regeln kennzeichnen:

```
umkehre([ ],[ ]).
umkehre([ Kopf|Rumpf ],Ergebnis):-
      umkehre(Rumpf,Vorder_Liste),
      anfüge(Vorder_Liste,[ Kopf ],Ergebnis).
```

Dabei ist das Prädikat "anfüge" (siehe Abschnitt 7.6.1) wie folgt bestimmt:

```
anfüge([ ],Hinter_Liste,Hinter_Liste).
anfüge([ Kopf|Rumpf ],Hinter_Liste,[ Kopf|Ergebnis ]):-
      anfüge(Rumpf,Hinter_Liste,Ergebnis).
```

Insgesamt können wir somit das folgende Programm zur Invertierung einer
Liste ausführen lassen:

```
/* AUF22: */

/* Listen-Inversion mit dem Prädikat "umkehre";
Anforderung zur Eingabe einer Liste in der Form
"[ a_1,a_2,a_3,...,a_n ]"
über internes Goal mit dem Prädikat "anfrage"
(mit dem Standard-Prädikat "ttyread") */

    umkehre([ ],[ ]).
    umkehre([Kopf | Rumpf],Ergebnis):-
            umkehre(Rumpf,Vorder_Liste),
            anfüge(Vorder_Liste,[Kopf],Ergebnis).

    anfüge([ ],Hinter_Liste,Hinter_Liste).
    anfüge([Kopf | Rumpf],Hinter_Liste,[Kopf | Ergebnis]):-
            anfüge(Rumpf,Hinter_Liste,Ergebnis).

    anfrage:-write(' Gib Liste: '),nl,
            ttyread(Liste),
            umkehre(Liste,Resultat),
            write(Resultat),nl.

    :- anfrage.
```

Bei der Programmausführung erhalten wir nach Eingabe der Liste "[ a,b,c ]" das folgende Dialog-Protokoll[17]:

```
?– [ 'auf22' ].
Gib Liste:
[ a,b,c ].
[ c,b,a ]
yes
```

Durch den Einsatz des Prädikats "umkehre" können wir jetzt die folgende, zu Beginn dieses Abschnitts gestellte Aufgabe AUF20 lösen:

- Bei einer Anfrage nach IC-Verbindungen sind die *tatsächlichen* Zwischenstationen in der *richtigen* Reihenfolge auszugeben, sofern die angefragte IC-Verbindung existiert und keine Direktverbindung ist (AUF20).

Durch die Unifizierung des Subgoals "ic(Von,Nach,[ ],Resultat)" (siehe Programm AUF19) werden die Zwischenstationen in der Variablen "Resultat" als Listenelemente instanziert. Diese Liste läßt sich durch die Unifizierung des Subgoals "umkehre(Resultat,Resultat_invers)" invertieren. Die resultierende Liste, welche die Zwischenstationen in der richtigen Reihenfolge enthält, wird daraufhin in der Variablen "Resultat_invers" instanziert, so daß sie sich anschließend in der gewünschten Form durch die Ableitung des Prädikats "ausgabe_listenelemente" anzeigen läßt. Somit wird die Aufgabenstellung AUF20 durch das folgende Programm gelöst[18]:

```
/* AUF20: */

/* Anfrage nach IC-Verbindungen;
Anforderung zur Eingabe von Abfahrts- und Ankunftsort
über internes Goal mit dem Prädikat "anfrage";
Festhalten der möglichen Zwischenstationen
in einer Liste mit anschließender Ausgabe der
Listenelemente in der richtigen Reihenfolge;
Bezugsrahmen: Abb. 3.3 */
```

---

[17]Zur Programmversion im "Turbo Prolog"-System, siehe im Anhang unter A.4.
[18]Zur Programmversion im "Turbo Prolog"-System, siehe im Anhang unter A.4.

```
/* AUF20: */
    dic(ha,kö).
    dic(ha,fu).
    dic(kö,ka).
    dic(kö,ma).
    dic(fu,mü).
    dic(ma,fr).

    ic(Von,Nach,Gesamt,Gesamt):-dic(Von,Nach).
    ic(Von,Nach,Basisliste,Ergebnis):-
          dic(Von,Z),ic(Z,Nach,[Z | Basisliste],Ergebnis).

    umkehre([ ],[ ]).
    umkehre([Kopf | Rumpf],Ergebnis):-
          umkehre(Rumpf,Vorder_Liste),
          anfüge(Vorder_Liste,[Kopf],Ergebnis).

    anfüge([ ],Hinter_Liste,Hinter_Liste).
    anfüge([Kopf | Rumpf],Hinter_Liste,[Kopf | Ergebnis]):-
          anfüge(Rumpf,Hinter_Liste,Ergebnis).

    anfrage:-write(' Gib Abfahrtsort: ' ),nl,
          ttyread(Von),
          write(' Gib Ankunftsort: ' ),nl,
          ttyread(Nach),
          ic(Von,Nach,[ ],Resultat),
          umkehre(Resultat,Resultat_invers),
          write(' IC-Verbindung existiert ' ),nl,
          !,
          not(Resultat_invers = [ ]),
          write(' Liste der Zwischenstationen: '),nl,
          ausgabe_listenelemente(Resultat_invers),nl.
    anfrage:-write(' IC-Verbindung existiert nicht '),nl.

    ausgabe_listenelemente([ ]).
    ausgabe_listenelemente([Kopf | Rumpf]):-
          write(Kopf),nl,
          ausgabe_listenelemente(Rumpf).

    :- anfrage.
```

## 7.7 Überprüfung von Listenelementen

Um eine Liste dahingehend untersuchen zu können, ob ein vorgegebener Wert als Listenelement auftritt, wollen wir ein aus zwei Argumenten bestehendes Prädikat *"element"* mit der folgenden Eigenschaft entwickeln[19]:

- Das Prädikat *"element"* soll dann unifizierbar sein, wenn das 1. Argument dieses Prädikats ein Listenelement des 2. Arguments ist.

So soll z.B. das Prädikat "element(c,[ a,b,c,d ])" unifizierbar und das Prädikat "element(c,[ a,b ])" *nicht* unifizierbar sein.

Um eine rekursive Regel für das Prädikat "element" zu entwickeln, betrachten wir den folgenden Vorschlag einer Ableitbarkeits-Prüfung des Prädikats "element(c,[ a,b,c,d ])":

- Da das Element "c" *nicht* mit dem Listenkopf von "[a|[ b,c,d] ]" übereinstimmt, muß "c" ein Element des Listenrumpfs "[b,c,d]" sein.

- Da das Element "c" *nicht* mit dem Listenkopf von "[b|[c,d] ]" übereinstimmt, muß "c" ein Element des Listenrumpfs "[c,d]" sein.

- Da das Element "c" mit dem Listenkopf der Liste "[c|[d] ]" übereinstimmt, ist die Ableitbarkeits-Prüfung *erfolgreich* beendet.

Aus dieser Beschreibung können wir eine *allgemeine* Vorschrift für das Prädikat *"element"* in der folgenden Form angeben:

- Ein Element, das *nicht* mit dem Listenkopf einer Liste übereinstimmt, ist **dann** ein Element der Liste,
**wenn** es im Listenrumpf der Liste enthalten ist.

Formalisieren wir diese Vorschrift, so erhalten wir die folgende *rekursive* Regel:

```
element(Wert,[ Wert | _ ]).
element(Wert,[ _ | Rumpf ]):-element(Wert,Rumpf).
```

---

[19]Dieses Prädikat ist im "IF/Prolog"-System als Standard-Prädikat unter dem Namen *"member"* vorhanden.

Zum Beispiel wird bei der Ableitungs-Prüfung von "element(c,[ a,b,c,d ])"
nach zweimaligem Abspalten des Listenkopfes der Wert "c" als instanzierbar
mit dem daraus resultierenden Listenkopf erkannt.

Dagegen läßt sich bei der Ableitungs-Prüfung von "element(c,[ a,b ])" der
Wert "c" weder mit dem Listenkopf der Ausgangsliste "[ a,b ]" noch mit
einem Listenkopf, der durch Abspaltung entsteht, in Übereinstimmung brin-
gen. Die Ableitbarkeits-Prüfung scheitert schließlich daran, daß sich die *leere*
Liste mit dem 2. Argument des Prädikats "element" — weder in der Form
"[ Wert I _ ]" noch in der Form "[ _ I Rumpf ]" — unifizieren läßt[20].

## 7.8   Vermeiden von Programmzyklen

Im Abschnitt 3.3 haben wir beschrieben, welche Probleme bei Anfragen nach
IC-Verbindungen auftreten, wenn die Wiba aus den Klauseln des Programms
AUF4 und einer zusätzlichen Symmetrisierungsregel — zur Angabe der Gegenrichtung einer Direktverbindung — mit dem Prädikatsnamen "dic_sym"
(siehe Programm AUF5) besteht. Es zeigte sich, daß bei bestimmten Anfragen an diese Wiba *Programmzyklen* auftreten können.

Wir greifen jetzt dieses Problem auf und zeigen, wie sich die folgende Aufgabenstellung lösen läßt:

- Es sollen Anfragen nach *richtungslosen* IC-Verbindungen gestellt werden können und die *tatsächlichen* Zwischenstationen in der *richtigen*
  Reihenfolge angezeigt werden (AUF23).

Zur Lösung dieser Aufgabe legen wir das Programm AUF20 zugrunde und
ergänzen es — analog zum Vorgehen im Abschnitt 3.3 — durch die beiden
folgenden Symmetrisierungs-Regeln:

```
dic_sym(Von,Nach):-dic(Von,Nach).
dic_sym(Von,Nach):-dic(Nach,Von).
```

Entsprechend müssen die Regeln, deren Kopf aus dem Prädikat "ic" besteht,
jetzt die folgende Form annehmen:

```
ic(Von,Nach,Gesamt,Gesamt):-dic_sym(Von,Nach).
ic(Von,Nach,Basisliste,Ergebnis):-dic_sym(Von,Z),
        ic(Z,Nach,[Z I Basisliste],Ergebnis).
```

---

[20]Dies liegt daran, daß die leere Liste keinen Listenkopf und keinen Listenrumpf besitzt.

Bevor wir diese beiden Regeln in das zu entwickelnde Programm aufnehmen, werden wir sie geeignet modifizieren.

Um einen *Programmzyklus* — bei der Ermittlung der Zwischenstationen — entdecken zu können, wollen wir die *erreichten* Zwischenstationen als Elemente in einer Liste sammeln. Vor *jeder* Unifizierung des Prädikats "ic" muß überprüft werden, ob die aus der Instanzierung der Variablen "Z" resultierende Zwischenstation bereits in dieser Liste enthalten ist oder nicht. Ist sie bereits Listenelement, so darf die Unifizierung *nicht* durchgeführt werden.

Zur Umsetzung dieser Prüfung ergänzen wir die oben angegebenen Regeln, die den Prädikatsnamen "ic" im Regelkopf tragen, in der folgenden Form:

```
ic(Von,Nach,Gesamt,Gesamt, _ ):-dic_sym(Von,Nach).
ic(Von,Nach,Basisliste,Ergebnis,Erreicht):-dic_sym(Von,Z),
       not(element(Z,Erreicht)),
       ic(Z,Nach,[Z|Basisliste],Ergebnis,[Z|Erreicht]).
```

Dabei haben wir für das Prädikat "ic" ein 5. Argument eingerichtet, auf dessen Position die erreichten Zwischenstationen — durch die Instanzierung der Variablen "Erreicht" — gesammelt werden sollen. Die 1. Regel hat sich nur insofern geändert, als daß die anonyme Variable — aus Konsistenzgründen — als 5. Argument aufgenommen wurde. Bei der 2. Regel ist der Regelkopf dann ableitbar, wenn durch die Variable "Z" eine Zwischenstation instanziert werden kann, die noch *nicht* Element der Liste "Erreicht" ist.

Werden die angegebenen Klauseln in das Programm AUF20 integriert, so ist das ursprüngliche Subgoal "ic(Von,Nach,[ ],Resultat)", das im Regelrumpf des Prädikats "anfrage" enthalten ist, durch das folgende Subgoal zu ersetzen:

```
ic(Von,Nach,[ ],Resultat,[ ])
```

Durch die Ableitbarkeits-Prüfung dieses Subgoals wird die Variable "Resultat" *sukzessive* mit den erreichten Zwischenstationen als Listenelementen instanziert.

Nach der Einbeziehung sämtlicher neuen Klauseln ergibt sich somit das folgende Programm als erster Ansatz für die Lösung der Aufgabenstellung AUF23[21]:

---

[21]Zur Programmversion im "Turbo Prolog"-System siehe im Anhang unter A.4.

```
/* AUF23_1: */
/* Anfrage nach richtungslosen IC-Verbindungen;
Anforderung zur Eingabe von Abfahrts- und Ankunftsort
über internes Goal mit dem Prädikat "anfrage";
Festhalten der möglichen Zwischenstationen
in einer Liste mit anschließender Ausgabe der
Listenelemente in der richtigen Reihenfolge;
Dabei werden z.B. bei der Anfrage nach einer
IC-Verbindung von "ha" nach "mü" durch die Ausgabe von
"kö","ha" und "fu" bereits "überholte Zwischenstationen"
angezeigt die aus "falschen Ästen" beim Backtracking resultieren;
Bezugsrahmen: Abb. 3.3 */

    dic(ha,kö).
    dic(ha,fu).
    dic(kö,ka).
    dic(kö,ma).
    dic(fu,mü).
    dic(ma,fr).

    dic_sym(Von,Nach):-dic(Von,Nach).
    dic_sym(Von,Nach):-dic(Nach,Von).

    ic(Von,Nach,Gesamt,Gesamt, _ ):-dic_sym(Von,Nach).
    ic(Von,Nach,Basisliste,Ergebnis,Erreicht):-dic_sym(Von,Z),
          not(element(Z,Erreicht)),
          ic(Z,Nach,[Z|Basisliste],Ergebnis,[Z|Erreicht]).

    umkehre([ ],[ ]).
    umkehre([Kopf | Rumpf],Ergebnis):-
          umkehre(Rumpf,Vorder_Liste),
          anfüge(Vorder_Liste,[Kopf],Ergebnis).

    anfüge([ ],Hinter_Liste,Hinter_Liste).
    anfüge([Kopf | Rumpf],Hinter_Liste,[Kopf | Ergebnis]):-
          anfüge(Rumpf,Hinter_Liste,Ergebnis).

    anfrage:-write(' Gib Abfahrtsort: '),nl,
          ttyread(Von),
          write(' Gib Ankunftsort: '),nl,
          ttyread(Nach),
          ic(Von,Nach,[ ],Resultat,[ ]),
```

```
/* AUF23_1: */
        umkehre(Resultat,Resultat_invers),
        write(' IC-Verbindung existiert '),nl,
        !,
        not(Resultat_invers = [ ]),
        write(' Liste der Zwischenstationen: '),nl,
        ausgabe_listenelemente(Resultat_invers),nl.
anfrage:-write(' IC-Verbindung existiert nicht '),nl.


ausgabe_listenelemente([ ]).
ausgabe_listenelemente([Kopf|Rumpf]):-
        write(Kopf),nl,
        ausgabe_listenelemente(Rumpf).


element(Wert,[Wert| _ ]).
element(Wert,[ _ |Rumpf]):-element(Wert,Rumpf).


:- anfrage.
```

Bei der Ausführung dieses Programms werden auch Zwischenstationen in der
Variablen "Resultat" des Subgoals "ic(Von,Nach,[ ],Resultat)" gesammelt,
die bei einer IC-Verbindung vom Abfahrtsort zu einer Station auftreten,
von der aus die IC-Verbindung wieder zum Abfahrtsort *zurückgeführt* wird,
d.h. auch der Abfahrtsort tritt in diesem Fall als Zwischenstation auf. Zwar
wird ein derartiger Zyklus sofort erkannt und die Ableitbarkeits-Prüfung
"vernünftig" weitergeführt, jedoch verbleibt eine derartig entdeckte "über-
holte" Zwischenstation als Element in der zur Variablen "Resultat" gehörenden Liste. Dies wird z.B. durch das folgende Dialog-Protokoll deutlich:

```
?- [ 'auf23_1' ].
Gib Abfahrtsort:
ha.
Gib Ankunftsort:
mü.
IC-Verbindung existiert
Liste der Zwischenstationen:
kö
ha
fu
yes
```

Um in diesem Fall die Werte "kö" und "ha" in der Anzeige unterdrücken zu
können, müssen wir das Programm AUF23_1 geeignet modifizieren. Dazu
müssen wir zunächst lernen, wie sich einzelne Werte aus Listen entfernen
lassen.

## 7.9   Reduktion von Listen

Um eine Ausgabe der *tatsächlichen* Zwischenstationen in der *richtigen*
Reihenfolge zu erreichen, muß z.B. — bei einer Anfrage nach einer IC-
Verbindung von "ha" nach "mü" — die Liste "[ ha,kö ]" aus der Liste
"[ fu,ha,kö ]" mit den Zwischenstationen abgespaltet werden. Somit müssen
wir

- das Prädikat *"abtrenne"* entwickeln, durch dessen Unifizierung aus einer Liste, die ein Listenelement mit dem instanzierten Wert einer Variablen "Schnitt" enthält, der Listenanfang (mit den ersten Listenelementen) instanziert und der Rest der Liste — inklusive dem instanzierten Wert der Variablen "Schnitt" — abgetrennt wird.

Dies bedeutet, daß z.B. aus der Liste "[ fu,ha,kö ]" bei der Vorgabe des
Abfahrtsorts "ha" (als instanzierter Wert der Variablen "Schnitt") die Liste
"[ ha,kö ]" abgetrennt und der Listenanfang "[ fu ]" — als Restliste — übrig
bleiben soll:

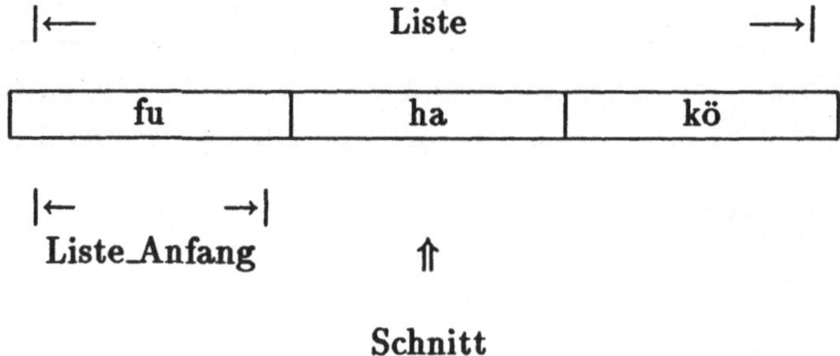

Zur Entwicklung einer Vorschrift, nach der diese Abspaltung erfolgen kann,
legen wir für das Prädikat "abtrenne" drei Argumente in der Form

> abtrenne(Schnitt,Liste,Liste_Anfang)

fest. Als Ansatz für die Entwicklung einer *rekursiven* Regel betrachten wir
das folgende Schema:

| Schnitt | Liste | Liste_Anfang |
|:---:|:---:|:---:|
| c | [ a|[ b,c,d ] ] | [ a|[ b ] ] |
| c | [ b,c,d ] | [ b ] |
| c | [ c,d ] | [ ] |

Hieraus ergibt sich unter der Voraussetzung, daß der Wert der Variablen
"Schnitt" (mit dem instanzierten Wert "c") *nicht* als Listenkopf der Variablen "Liste" auftritt, die folgende *allgemeine* Vorschrift:

- Aus einer Liste "[ Kopf|Rumpf ]" – ("[ a|[b,c,d ] ]") – entsteht die
  Liste "Liste_Anfang" der Form "[ Kopf|Rest ]" – ("[ a|[ b ] ]") – durch
  das Abtrennen an der Stelle "Schnitt" – ("c") – **dann,**
  **wenn** aus der Liste "Rumpf" – ("[ b,c,d ]") – durch das Abtrennen an
  der Stelle "Schnitt" – ("c") – die Liste "Rest" – ("[ b ]") – entsteht.

Die Formalisierung führt zur folgenden Regel:

> abtrenne(Schnitt,[Kopf|Rumpf], [Kopf|Rest]):-
> abtrenne(Schnitt,Rumpf,Rest).

Die Rekursion soll dann enden, wenn bei der Ableitung dieses Prädikats
der instanzierte Wert der Variablen "Schnitt" das 1. Element der Restli-
ste ist, d.h. wenn durch Abtrennung von "[ Schnitt|Rumpf ]" an der Stelle
"Schnitt" die Variable "Rest" mit der leeren Liste instanziert wird.

Formalisieren wir diese Aussage, so erhalten wir das folgende *Abbruch-Kriterium:*

    abtrenne(Schnitt,[ Schnitt | Rumpf ],[ ]).

Berücksichtigen wir, daß der jeweils instanzierte Wert der Variablen "Rumpf" nicht benötigt wird, so können wir die anonyme Variable "_" einsetzen und somit für das Prädikat "abtrenne" die beiden folgenden Klauseln formulieren[22]:

```
abtrenne(Schnitt,[Schnitt| _ ],[ ]).
abtrenne(Schnitt,[Kopf|Rumpf], [Kopf|Rest]):-
abtrenne(Schnitt,Rumpf,Rest).
```

Im Hinblick auf die Aufgabenstellung AUF23 ist zu beachten, daß die Abtrennung nur dann durchzuführen ist, wenn der Abfahrtsort (als instanzierter Wert der Variablen "Von") als Listenelement in der Liste der Zwischenstationen auftritt. Um dies zu gewährleisten, definieren wir das Prädikat "filtern_Von" durch die folgenden Klauseln:

```
filtern_Von(Von,Liste_1,Liste_1):- not(element(Von,Liste_1)).
filtern_Von(Von,Liste_1,Liste_2):- abtrenne(Von,Liste_1,Liste_2).
```

Durch die 1. Klausel ist gesichert, daß nur dann (seichtes) Backtracking zur 2. Klausel durchgeführt wird, sofern der instanzierte Wert der Variablen "Von" Element der Liste ist, mit der die Variable "Liste_1" instanziert ist. Läßt sich der Rumpf der 1. Regel unifizieren, so wird ein *"Pakt"* zwischen dem 2. und dem 3. Argument des Prädikats "filtern_Von" geschlossen, so daß die (als 2. Argument aufgeführte) Liste — ohne Änderung — mit dem 3. Argument instanziert wird.

Durch die Unifizierung des Rumpfs der 2. Regel wird die Variable "Liste_2" mit derjenigen Liste instanziert, die durch Abspaltung der restlichen Listenelemente von "Liste_1" entsteht — inklusive des Abfahrtsorts als instanziertem Wert der Variablen "Von".

---

[22]Bei der Unifizierung der 1. Klausel, d.h. des Abbruch-Kriteriums, wird die anonyme Variable "_" durch eine Liste instanziert.

## 7.10  Anfragen nach richtungslosen IC-Verbindungen

Im Programm AUF23_1 haben wir das Subgoal

    ic(Von,Nach,[ ],Resultat,[ ])

verwendet, durch dessen Ableitung die Liste mit den tatsächlichen Zwischenstationen als Instanzierung der Variablen "Resultat" ermittelt wurde. Um
zu sichern, daß nicht "über den Ankunftsort hinaus" weitere Stationen Bestandteil dieser Liste sind, haben wir das Prädikat "filtern_Von" entwickelt.
Sofern wir das ursprüngliche Subgoal durch die UND-Verbindung

    ic(Von,Nach,[ ],Resultat_Vorab,[ ]),
    filtern_Von(Von,Resultat_Vorab,Resultat)

ersetzen, ergibt sich nach deren Ableitung die gewünschte Liste mit den
Zwischenstationen als Instanzierung der Variablen "Resultat".

Mit dieser Änderung und der Ergänzung der Prädikate "filtern_Von" und
"abtrenne" erhalten wir aus dem Programm AUF23_1 das folgende Programm als Lösung der — im Abschnitt 7.8 formulierten — Aufgabenstellung
AUF23:

```
/* AUF23_2: */

/* Anfrage nach richtungslosen IC-Verbindungen;
Anforderung zur Eingabe von Abfahrts- und Ankunftsort
über internes Goal mit dem Prädikat "anfrage";
Festhalten der möglichen Zwischenstationen
in einer Liste mit anschließender Ausgabe der
Listenelemente in der richtigen Reihenfolge;
dabei werden als IC-Verbindung von Abfahrts- und Ankunftsort
(beim Vertauschen der beiden Orte)
u.U. unterschiedliche IC-Verbindungen ermittelt
(Lösung: Bestimmung der kürzesten IC-Verbindung);
Bezugsrahmen: Abb. 3.3 */

    dic(ha,kö).

    dic(ha,fu).

    dic(kö,ka).

    dic(kö,ma).
```

```
/* AUF23_2: */
    dic(fu,mü).
    dic(ma,fr).

    dic_sym(Von,Nach):-dic(Von,Nach).
    dic_sym(Von,Nach):-dic(Nach,Von).

    ic(Von,Nach,Gesamt,Gesamt, _ ):-dic_sym(Von,Nach).
    ic(Von,Nach,Basisliste,Ergebnis,Erreicht):-dic_sym(Von,Z),
          not(element(Z,Erreicht)),
          ic(Z,Nach,[Z|Basisliste],Ergebnis,[Z|Erreicht]).

    umkehre([ ],[ ]).
    umkehre([Kopf|Rumpf],Ergebnis):-
          umkehre(Rumpf,Vorder_Liste),
          anfüge(Vorder_Liste,[Kopf],Ergebnis).

    anfüge([ ],Hinter_Liste,Hinter_Liste).
    anfüge([Kopf|Rumpf],Hinter_Liste, [Kopf|Ergebnis]):-
          anfüge(Rumpf,Hinter_Liste,Ergebnis).

    filtern_Von(Von,Liste_1,Liste_1):-not(element(Von,Liste_1)).
    filtern_Von(Von,Liste_1,Liste_2):-abtrenne(Von,Liste_1,Liste_2).

    abtrenne(Schnitt,[Schnitt| _ ],[ ]).
    abtrenne(Schnitt,[Kopf|Rumpf], [Kopf|Rest]):-
          abtrenne(Schnitt,Rumpf,Rest).

    anfrage:-write(' Gib Abfahrtsort: ' ),nl,
          ttyread(Von),
          write(' Gib Ankunftsort: '),nl,
          ttyread(Nach),
          not(gleich(Von,Nach)),
          ic(Von,Nach,[ ],Resultat_Vorab,[ ]),
          filtern_Von(Von,Resultat_Vorab,Resultat),
          umkehre(Resultat,Resultat_invers),
          write(' IC-Verbindung existiert '),nl,
          !,
          not(Resultat_invers = [ ]),
          write(' Liste der Zwischenstationen: ' ),nl,
          ausgabe_listenelemente(Resultat_invers),nl.
```

```
/* AUF23_2: */

   anfrage:-write(' IC-Verbindung existiert nicht '),nl.

   gleich(X,X):-write(' Abfahrtsort gleich Ankunftsort '),nl.

   ausgabe_listenelemente([ ]).
   ausgabe_listenelemente([Kopf|Rumpf]):-
         write(Kopf),nl,
         ausgabe_listenelemente(Rumpf).

   element(Wert,[Wert| _ ]).
   element(Wert,[ _ |Rumpf]):-element(Wert,Rumpf).

   :- anfrage.
```

Ein weiteres Problem, das bei *"richtungslosen"* Anfragen auftritt, besteht
darin, daß bei der Eingabe von identischem Abfahrts- und Ankunftsort
ein Zyklus durchlaufen und deshalb eine IC-Verbindung abgeleitet wird.
Dieser Zyklus wird zwar erkannt, jedoch werden bei der Ableitbarkeits-
Prüfung "nicht zutreffende" Zwischenstationen durchlaufen, gesammelt und
angezeigt[23]. Geben wir z.B. als Abfahrts- und Ankunftsort "ha" ein, so
erhalten wir die folgende Ausgabe:

    IC-Verbindung existiert
    Liste der Zwischenstationen:
    kö
    yes

Zur Lösung dieses Problems haben wir das Subgoal

    not(gleich(Von,Nach))

mit dem Prädikatsnamen "gleich", das durch die Regel

    gleich(X,X):-write(' Abfahrtsort gleich Ankunftsort ' ),nl.

vereinbart ist, zusätzlich in den Regelrumpf des Prädikats "anfrage" aufgenommen. Durch diese Regel wird im Fall einer *identischen* Eingabe von
Abfahrts- und Ankunftsort (z.B. von "Von:=ha" und "Nach:=ha") eine Uni-

---

[23]Die zugehörige Liste enthält den Abfahrtsort *nicht* als erstes Listenlement, so daß
durch das Prädikat "filtern_Von" auch keine Reduktion der Liste auf die leere Liste erfolgt.

fizierung des Subgoals "gleich(ha,ha)" durch die Instanzierung "X:=ha" erreicht, so daß der Text "Abfahrtsort gleich Ankunftsort" ausgegeben wird[24].
Durch die Ausführung des Programms AUF23_2 erhalten wir z.B. das folgende Dialog-Protokoll angezeigt[25]:

```
?- [ 'auf23_2' ].
Gib Abfahrtsort:
ha.
Gib Ankunftsort:
mü.
IC-Verbindung existiert
Liste der Zwischenstationen:
fu
yes
```

## 7.11   Anfragen nach der kürzesten IC-Verbindung

Durch das zuletzt angegebene Programm AUF23_2 ist es möglich, die Zwischenstationen für eine IC-Verbindung von einem **Abfahrts-** zu einem **Ankunftsort** — unabhängig von einer Richtung — ausgeben zu lassen. Die jeweils angezeigten Ergebnisse sind jedoch insofern *unbefriedigend*, als sich — z.B. nach der Ergänzung des Fakts "dic(fr,mü)." — bei einer IC-Verbindung vom **Ankunfts-** zum **Abfahrtsort** andere Zwischenstationen als bei der IC-Verbindung in umgekehrter Richtung ergeben können. So werden z.B. in dieser Situation bei der Anfrage nach der IC-Verbindung von "ha" nach "mü" die Zwischenstationen "kö", "ma" und "fr" angezeigt, während für die IC-Verbindung von "mü" nach "ha" die Zwischenstation "fu" abgeleitet wird.

Um jeweils *dieselben* Zwischenstationen zu erhalten, müssen wir z.B. an der — entfernungsmäßig — *kürzesten* IC-Verbindung interessiert sein. Deshalb stellen wir uns jetzt die Aufgabe,

- die jeweils *kürzeste richtungslose* IC-Verbindung vom **Abfahrts-** zum **Ankunftsort** zu ermitteln und die *tatsächlichen* Zwischenstationen in

---

[24]Statt der Regel
  "gleich(X,X):-write(' Abfahrtsort gleich Ankunftsort ' ),nl."
könnten wir auch die folgende Regel einsetzen:
  "gleich(X,Y):-X = Y, write(' Abfahrtsort gleich Ankunftsort ' ),nl.".
[25]Zur Programmversion im "Turbo Prolog"-System siehe im Anhang unter A.4.

der *richtigen* Reihenfolge anzeigen zu lassen (AUF24).

Wir erweitern das IC-Netz aus Abb. 3.1 um die Direktverbindungen von "ka" nach "st", von "st" nach "mü", von "fr" nach "st" und von "fr" nach "mü". Außerdem geben wir die jeweiligen Längen der Direktverbindungen — in Kilometern — an:

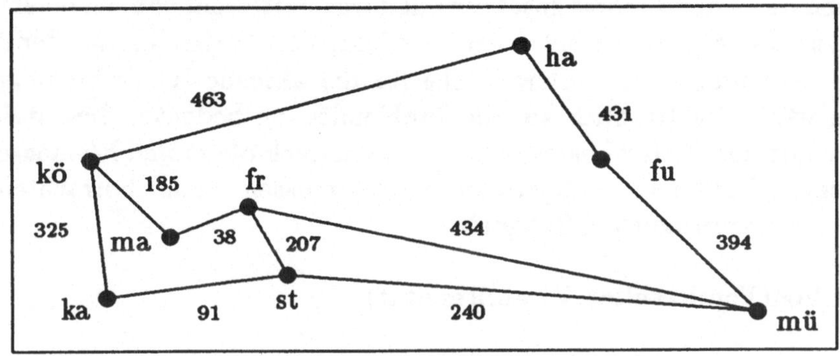


Abb. 7.2

Um die Entfernungen zwischen zwei Stationen bestimmen zu können, müssen die Entfernungen der Direktverbindungen als Argumente der Prädikate "dic", "dic_sym" und "ic" zur Verfügung gestellt werden.

Demzufolge vereinbaren wir zunächst die jeweiligen Entfernungen als 3. Argument des Prädikats "dic". Somit stellen sich die zugehörigen Fakten wie folgt dar:

```
dic(ha,kö,463).
dic(ha,fu,431).
dic(kö,ka,325).
dic(kö,ma,185).
dic(fr,mü,434).
dic(fr,st,207).
dic(fu,mü,394).
dic(ma,fr,38).
dic(ka,st,91).
dic(st,mü,240).
```

Genau wie im Programm AUF23_2 sollen für eine abgeleitete IC-Verbindung die *tatsächlichen* Zwischenstationen — in der *richtigen* Reihenfolge — in der Variablen "Resultat_Vorab" gesammelt werden. Dieser Vorgang ist für jede

mögliche IC-Verbindung zwischen *einem* Abfahrts- und *einem* Ankunftsort solange zu wiederholen, bis *keine* weitere Verbindung zwischen diesen
beiden Orten mehr ableitbar ist. Dies bedeutet, daß nach der Ermittlung
einer ersten IC-Verbindung — im Gegensatz zum Programm AUF23_2 —
(tiefes) Backtracking erzwungen werden muß. Dies hat zur Folge, daß unter Umständen auch Zwischenstationen gesammelt werden können, die nach
dem Erreichen des Ankunftsorts zusätzlich dadurch auftreten, daß bei einem
Programmzyklus der *Ankunftsort erneut* erreicht, der Zyklus anschließend
erkannt und demzufolge die weitere Suche für die aktuelle IC-Verbindung
abgebrochen wird. Im Hinblick auf die Problemlösung bedeutet dies, daß
aus der Liste mit den Zwischenstationen eventuell auch die *ersten* Elemente
— bis hin zum Ankunftsort — abgetrennt werden müssen. Somit betrachten
wir anstelle des ursprünglichen Subgoals

> filtern_Von(Von,Resultat_Vorab,Resultat)

jetzt das folgende Subgoal:

> | filtern(Von,Nach,Resultat_Vorab,Resultat) |

Das Prädikat "filtern" setzen wir wie folgt aus den Prädikaten "filtern_Von"
und "filtern_Nach" zusammen:

```
filtern(Von,Nach,Liste_1,Liste_2):-
      filtern_Von(Von,Liste_1,Liste_zwi),
      filtern_Nach(Nach,Liste_zwi,Liste_2).
filtern_Von(Von,Liste_1,Liste_1):-
      not(element(Von,Liste_1)).
filtern_Von(Von,Liste_1,Liste_2):-
      abtrenne(Von,Liste_1,Liste_2).
filtern_Nach(Nach,Liste_1,Liste_1):-
      not(element(Nach,Liste_1)).
filtern_Nach(Nach,Liste_1,Liste_2):-
      umkehre(Liste_1,Liste_1_invers),
      abtrenne(Nach,Liste_1_invers,Liste_2_invers),
      umkehre(Liste_2_invers,Liste_2).
```

Genau wie zuvor lassen wir zunächst das Prädikat "filtern_Von" ableiten.
Anschließend wird durch die Ableitung des Prädikats "umkehre" — im Rahmen der Ableitung des Prädikats "filtern_Nach" — die Restliste als instan-

zierter Wert der Variablen "Liste_1" invertiert. Danach erfolgt die Abtrennung der überzähligen Zwischenstationen durch das Prädikat "abtrenne" und zuletzt die Invertierung der Ergebnisliste "Liste_2_invers".

Beim Ableiten einer IC-Verbindung berechnen wir die Gesamtentfernung in der folgenden Form:

```
ic(Von,Nach,Gesamt,Gesamt, _ ,Dist):-dic_sym(Von,Nach,Dist).
ic(Von,Nach,Basisliste,Ergebnis,Erreicht,Dist):-
      dic_sym(Von,Z,Dist1),
      not(element(Z,Erreicht)),
      ic(Z,Nach,[Z | Basisliste],Ergebnis, [Z | Erreicht],Dist2),
      Dist is Dist1+Dist2.
```

Wir haben ein 5. Argument in das Prädikat "ic" aufgenommen, damit für die dort aufgeführte Variable "Dist" die Gesamtentfernung als Wert instanziert werden kann.

Da zur Ableitung *aller* IC-Verbindungen — zwischen dem Abfahrts- und Ankunftsort — (tiefes) Backtracking erforderlich ist, gliedern wir das ursprüngliche Prädikat "anfrage" (aus dem Programm AUF23_2) wie folgt in die Prädikate "anfrage" und "antwort" auf:

```
anfrage(Von,Nach):-write(' Gib Abfahrtsort: '),nl,
      ttyread(Von),
      write(' Gib Ankunftsort: '),nl,
      ttyread(Nach),
      not(gleich(Von,Nach)).
```

```
antwort(Von,Nach,Dist,Resultat_invers):-
      ic(Von,Nach,[ ],Resultat_Vorab,[ ],Dist),
      filtern(Von,Nach,Resultat_Vorab,Resultat),
      umkehre(Resultat,Resultat_invers).
```

Nach der erstmaligen Unifizierung des Regelkopfes mit dem Prädikat "antwort" müssen die Instanzierungen der Variablen "Dist" (zum Festhalten der jeweiligen Entfernung) und der Variablen "Resultat_invers" (zum Sammeln der Zwischenstationen) im dynamischen Teil der Wiba eingetragen werden. Dazu verwenden wir das folgende Prädikat:

```
erreicht_db(Abstand,Liste)
```

Dieses Prädikat ist als Fakt — mit den instanzierten Werten der Variablen
"Abstand" und "Liste" — in die dynamische Wiba einzutragen. Es ist *dann*
durch ein neues Exemplar *auszutauschen, wenn* die aus einer weiteren Verbindung resultierende Instanzierung der Variablen "Dist" *kleiner* ist als der
zuletzt instanzierte Wert der Variablen "Abstand".

Für den Vergleich der Entfernungen und dem unter Umständen erforderlichen Austausch des Fakts der dynamischen Wiba vereinbaren wir das Prädikat "vergleich" in der folgenden Form (zu den Prädikaten "retract" und
"asserta" siehe Abschnitt 6.1):

```
vergleich(Dist,Resultat_invers):-
      erreicht_db(Abstand,Liste),
      Dist < Abstand,
      retract(erreicht_db(Abstand,Liste)),
      asserta(erreicht_db(Dist,Resultat_invers)).
vergleich(Dist,Resultat_invers):-
      not(erreicht_db( _ , _ )),
      asserta(erreicht_db(Dist,Resultat_invers)).
```

Das Prädikat "vergleich" nehmen wir zusammen mit den oben angegebenen
Prädikaten "anfrage"und "antwort" in der folgenden Form in den Rumpf
derjenigen Regel auf, mit deren Regelkopf die Anfrage nach der kürzesten
IC-Verbindung gestellt werden soll:

```
anforderung:-anfrage(Von,Nach),
      !,
      dic_frage(Von,Nach),
      !,
      antwort(Von,Nach,Dist,Resultat_invers),
      vergleich(Dist,Resultat_invers),
      fail.
```

Um das oben als Forderung angesprochene (tiefe) Backtracking zu erreichen,
enthält der Regelrumpf als letzte Komponente das Prädikat "fail", mit dem
(tiefes) Backtracking *erzwungen* wird.

Nach der Ableitung des Subgoals "anfrage(Von,Nach)" darf dieses Prädikat
nicht *erneut* abgeleitet werden. Deshalb haben wir das Standard-Prädikat
"cut" als zweite Komponente im Regelrumpf eingesetzt.

In dem Fall, in dem es sich um eine Direktverbindung handelt, ist aus Effizienzgründen dafür zu sorgen, daß *kein* (tiefes) Backtracking einsetzt. Deshalb haben wir ein neues Prädikat namens "dic_frage", das durch die Klau-

seln

```
dic_frage(Von,Nach):-not(dic_sym(Von,Nach, _ )).
dic_frage(Von,Nach):-dic_sym(Von,Nach,Dist),
      asserta(erreicht_db(Dist,[ ])),fail.
```

vereinbart wird, als Subgoal in den Regelrumpf des Prädikats "anforderung"
aufgenommen. Liegt eine Direktverbindung vor, so ist dieses Prädikat —
nach Konstruktion des Rumpfs der 1. Regel — *nicht* mit dem 1. Klauselkopf unifizierbar. In diesem Fall wird der instanzierte Wert der Variablen
"Dist" durch die Ableitung der 2. Klausel in die dynamische Wiba eingetragen. Nach der Ableitung des Prädikats "dic_frage(Von,Nach)" darf das
Prädikat *nicht* erneut abgeleitet werden. Deswegen folgt diesem Prädikat
das Standard-Prädikat "cut", wodurch ein mögliches Backtracking verhindert wird.

Nach dem Feststellen einer Direktverbindung bzw. dem Ende des Backtrackings müssen die in der dynamischen Wiba als Argumente des Fakts mit
dem Prädikatsnamen "erreicht_db" eingetragenen Werte geeignet angezeigt
werden. Wir setzen dafür das Prädikat "anzeige" mit den beiden folgenden
Regeln ein:

```
anzeige:-not(erreicht_db( _ , _ )),
      write(' IC-Verbindung existiert nicht '),nl.
anzeige:-erreicht_db(Abstand,Liste),
      write(' IC-Verbindung existiert '),nl,
      write(' Abstand: '),write(Abstand),nl,
      not(Liste = [ ]),
      write(' Zwischenstationen: '),nl,
      ausgabe_listenelemente(Liste),nl.
```

Da der Regelkopf mit dem Prädikat "anforderung" — im Falle einer *nicht*
existierenden IC-Verbindung —*nicht* unifizierbar ist und der Regelkopf mit
dem Prädikat "anzeige" in *jedem* Fall unifiziert werden muß, formulieren wir
ein Prädikat namens "start" in der Form:

```
start:-anforderung.
start:-anzeige.
```

Dieses Prädikat verwenden wir wie folgt im Prädikat "auskunft":

```
auskunft:-bereinige_wiba,!,start.
```

Dabei ist das Prädikat "bereinige_wiba" durch die beiden folgenden Regeln
definiert:

```
bereinige_wiba:-retract(erreicht_db( _ , _ )),fail.
bereinige_wiba.
```

Durch die Ableitung dieses Prädikats wird ein in der dynamischen Wiba
enthaltener Fakt mit dem Prädikatsnamen "erreicht_db" — unabhängig von
den instanzierten Werten — wieder aus der dynamischen Wiba ausgetra-
gen.  Damit *kein* (tiefes) Backtracking im internen Goal zum Prädikat
"bereinige_wiba" stattfindet, falls der Regelkopf "anzeige" *nicht* ableitbar
ist[26], setzen wir das Standard-Prädikat "cut" im internen Goal ein.

Somit stellt sich das Programm AUF24, mit dem die jeweils kürzeste IC-
Verbindung zwischen Abfahrts- und Ankunftsort über das Goal "auskunft"
angezeigt werden soll, insgesamt wie folgt dar:

```
/* AUF24: */

/* Anfrage nach richtungslosen IC-Verbindungen
über externes Goal mit den Prädikaten "auskunft",
"bereinige_wiba", "cut" und "start";
Anforderung zur Eingabe von Abfahrts- und Ankunftsort;
Ermittlung der kürzesten Verbindung und Ausgabe
der Zwischenstationen (in der richtigen Reihenfolge);
Bezugsrahmen: Abb. 7.2 */

    is_predicate(erreicht_db,2).

    dic(ha,kö,463).
    dic(ha,fu,431).
    dic(kö,ka,325).
    dic(kö,ma,185).
    dic(fr,mü,434).
    dic(fr,st,207).
    dic(fu,mü,394).
    dic(ma,fr,38).
    dic(ka,st,91).
    dic(st,mü,240).

    dic_sym(Von,Nach,Dist):-dic(Von,Nach,Dist).
```

---

[26]Bei einer Direktverbindung ist die Komponente "not(Liste = [ ])" im 2. Regelrumpf
des Prädikats "anzeige" *nicht* unifizierbar.

```
/* AUF24: */

      dic_sym(Von,Nach,Dist):-dic(Nach,Von,Dist).


      ic(Von,Nach,Gesamt,Gesamt, _ ,Dist):-dic_sym(Von,Nach,Dist).
      ic(Von,Nach,Basisliste,Ergebnis,Erreicht,Dist):-
            dic_sym(Von,Z,Dist1),
            not(element(Z,Erreicht)),
            ic(Z,Nach,[Z | Basisliste],Ergebnis,[Z | Erreicht],Dist2),
            Dist is Dist1+Dist2.


   umkehre([ ],[ ]).
   umkehre([Kopf| Rumpf],Ergebnis):-
            umkehre(Rumpf,Vorder_Liste),
            anfüge(Vorder_Liste,[Kopf],Ergebnis).


   anfüge([ ],Hinter_Liste,Hinter_Liste).
   anfüge([Kopf| Rumpf],Hinter_Liste,[Kopf | Ergebnis]):-
            anfüge(Rumpf,Hinter_Liste,Ergebnis).


   filtern(Von,Nach,Liste_1,Liste_2):-
            filtern_Von(Von,Liste_1,Liste_zwi),
            filtern_Nach(Nach,Liste_zwi,Liste_2).
   filtern_Von(Von,Liste_1,Liste_1):-
            not(element(Von,Liste_1)).
   filtern_Von(Von,Liste_1,Liste_2):-
            abtrenne(Von,Liste_1,Liste_2).
   filtern_Nach(Nach,Liste_1,Liste_1):-
            not(element(Nach,Liste_1)).
   filtern_Nach(Nach,Liste_1,Liste_2):-
            umkehre(Liste_1,Liste_1_invers),
            abtrenne(Nach,Liste_1_invers,Liste_2_invers),
            umkehre(Liste_2_invers,Liste_2).


   abtrenne(Schnitt,[Schnitt | _ ],[ ]).
   abtrenne(Schnitt,[Kopf| Rumpf],[Kopf| Rest]):-
            abtrenne(Schnitt,Rumpf,Rest).


   anforderung:-anfrage(Von,Nach),
            !,
            dic_frage(Von,Nach),
```

```
/* AUF24: */
          !,
          antwort(Von,Nach,Dist,Resultat_invers),
          vergleich(Dist,Resultat_invers),
          fail.

   anfrage(Von,Nach):-write(' Gib Abfahrtsort: '),nl,
          ttyread(Von),
          write(' Gib Ankunftsort: '),nl,
          ttyread(Nach),
          not(gleich(Von,Nach)).

   gleich(X,X):-write(' Abfahrtsort gleich Ankunftsort '),nl.

   dic_frage(Von,Nach):-not(dic_sym(Von,Nach, _ )).
   dic_frage(Von,Nach):-dic_sym(Von,Nach,Dist),
          asserta(erreicht_db(Dist,[ ])),fail.

   antwort(Von,Nach,Dist,Resultat_invers):-
          ic(Von,Nach,[ ],Resultat_Vorab,[ ],Dist),
          filtern(Von,Nach,Resultat_Vorab,Resultat),
          umkehre(Resultat,Resultat_invers).

   vergleich(Dist,Resultat_invers):-
          erreicht_db(Abstand,Liste),
          Dist < Abstand,
          retract(erreicht_db(Abstand,Liste)),
          asserta(erreicht_db(Dist,Resultat_invers)).
   vergleich(Dist,Resultat_invers):-
          not(erreicht_db( _ , _ )),
          asserta(erreicht_db(Dist,Resultat_invers)).

   anzeige:-not(erreicht_db( _ , _ )),
          write(' IC-Verbindung existiert nicht '),nl.
   anzeige:-erreicht_db(Abstand,Liste),
          write(' IC-Verbindung existiert '),nl,
          write(' Abstand: '),write(Abstand),nl,
          not(Liste = [ ]),
          write(' Zwischenstationen: '),nl,
          ausgabe_listenelemente(Liste),nl.
```

```
/* AUF24: */

    ausgabe_listenelemente([ ]).
    ausgabe_listenelemente([Kopf | Rumpf]):-
          write(Kopf),nl,
          ausgabe_listenelemente(Rumpf).

    bereinige_wiba:-retract(erreicht_db( _ , _ )),fail.
    bereinige_wiba.

    start:-anforderung.
    start:-anzeige.

    element(Wert,[Wert | _ ]).
    element(Wert,[ _ | Rumpf]):-element(Wert,Rumpf).

    auskunft:-bereinige_wiba,!,start.
```

Bei der Programmausführung erhalten wir z.B. das folgende Dialog-Protokoll[27]:

```
?- [ 'auf24' ].
?- auskunft.
Gib Abfahrtsort:
ha.
Gib Ankunftsort:
mü.
IC-Verbindung existiert
Abstand: 825
Zwischenstationen:
fu
yes

?- auskunft.
Gib Abfahrtsort:
mü.
Gib Ankunftsort:
ha.
IC-Verbindung existiert
Abstand: 825
```

---

[27]Zur Programmversion im System "Turbo Prolog" siehe im Anhang unter A.4.

Zwischenstationen:
fu
yes


## 7.12   Fließmuster

Zum Anfügen von Listen haben wir — zur Lösung der Aufgabenstellung
AUF21 (siehe Abschnitt 7.6.1) — das Prädikat "anfüge" mit den folgenden
Klauseln entwickelt:

```
anfüge([ ],Hinter_Liste,Hinter_Liste).
anfüge([ Kopf|Rumpf ],Hinter_Liste,[ Kopf| Ergebnis ]):-
        anfüge(Rumpf,Hinter_Liste,Ergebnis).
```

Stellen wir etwa die Anfrage

```
?- anfüge([ a,b ],[ c,d ],Resultat).
```

so erhalten wir das folgende Ergebnis angezeigt:

```
Resultat = [ a,b,c,d ]
```

Die Variable "Resultat" wird mit einer Liste instanziert, die daraus entsteht,
daß eine an der 2. Argumentposition aufgeführte Liste an die Liste in der
1. Argumentposition angefügt wird. Wir weichen jetzt von der bisherigen
Form, ein Goal zu formulieren, ab und stellen die folgende Anfrage:

```
?- anfüge(Vorder_Liste,[ c,d ],[ a,b,c,d ]).
```

Wir fragen also nach derjenigen Liste, deren Elemente die (als Konstante
angegebene) Resultatsliste "[ a,b,c,d ]" einleiten — *vor* den Elementen der
Liste "[ c,d ]", die an der 2. Argumentposition (als Konstante) angegeben
ist. Als Ergebnis erhalten wir

```
Vorder_Liste = [ a,b ]
```

angezeigt.
Wir wandeln die oben angegebene Anfrage erneut ab, indem wir durch

?– anfüge([ a,b ],Hinter_Liste,[ a,b,c,d ]).

nach der Liste mit den *anzufügenden* Elementen fragen. Daraufhin erhalten wir die Anzeige:

Hinter_Liste = [ c,d ]

Zusammenfassend läßt sich feststellen, daß in Abhängigkeit von der Position, an der wir *Konstante* vorgeben, eine entsprechende Instanzierung der jeweils aufgeführten *Variablen* erfolgt. Wie diese instanzierten Werte zu interpretieren sind, können wir der *deklarativen* Bedeutung des Prädikats "anfüge" unmittelbar entnehmen. Auf Grund der angegebenen Wirkungen kann das jeweilige Goal als *"Prozeduraufruf"* interpretiert werden, wobei diejenigen Argumente, die Konstante enthalten, die Funktion von *"Eingabe-Parametern"* übernommen haben. Die anderen Argumente, an deren Positionen Variable aufgeführt sind, lassen sich als *"Ausgabe-Parameter"* auffassen[28]. Durch die Eingabe-Parameter sind somit Werte vorgegeben, aus denen sich bei der Ableitung des Goals die jeweiligen Instanzierungen der Ausgabe-Parameter als Ergebnisse des Prozeduraufrufs ermitteln lassen.

Im Hinblick auf die dargestellte Wirkung einer Anfrage ist es sinnvoll, die Gesamtheit von Klauseln mit demselben Prädikatsnamen als *Prozedur* zu bezeichnen und den einzelnen Argumentpositionen das Pluszeichen "+" bzw. das Minuszeichen "–" zur Kennzeichnung der Verwendung der jeweiligen Argumentposition zuzuordnen:

- Durch das Zeichen "+" wird gekennzeichnet, daß als Argument eine Konstante bzw. eine instanzierte Variable — als Eingabe-Parameter — aufgeführt werden muß.

- Durch das Zeichen "–" wird festgelegt, daß als Argument eine Variable anzugeben ist, die noch *nicht* instanziert sein darf, damit sie — als Ausgabe-Parameter — bei der Ableitung des Goals mit dem Ergebniswert des Prozeduraufrufs instanziert werden kann.

- Die gesamte Kennzeichnung aller Argumentpositionen eines Prädikats, durch welche die Positionen der Eingabe- und Ausgabe-Parameter markiert sind, wird *"Fließmuster"* (engl.: flow pattern) genannt.

---

[28]Diese Bezeichnungsweise lehnt sich an die Beschreibung von Prozeduraufrufen innerhalb der klassischen prozeduralen Programmiersprachen wie z.B. PASCAL an.

Somit lassen sich die beiden oben angegebenen Prozeduraufrufe durch die
folgenden Fließmuster kennzeichnen:

>   anfüge(+,+,−) für: anfüge([ a,b ],[ c,d ],Resultat)
>   anfüge(−,+,+) für: anfüge(Vorder_Liste,[ c,d ],[ a,b,c,d ])
>   anfüge(+,−,+) für: anfüge([ a,b ],Hinter_Liste,[ a,b,c,d ])

Um zu prüfen, ob "anfüge(−,−,+)" ebenfalls ein zulässiges Fließmuster ist,
geben wir sowohl an der ersten als auch an der zweiten Argumentposition
eine Variable ein, z.B. in der Form:

>   ?− anfüge(Vorder_Liste,Hinter_Liste,[ a,b,c,d ]).

Daraufhin erhalten wir

>   Vorder_Liste = [ ]
>   Hinter_Liste = [ a,b,c,d ]

angezeigt, woraufhin wir Backtracking (durch die Eingabe eines Semikolons
";") anfordern und weitere mögliche Instanzierungen von "Vorder_Liste" und
"Hinter_Liste" in der folgenden Form abrufen können[29]:

>   Vorder_Liste   =   [ a ]
>   Hinter_Liste   =   [ b,c,d ];
>   Vorder_Liste   =   [ a,b ]
>   Hinter_Liste   =   [ c,d ];
>   Vorder_Liste   =   [ a,b,c ]
>   Hinter_Liste   =   [ d ];
>   Vorder_Liste   =   [ a,b,c,d ]
>   Hinter_Liste   =   [ ];

>   no

Durch das Fließmuster "anfüge(−,−,+)" läßt sich somit eine Zerlegung einer Liste in zwei Teillisten kennzeichnen, wobei die an der zweiten Argumentposition instanzierte Liste durch die Anfügung an die an erster Argumentposition instanzierte Liste zur Ausgangsliste "[ a,b,c,d ]" (an der drit-

---

[29]Im "Turbo Prolog"-System erfolgen diese Ausgaben, ohne daß ein Semikolon eingegeben wird. Außerdem wird die Anzahl der möglichen Instanzierungen in der Form "5
Solutions" angezeigt.

ten Argumentposition) führt. Durch das (über das Semikolon) angeforderte
Backtracking lassen sich sämtliche möglichen Varianten dieser Zerlegung anzeigen.

Im Hinblick auf die Prüfung der beim Prädikat "abtrenne" (siehe Abschnitt
7.9) möglichen Fließmuster können wir entsprechend verfahren. Wir fassen
die Ergebnisse tabellarisch zusammen:

| Goal: | Ergebnis: |
|---|---|
| abtrenne(c,[ a,b,c,d ],[ a,b ]) | yes |
| abtrenne(c,[ c,d ],Rest) | Rest = [ ] |
| abtrenne(Schnitt,[ a,b,c,d ],[ a,b ]) | Schnitt = c |
| abtrenne(Schnitt,[ a,b,c,d ],Rest) | Schnitt = a, Rest = [ ]<br>Schnitt = b, Rest = [ a ]<br>Schnitt = c, Rest = [ a,b ]<br>Schnitt = d, Rest = [ a,b,c ] |

Die Fließmuster, welche die jeweilige Form des Prozeduraufrufs kennzeichnen, lassen sich — entsprechend der innerhalb der Tabelle vorliegenden Reihenfolge — somit wie folgt angeben:

```
abtrenne(+,+,+)
abtrenne(+,+,−)
abtrenne(−,+,+)
abtrenne(−,+,−)
```

Damit für den PROLOG-Programmierer erkennbar ist, welche Argumente eines Standard-Prädikats als Eingabe-Parameter oder als Ausgabe-
Parameter zu verwenden sind, wird die Wirkung von Standard-Prädikaten
gleichfalls durch Fließmuster gekennzeichnet. Sämtliche für Standard-Prädikate gültige Fließmuster sind im Handbuch des PROLOG-Systems angegeben. Als Standard-Prädikat, das lediglich *einen* Eingabe-Parameter zuläßt,
haben wir z.B. das Prädikat *"ttyread"* kennengelernt. Im Handbuch wird es
wie folgt gekennzeichnet[30]:

```
ttyread(+)
```

Als Beispiel für ein Prädikat mit *einem* Ausgabe-Parameter haben wir bisher
etwa das Standard-Prädikat *"write"* verwendet, d.h. dieses Prädikat wird
durch das Fließmuster

---

[30]Im Handbuch des Systems "Turbo Prolog" sind die Fließmuster durch die Zeichen "i"
(für "+") und "o" (für "−") gekennzeichnet.

**write(−)**

gekennzeichnet. Bei den oben angegebenen Prädikaten "anfüge" und "abtrenne" haben wir auf der Basis von bereits bestehenden Regeln untersucht, welche Fließmuster für diese Prädikate — über die ursprüngliche Aufgabenstellung hinaus — sinnvoll sind. Normalerweise wird *umgekehrt* verfahren, indem ein oder mehrere Fließmuster für ein Prädikat vorgegeben werden, so daß daraufhin geeignete Klauseln zu entwickeln sind. Wir stellen dieses Vorgehen nachfolgend an der Lösung der folgenden Aufgabenstellung dar:

- Es sollen Klauseln für das Prädikat "bestimme(X,Y,Z)" entwickelt werden, so daß bei *drei* Eingabe-Parametern überprüft wird, ob die Beziehung "X=Y+Z" gilt. Bei *zwei* Eingabe-Parametern soll *eine* als Ausgabe-Parameter aufgeführte Variable so instanziert werden, daß die Beziehung "X=Y+Z" gilt. Ferner soll diese Beziehung auch bei *einem* Eingabe-Parameter und bei *zwei* Ausgabe-Parametern gültig sein (AUF25).

Dies bedeutet, daß die Leistungsfähigkeit des Prädikats "berechne" insgesamt durch die folgenden Fließmuster charakterisiert wird:

```
berechne(+,+,−)
berechne(+,−,+)
berechne(−,+,+)
berechne(+,−,−)
berechne(−,+,−)
berechne(−,−,+)
berechne(+,+,+)
```

So soll z.B. durch die Ableitung von

```
?− berechne(2,8,Z).
```

die Variable "Z" mit dem Wert "10" (Z:=10) instanziert werden.

Für die jeweils durchzuführende Instanzierung ist es entscheidend, daß geprüft werden kann, welche Argumente jeweils Eingabe-Parameter und welche Argumente Ausgabe-Parameter sind. Um dies bei der Ableitbarkeits-Prüfung feststellen zu können, verwenden wir die Standard-Prädikate *"var"* und *"nonvar"*.

- Das Prädikat *"var"* mit einem Argument ist dann unifizierbar, wenn das Argument eine *nicht* instanzierte Variable ist[31].

- Das Prädikat *"nonvar"* mit einem Argument ist dann unifizierbar, wenn das Argument eine Konstante oder aber eine bereits *instanzierte* Variable ist[32].

Somit sind in Abhängigkeit vom jeweiligen Fließmuster entsprechende Regelrümpfe zu entwickeln, in denen durch die Unifizierung der Prädikate "var" und "nonvar" festgestellt werden kann, ob ein Argument mit einem Wert instanziert ist oder nicht und somit als Eingabe- oder als Ausgabe-Parameter zu behandeln ist.

Für die drei ersten oben angegebenen Fließmuster entwickeln wir die folgenden Klauseln:

```
berechne(X,Y,Z):-nonvar(X),nonvar(Y),Z is X+Y.
berechne(X,Y,Z):-nonvar(X),nonvar(Z),Y is Z−X.
berechne(X,Y,Z):-nonvar(Y),nonvar(Z),X is Z−Y.
```

Als Beispiel für die restlichen Fließmuster, bei denen jeweils zwei Ausgabe-Parameter vorgesehen sind, betrachten wir das Fließmuster "berechne(+,−,−)" im Hinblick auf die folgende Anfrage:

```
?− berechne(2,Y,Z).
```

Bei der Vorgabe einer Instanzierung von "Y" ergeben sich die Instanzierungen von "Z" wie folgt:

```
für "Y:=0" resultiert: Z:=2
für "Y:=1" resultiert: Z:=3
für "Y:=2" resultiert: Z:=4
für "Y:=3" resultiert: Z:=5, usw.
```

Diese Ergebnisse lassen sich — durch Backtracking — aus der Ableitung der folgenden Klauseln erhalten:

---

[31]Im "Turbo Prolog"-System steht hierzu das Standard-Prädikat *"free"* zur Verfügung.
[32]Ist das Argument eine Struktur (siehe Kapitel 8), so dürfen deren Argumente auch *nicht* instanzierte Variable sein. Im "Turbo Prolog"-System setzen wir das Standard-Prädikat *"bound"* ein.

```
zahl(0).
zahl(N):-zahl(M),N is M+1.

berechne(X,Y,Z):-nonvar(X),var(Y),var(Z),zahl(Y),Z is X+Y.
```

Insgesamt wird somit die Aufgabenstellung AUF25 durch das folgende Programm gelöst[33]:

```
/* AUF25 */
zahl(0).
zahl(N):-zahl(M),N is M+1.

berechne(X,Y,Z):-nonvar(X),nonvar(Y),Z is X+Y.
berechne(X,Y,Z):-nonvar(X),nonvar(Z),Y is Z-X.
berechne(X,Y,Z):-nonvar(Y),nonvar(Z),X is Z-Y.

berechne(X,Y,Z):-nonvar(X),var(Y),var(Z),zahl(Y),Z is X+Y.
berechne(X,Y,Z):-nonvar(Y),var(X),var(Z),zahl(X),Z is X+Y.
berechne(X,Y,Z):-nonvar(Z),var(X),var(Y),zahl(X),Y is Z-X.
```

Zum Abschluß stellen wir einige Beispiele für Anfragen an dieses Programm und die daraus resultierenden Ergebnisse in der folgenden Tabelle zusammen:

| Goal: | Ergebnis: |
|---|---|
| berechne(2,8,10). | yes |
| berechne(2,8,Z). | Z=10 |
| berechne(X,8,10). | X=2 |
| berechne(2,Y,10). | Y=8 |
| berechne(X,Y,10). | $X = 0, Y = 10;$<br>$X = 1, Y = 9;$<br>...<br>$X = 10, Y = 0:$<br>$X = 11, Y = -1;$<br>... |
| berechne(2,Y,Z). | $Y = 0, Z = 2;$<br>$Y = 1, Z = 3;$<br>... |

---

[33]Im "Turbo Prolog"-System müssen wir statt des Prädikats "nonvar" das Standard-Prädikat *"bound"* und statt des Prädikats "var" das Prädikat *"free"* einsetzen. Für den Operator "is" geben wir das Zeichen "=" an.

## 7.13  Lösung eines krypto-arithmetischen Problems

Bei vielen Problemstellungen, zu deren Lösung PROLOG eingesetzt wird, muß eine besondere Lösungsstrategie angewendet werden. Dabei ist zunächst eine mögliche Lösung zu finden und diese Lösung auf weitere Anforderungen hin zu prüfen. Sofern die ermittelte Lösung zulässig ist, wird sie angezeigt, andernfalls wird eine weitere mögliche Lösung gesucht, usw. Diese Vorgehensweise stellen wir im folgenden am Beispiel der Lösung eines krypto-arithmetischen Problems dar.

Wir stellen uns die Aufgabe, eine mögliche Lösungsvariante für das folgende Problem zu bestimmen:

- Die in der folgenden Summenbildung angegebenen Buchstaben sind durch Ziffern zu ersetzen, so daß die Summenbildung korrekt ist (AUF26):

$$
\begin{array}{ccccccc}
  & 0 & J & E & D & E & R \\
+ & 0 & L & I & E & B & T \\
\hline
  & B & E & R & L & I & N \\
\end{array}
$$

Bei dieser Aufgabe gibt es eine Lösung, die in der folgenden Form angezeigt werden soll:

$$
\begin{array}{cccccc}
0 & 6 & 3 & 4 & 3 & 8 \\
0 & 7 & 5 & 3 & 1 & 2 \\
1 & 3 & 8 & 7 & 5 & 0 \\
\end{array}
$$

Die Grundidee für die Entwicklung des PROLOG-Programms besteht darin, die einzelnen Buchstaben als Listenelemente aufzuführen und die durch sie gekennzeichneten Variablen (es handelt sich um Großbuchstaben) schrittweise mit zulässigen Ziffern zu instanzieren, die in einer weiteren Liste als Elemente enthalten sind.

Somit formulieren wir das krypto-arithmetische Problem durch den folgenden Fakt:

```
rätsel([0,J,E,D,E,R],[0,L,I,E,B,T],[B,E,R,L,I,N]).
```

Das Prädikat "rätsel" enthält die Summanden an der 1. und 2. Argumentposition und das Ergebnis der Addition an der 3. Argumentposition. Die als

Listenelemente angegebenen Variablen sollen durch Ziffern instanziert werden, so daß die oben angegebene Summenbildung zum korrekten Ergebnis führt.

Für die Ableitbarkeits-Prüfung formulieren wir die folgende Regel:

```
lösung:-rätsel(Zeile1,Zeile2,Zeile3),
       berechne(Zeile1,Zeile2,Zeile3,[0,1,2,3,4,5,6,7,8,9]),
       write(Zeile1),nl,write(Zeile2),nl,write(Zeile3),nl.
```

Durch die Ableitung des 1. Prädikats im Regelrumpf erreichen wir, daß die Variablen "Zeile1", "Zeile2" und "Zeile3" mit den beiden Summanden und dem Ergebnis der Summation des unter dem Prädikatsnamen "rätsel" eingetragenen Problems instanziert und dem Prädikat "berechne" zur Verfügung gestellt werden. Dieses Prädikat stellt im 4. Argument eine Liste mit Ziffern für die spätere Addition zur Verfügung.

Zur Ausgabe der instanzierten Listen setzen wir das Standard-Prädikat "write" ein[34].

Für das Prädikat "berechne" formulieren wir die folgende Regel:

```
berechne(Zeile1,Zeile2,Zeile3,Rest):-
      umkehre(Zeile1,Oben),
      umkehre(Zeile2,Mitte),
      umkehre(Zeile3,Unten),
      summe(Oben,Mitte,Unten,Rest,0,Ueb),
      write('Lösung existiert '),nl.
berechne(Zeile1,Zeile2,Zeile3,Rest):-write('Lösung existiert nicht '),nl.
```

Durch die Ableitung der ersten drei Prädikate invertieren wir die Elemente in den Variablen "Zeile1", "Zeile2" und "Zeile3" und instanzieren die Variablen "Oben", "Mitte" und "Unten" mit dem Ergebnis dieser Listen-Inversion[35]. Gäbe es für das Problem *keine* Lösung, so würde das Prädikat "berechne" nach (seichtem) Backtracking durch die 2. Regel abgeleitet und der Text "Lösung existiert nicht" ausgegeben.

Abschließend starten wir die eigentliche Berechnung mit der Ableitung des Prädikats "summe". Dabei geben wir — außer den Operanden "Oben", "Mitte" und "Unten" und der Liste der verfügbaren Ziffern in der Variablen "Rest" — den Wert "0" als Übertrag bei der Berechnung der 1. Spal-

---

[34]Sind wir an *allen* Lösungen des Problems interessiert, so führen wir das Prädikat "fail" als letztes Prädikat im Regelrumpf des Prädikats "lösung" auf.

[35]Zu den Regeln des Prädikats "umkehre" siehe das Programm AUF22.

tensumme vor. Nach dem Ende der Ableitbarkeits-Prüfung des Prädikats "summe" sind die durch Großbuchstaben gekennzeichneten Variablen in den Argumenten "Zeile1", "Zeile2" und "Zeile3" bzw. "Oben", "Mitte" und "Unten" mit Ziffern-Konstanten instanziert[36].

Für das Prädikat "summe" formulieren wir die folgenden Regeln:

```
summe([ ],[ ],[ ],Restliste,0,Ueb1):-
    write('Restliste '),write(Restliste),nl.
summe([Z1|Oben],[Z2|Mitte],[Z3|Unten], Liste,Ueb1,Ueb2):-
    spalte(Z1,Z2,Z3,Liste,Restliste,Ueb1,Ueb2),
    summe(Oben,Mitte,Unten,Restliste,Ueb2,Ueb3).
```

Durch die 1. Klausel des *rekursiven* Prädikats "summe" legen wir das Abbruch-Kriterium fest. Diese Klausel ist dann ableitbar, wenn die ersten 3 Argumente mit der leeren Liste "[ ]" unifizierbar sind. Da wir bei der Berechnung der letzten Spaltensumme keinen Übertrag zulassen, ist das 5. Argument im Regelkopf mit dem Wert "0" instanziert. Die Ableitung des Prädikats "summe" mit der 1. Klausel liefert am Ende der Ableitbarkeits-Prüfung in der Variablen "Restliste" die Ziffern, die bei der Problemlösung *nicht* verwendet wurden.

Beim Ableiten des Prädikats "summe" durch die 2. Klausel stellen wir die Operanden sukzessiv in den Variablen "Z1", "Z2" und "Z3" zur Verfügung. Nachdem eine *zulässige* Instanzierung für die Variablen "Z1", "Z2" und "Z3" durch die Ableitung des Prädikats "spalte" gefunden werden konnte, wird das Prädikat "summe" *erneut* abgeleitet und somit die nächsten Spalte betrachtet.

Ist eine Instanzierung zulässig, so werden die korrespondierenden Buchstaben in den Operanden des Prädikats "summe" durch die jeweiligen Ziffern ersetzt.

Zur spaltenweisen Summation der korrespondierenden Listenelemente formulieren wir die folgende Regel:

---

[36]Dadurch, daß die durch Großbuchstaben gekennzeichneten Variablen auch in den Argumenten des Prädikats "berechne" vorkommen, sind auch sie an die instanzierten Werte gebunden.

```
spalte(Z1,Z2,Z3,Vorher,Nachher,Ueb1,Ueb2):-
     init_streiche(Z1,Vorher,Liste_temp_1),
     init_streiche(Z2,Liste_temp_1,Liste_temp_2),
     init_streiche(Z3,Liste_temp_2,Nachher),
     Summe is Z1 + Z2 + Ueb1,
     teste(Z3,Summe),
     Ueb2 is Summe // 10.
```

Sind die Variablen "Z1", "Z2" und "Z3" noch nicht instanziert, so werden
sie durch die Ableitung des Prädikats "init_streiche" in den Formen

$$init\_streiche(Z1,Vorher,Liste\_temp\_1)$$
$$init\_streiche(Z2,Liste\_temp\_1,Liste\_temp\_2)$$
$$init\_streiche(Z3,Liste\_temp\_2,Nachher)$$

an eine der zur Verfügung stehenden Ziffern gebunden. In den Subgoals mit
dem Prädikatsnamen "init_streiche" geben wir Variablennamen in den ersten Argumenten an. In den zweiten Argumenten stellen wir die Liste der
— vor der Ableitung des jeweiligen Prädikats — noch verfügbaren Ziffern
zur Verfügung. Wird eine Variable mit einer Ziffer aus der Ziffernliste instanziert, so wird diese Ziffer aus der Ziffernliste gestrichen und die neue
Ziffernliste im 3. Argument zur Verfügung gestellt.

Für die jeweils durchgeführten Instanzierungen der Variablen "Z1", "Z2"
und "Z3" müssen wir anschließend prüfen, ob diese Instanzierungen zulässig
sind. Diese Instanzierungen sind dann *zulässig*, wenn der instanzierte Wert
der Variablen "Summe" gleich dem instanzierten Wert der Variablen "Z3"
ist. Dies prüfen wir durch die Ableitung des Prädikats "teste" mit der folgenden Regel:

```
teste(Z3,Summe):-Z3 =:= Summe mod 10.
```

Erfüllt die Instanzierung der Variablen "Z3" diese Bedingung, so berechnen
wir durch

$$Ueb2 \ is \ Summe \ // \ 10$$

den Übertrag, den wir in der Variablen "Ueb2" dem Prädikat "summe" der
nächsten Summation zur Verfügung stellen müssen.
Kann mit dem instanzierten Wert der Variablen "Z3" das Prädikat "teste"
*nicht* abgeleitet werden, so setzt (tiefes) Backtracking ein und es wird die

Variable "Z3" durch die Ableitung des 3. Subgoals mit einer anderen Ziffer instanziert. Erfüllt keine der Instanzierungen der Variablen "Z3" die Bedingung

$$Z3 =:= Summe\ mod\ 10$$

so wird zunächst versucht, diese Bedingung mit neuen Instanzierungen der Variablen "Z2" und "Z3" zu erfüllen. Schlägt die Ableitung des Prädikats "teste" wiederum fehl, so wird die Variable "Z1" mit einer anderen Ziffer instanziert. Anschließend wird eine Zifferkombination bestimmt, mit der sich das Prädikat "teste" erfolgreich ableiten läßt.

Für das Prädikat "init_streiche" formulieren wir die folgenden Klauseln:

```
init_streiche(Element,Liste,Liste):-nonvar(Element),!.
init_streiche(Element,[Element|Liste],Liste).
init_streiche(Element,[K|Liste],[K|Liste1]):-
                init_streiche(Element,Liste,Liste1).
```

Durch die Ableitung des Prädikats "init_streiche" instanzieren wir sukzessiv die Variablen "Z1", "Z2" und "Z3" mit einer der noch zur Verfügung stehenden Ziffern. Sobald eine dieser Variablen instanziert ist, wird die Liste der noch zur Verfügung stehenden Ziffern um diese Ziffer reduziert.

Ist ein Operand bereits *vor* der Ableitung des Prädikats "spalte" mit einer Ziffer instanziert, so wird das Prädikat "init_streiche" mit der 1. Regel abgeleitet, so daß *keine* Ziffer aus der Ziffernliste gestrichen wird. Durch den Einsatz des Standard-Prädikats "cut" im Regelrumpf der 1. Regel verhindern wir die Ableitung mit einer der folgenden Regeln.

Ist ein Operand noch *nicht* instanziert, so wird er — durch die Ableitung des Prädikats "init_streiche" mit der 2. Klausel — an die 1. Ziffer in der Ziffernliste gebunden. Stellt seine Instanzierung keine zulässige Instanzierung dar, so wird der Operand durch (tiefes) Backtracking im Regelrumpf des Prädikats "spalte" und (seichtes) Backtracking beim Ableiten des Prädikats "init_streiche" mit der nächsten Ziffer in der Ziffernliste instanziert.

Insgesamt erhalten wir zur Lösung des krypto-arithmetischen Problems das folgende Programm:

```prolog
/* AUF26: */
rätsel([0,J,E,D,E,R],[0,L,I,E,B,T],[B,E,R,L,I,N]).

berechne(Zeile1,Zeile2,Zeile3,Rest):-
      umkehre(Zeile1,Oben),
      umkehre(Zeile2,Mitte),
      umkehre(Zeile3,Unten),
      summe(Oben,Mitte,Unten,Rest,0,Ueb).
      write('Lösung existiert '),nl.
berechne(Zeile1,Zeile2,Zeile3,Rest):-write('Lösung existiert nicht '),nl.

summe([ ],[ ],[ ],Restliste,0,Ueb1):-
      write('Restliste: '),write(Restliste),nl.
summe([Z1|Oben],[Z2|Mitte],[Z3|Unten],Liste,Ueb1,Ueb2):-
      spalte(Z1,Z2,Z3,Liste,Restliste,Ueb1,Ueb2),
      summe(Oben,Mitte,Unten,Restliste,Ueb2,Ueb3).

spalte(Z1,Z2,Z3,Vorher,Nachher,Ueb1,Ueb2):-
      init_streiche(Z1,Vorher,Liste_temp_1),
      init_streiche(Z2,Liste_temp_1,Liste_temp_2),
      init_streiche(Z3,Liste_temp_2,Nachher),
      Summe is Z1 + Z2 + Ueb1,
      teste(Z3,Summe),
      Ueb2 is Summe // 10.

teste(Z3,Summe):-Z3 =:= Summe mod 10.

init_streiche(Element,Liste,Liste):-nonvar(Element),!.
init_streiche(Element,[Element|Liste],Liste).
init_streiche(Element,[K|Liste],[K|Liste1]):-
      init_streiche(Element,Liste,Liste1).

umkehre([ ],[ ]).
umkehre([Kopf|Rumpf],Ergebnis):-
      umkehre(Rumpf,Vorder_Liste),
      anfüge(Vorder_Liste,[Kopf],Ergebnis).

anfüge([ ],Hinter_Liste,Hinter_Liste).
anfüge([Kopf|Rumpf],Hinter_Liste,[Kopf|Ergebnis]):-
      anfüge(Rumpf,Hinter_Liste,Ergebnis).

lösung:-rätsel(Zeile1,Zeile2,Zeile3),
```

```
/* AUF26: */
        berechne(Zeile1,Zeile2,Zeile3,[0,1,2,3,4,5,6,7,8,9]),
        write(Zeile1),nl,write(Zeile2),nl,write(Zeile3),nl.
```

Starten wir das Programm zur Lösung des oben angegebenen Problems
durch die Eingabe des externen Goals "lösung", so erhalten wir das zu Beginn des Kapitels angegebene Ergebnis angezeigt. Außerdem werden die
*nicht* eingesetzten Ziffern und der Text "Lösung existiert" ausgegeben.

Der Kern der vorab beschriebenen Vorgehensweise läßt sich in seiner allgemeinen Form durch die beiden folgenden Regeln beschreiben:

```
lösung(Problem,Lösung):-generiere_mögliche_lösung(Problem,Lösung),
     teste_mögliche_lösung(Lösung),
     anzeige_lösung(Lösung),
     write('Lösung existiert ').
lösung(Problem,Lösung):-write('Lösung existiert nicht ').
```

Stellen wir die Anfrage "lösung(Problem,Lösung).", so wird zunächst versucht, eine mögliche Lösung zu finden. Anschließend wird diese Lösung
durch die Ableitung des Prädikats "teste_mögliche_lösung" auf Zulässigkeit
überprüft. Ist die Lösung *nicht* zulässig, so setzt (tiefes) Backtracking ein,
und es wird durch die erneute Ableitung des Prädikats "generiere_mögli-
che_lösung" versucht, eine andere mögliche Lösung zu bestimmen. Ist die
zuletzt ermittelte Lösung *zulässig*, so wird sie durch die Ableitung von "an-
zeige_lösung(Lösung)" angezeigt und anschließend der Text "Lösung existiert" ausgegeben.

Erst wenn durch die Ableitungbarkeits-Prüfungen der Prädikate "gene-
riere_mögliche_lösung" und "teste_mögliche_lösung" *keine* mögliche und
zulässige Lösung gefunden werden kann, setzt (seichtes) Backtracking zur
2. Regel des Prädikats "lösung" ein, so daß abschließend der Text "Lösung
existiert nicht" ausgegeben wird.

## 7.14  Aufgaben

### Aufgabe 7.1
Erstelle den zugehörigen Ableitungsbaum für die Ausführung des Programms AUF22 (siehe Abschnitt 7.6.2), sofern die Liste "[ a,b,c ]" zur Invertierung eingegeben wird!

### Aufgabe 7.2
Entwickle ein Programm, das eine Liste mit ganzzahligen Werten von der Tastatur einliest. Anschließend ist die Summe über diese Elemente zu bilden!

### Aufgabe 7.3
Formuliere zwei Programme mit dem Prädikat "länge" zur Bestimmung der Anzahl der Elemente einer Liste, die über die Tastatur einzulesen ist!

Formuliere das Programm so, daß im Regelrumpf des Prädikats "länge" das Prädikat "länge"

- a) *nicht* als letztes Prädikat,

- b) als *letztes* Prädikat auftritt.

### Aufgabe 7.4
Formuliere ein Programm, das eine Liste einliest und das letzte Element dieser Liste anzeigt!

### Aufgabe 7.5
Es ist ein Prädikat zu entwickeln, das eine (aus mindestens 2 Elementen bestehende) Liste einliest und dann prüft, ob zwei Elemente in einer Liste nebeneinander stehen!

### Aufgabe 7.6
Schreibe ein Prädikat, das aus 2 Listen eine neue Liste erstellt, in der alle die Elemente enthalten sind, die nicht in der anderen Liste vorkommen.

### Aufgabe 7.7
Welche der folgenden Listenpaare sind unifizierbar?

- a) [ 1,2,3 ] und [ X | Y ]

- b) [ 1,2,3 ] und [ X | _ ]

- c) [ 1,2,3 ] und [ _ | Y ]

- d) [ X,2,3 ] und [ 1,Y ]

- e) [ X,2,3 ] und [ 1,Y,3 ]

Aufgabe 7.8

Die folgenden Klauseln sollen die verkauften Artikel eines Vertreters in Form einer Liste angeben:

```
verkauf(meyer,[ oberhemd,mantel,hose ]).
verkauf(meier,[ mantel,hose ]).
verkauf(schulze,[ ]).
```

Durch welche Anfrage können wir uns die Namen der Vertreter anzeigen lassen,

- a) die mindestens zwei Artikel

- b) die keinen Artikel

verkauft haben?

Aufgabe 7.9

Nimm ein Prädikat namens "aktivität" in die Wiba auf, mit dem sämtliche Artikel, die ein bestimmter Verteter an einem bestimmten Tag verkauft hat, in Form einer Liste angezeigt werden. Das Ergebnis soll z.B. durch die folgende Anfrage ausgegeben werden:

```
?- aktivität(meyer,24,Artikel_Liste).
```

# 8 Verarbeitung von Strukturen

## 8.1 Strukturen als geordnete Zusammenfassung von Werten

In Kapitel 7 haben wir das Programm AUF24 entwickelt, mit dem wir Anfragen nach der *entfernungsmäßig* kürzesten IC-Verbindung zweier Orte bearbeiten lassen konnten. Jetzt stellen wir uns die Aufgabe,

- die *zeitlich* kürzeste IC-Verbindung von einem Abfahrts- zu einem Ankunftsort bei einer vorzugebenden *frühest* möglichen Abfahrtszeit eines Bahnreisenden zu ermitteln. Dabei soll die Gesamtreisezeit betrachtet werden. Diese soll sich aus den Fahrzeiten und den Wartezeiten ergeben. Der Einfachheit halber sollen sich Anfragen nur auf IC-Verbindungen *desselben* Tages beziehen (AUF27).

Zur Lösung dieser Aufgabenstellung ergänzen wir das Prädikat "dic" durch die Zugnummern sowie die Abfahrts- und Ankunftszeiten. Zum Beispiel soll der Fakt

    dic(ha,kö,3,0,0,7,43).

festlegen, daß eine Direktverbindung von "ha" nach "kö" durch einen Zug mit der Zugnummer "3" besteht. Dieser Zug fährt um "0" Uhr "0" min von "ha" ab und erreicht "kö" um "7" Uhr "43" min. Wollen wir diese Fahrplanangaben der Direktverbindung von "ha" nach "kö" anzeigen lassen, so können wir z.B. eine Anfrage in der folgenden Form stellen:

    ?– dic(ha,kö,Nr,Ab_h,Ab_min,An_h,An_min).

Dagegen, daß wir das Prädikat "dic" mit 7 Argumenten vereinbart haben, ist nichts einzuwenden, da Prädikate beliebig viele Argumente enthalten dürfen. Es zeigt sich allerdings schon bei diesem Beispiel, daß die Darstellung bei vielen Argumenten sehr *unübersichtlich* ist. Insofern ist es sinnvoll, mehrere zusammengehörende Argumente unter einem gemeinsamen Oberbegriff zusammenzufassen.

So können wir z.B. die Fahrplanangaben der Direktverbindung von "ha"
nach "kö" als Fakt in der Form

dic(ha,kö,fplan(3,0,0,7,43)).

in die Wiba eintragen. Jetzt hat das Prädikat "dic" nur noch 3 Argumente.
Durch die Zusammenfassung der Fahrplanangaben unter dem *Oberbegriff*
"fplan" erreichen wir eine Strukturierung und Reduzierung der Anzahl der
Argumente des Prädikats "dic" und können somit eine Anfrage z.B. in der
folgenden Form stellen:

?– dic(ha,kö,Angaben).

Daraufhin erhalten wir als Instanzierung der Variablen "Angaben" die folgende Anzeige:

Angaben   =   fplan(3,0,0,7,43)

Das Objekt "fplan(3,0,0,7,43)", das die Komponenten "3", "0", "0", "7" und
"43" unter dem Oberbegriff "fplan" zusammenfaßt, nennen wir eine *Struktur*.
Die Struktur "fplan(3,0,0,7,43)" hat den gleichen formalen Aufbau wie ein
Prädikat. Dem Strukturnamen "fplan" folgen die Argumente "3", "0", "0",
"7" und "43".
Grundsätzlich gilt:

• Eine *Struktur* ist eine *geordnete* Zusammenfassung von Werten. Sie hat
  die gleiche Syntax wie ein Prädikat, löst jedoch *keine* Ableitbarkeits-
  Prüfung aus. Jede Struktur wird durch einen *Strukturnamen* eingeleitet, dem die *Argumente* folgen. Die Argumente werden jeweils in
  eine öffnende Klammer "(" und eine schließende Klammer ")" eingeschlossen und durch Kommata "," voneinander getrennt. Genauso
  wie es Prädikate ohne Argumente gibt, lassen sich auch Strukturen
  ohne Argumente angeben. Beim Unifizieren zweier Strukturen werden
  zunächst die Strukturnamen miteinander verglichen und anschließend
  die korrespondierenden Struktur-Argumente untersucht.

## 8.2   Unifizierung von Strukturen

Bisher haben wir Variablen, Konstanten und Listen als Argumente von
Prädikaten verwendet. Im Hinblick auf die Unifizierung eines Goals oder

Subgoals mit einem derartigen Prädikat haben wir gelernt, daß bei gleichen Prädikatsnamen die jeweils miteinander korrespondierenden Argumente in Übereinstimmung gebracht werden müssen. Dies gilt auch dann, wenn Strukturen als Argumente auftreten.

Somit lassen sich zwei Prädikate, die Strukturen als Argumente besitzen, dann *unifizieren*, wenn

- beide Prädikate gleichnamig sind, die gleiche Anzahl an Argumenten haben und sich argumentweise unifizieren lassen:

  - Falls eine Struktur positionsmäßig mit einer *Variablen* korrespondiert, so wird die Variable mit der *gesamten* Struktur und deren Argumenten instanziert.

  - Falls zwei Strukturen positionsmäßig miteinander korrespondieren und in den Argumenten einer Struktur eine *Variable* vorkommt, so wird die Variable mit dem Argument der korrespondierenden Struktur instanziert. Dies setzt *identische* Strukturnamen und die *gleiche* Anzahl an Argumenten in beiden Strukturen voraus.

  - Falls zwei Strukturen positionsmäßig miteinander korrespondieren und in den Argumenten *Konstante* vorkommen, so müssen — bei identischen Strukturnamen und gleicher Anzahl an Struktur-Argumenten — die Konstanten bzgl. ihrer Argumentposition innerhalb der beiden Strukturen identisch sein.

Gemäß dieser Angaben erhalten wir z.B. die folgenden Instanzierungen[1]:

```
dic(ha,kö,fplan(3,0,0,7,43)).
mit
dic(ha,kö,fplan(Nr,Ab_h,Ab_min,An_h,An_min))
durch:
Nr:=3, Ab_h:=0, Ab_min:=0, An_h:=7, An_min:=43
```

```
dic(ha,kö,fplan(3,0,0,7,43)).
mit
dic(Von,Nach,Angaben)
durch:
Von:=ha, Nach:=kö, Angaben:=fplan(3,0,0,7,43)
```

---

[1] Wir können dies mit dem im Abschnitt 6.3 beschriebenen Operator "=" zum Test auf Unifizierbarkeit prüfen.

Dagegen ist in dem folgenden Fall *keine* Unifizierung möglich:

```
dic(ha,kö,fplan(3,0,0,7,43)).
mit:
dic(ha,kö,fplan(Angaben))
```

Dies liegt daran, daß sich eine Variable ("Angaben") nur mit einer Konstanten, einer Variablen, einer Liste oder einer Struktur instanzieren läßt[2], nicht aber mit einem Konstrukt der Form "3,0,0,7,43".

Da Strukturen auch als Listenelemente[3] auftreten dürfen, ergeben sich die folgenden Instanzierungen:

```
dic(ha,kö,[fplan(3,0,0,7,43),fplan(30,12,0,20,43)]).
mit
dic(ha,kö,Angaben)
durch:
Angaben:=[fplan(3,0,0,7,43),fplan(30,12,0,20,43)]
```
```
dic(ha,kö,[fplan(3,0,0,7,43),fplan(30,12,0,20,43)]).
mit
dic(ha,kö,[ _ , Angaben ])
durch:
Angaben:=[fplan(30,12,0,20,43)]
```

Neben der bislang angegebenen Form von Strukturen, bei denen als Argumente nur Konstante bzw. Variable aufgetreten sind, ist es darüberhinaus erlaubt, Strukturen zu *verschachteln*.

- Strukturen können Argumente enthalten, die selbst Strukturen sind. Derartige Strukturen werden *verschachtelte* Strukturen genannt.

Zum Beispiel können wir als Alternative zur oben angegebenen Form der Struktur "fplan" jeweils die Abfahrts- und Ankunftszeiten zusammenfassen

---

[2]Konstante, Variable, Listen und Strukturen werden *Terme* genannt.

[3]Eine Liste kann auch als Struktur mit dem Strukturnamen "." und zwei Argumenten aufgefaßt werden, wobei das 2. Argument wiederum eine Liste ist. Wir können dies z.B. mit der folgenden Anfrage

?– '.'(ha,'.'(kö,'.'(ma,[ ]))) == [ ha,kö,ma ].

prüfen. Zur Unterscheidung vom abschließenden Punkt am Ende einer Klausel oder einer Anfrage ist für den Strukturnamen "." eine Ersatzdarstellung in Form von '.' anzugeben.

und somit in die Wiba einen Fakt mit dem Prädikatsnamen "dic" und den folgenden Argumenten eintragen[4]:

dic(ha,kö,fplan(3,ab_zeit(0,0),an_zeit(7,43))).

Jetzt handelt es sich bei der Struktur "fplan" um eine verschachtelte Struktur. Das 1. Argument enthält die Zugnummer und die beiden nachfolgenden Argumente sind Strukturen mit den Strukturnamen "ab_zeit" und "an_zeit". Die Struktur "ab_zeit" ("an_zeit") faßt die Stunden- und Minutenangaben der Abfahrtszeit (Ankunftszeit) zusammen.
Stellen wir jetzt z.B. die Anfrage

?– dic(ha,kö,fplan(Nr,Ab,An)).

so erhalten wir

```
Nr   =   3
Ab   =   ab_zeit(0,0)
An   =   an_zeit(7,43)
```

angezeigt, d.h. die Variablen "Ab" und "An" werden durch die Strukturen "ab_zeit(0,0)" bzw. "an_zeit(7,43)" instanziert.

- Bei der *Unifizierung* von Prädikaten, die *verschachtelten* Strukturen als Argumente besitzen, erfolgt der Mustervergleich schrittweise (rekursiv). Die Unifizierung zweier Strukturen ist dann erfolgreich, wenn sie auf allen Ebenen der evtl. vorkommenden (Unter-) Strukturen möglich ist.

Somit erhalten wir z.B. die folgenden möglichen Instanzierungen:

---

[4]Da es im "Turbo Prolog"-System nicht möglich ist, innerhalb von Listen Unter-Listen einzusetzen, müssen wir im "Turbo Prolog"-System Strukturen verwenden. Als Argumente einer Struktur können wir Listen und Listen mit Unter-Listen einsetzen, siehe auch die Aufgaben am Ende des Kapitels.

```
dic(ha,kö,fplan(3,ab_zeit(0,0),an_zeit(7,43))).
mit
dic(ha,kö,Angaben)
durch:
Angaben:=fplan(3,ab_zeit(0,0),an_zeit(7,43))
dic(ha,kö,fplan(3,ab_zeit(std(0),min(0)),an_zeit(7,43))).
mit
dic(ha,kö,fplan(Nr,Ab,An)
durch:
Nr:=3, Ab:=ab_zeit(std(0),min(0)), An:=an_zeit(7,43)
dic(ha,kö,fplan(3,ab_zeit(std(0),min(0)),an_zeit(7,43))).
mit
dic(ha,kö,fplan(Nr,ab_zeit(Ab_h,Ab_min),Zeit))
durch:
Nr:=3, Ab_h:=std(0), Ab_min:=min(0), Zeit:=an_zeit(7,43)
```

In den folgenden Fällen ist dagegen *keine* Unifizierung möglich:

```
dic(ha,kö,fplan(3,ab_zeit(0,0),an_zeit(7,43))).
mit:
dic(ha,kö,fplan(Angaben))
dic(ha,kö,fplan(3,ab_zeit(std(0),min(0)),an_zeit(7,43))).
mit:
dic(ha,kö,fplan(Nr,ab_zeit(Ab),Zeit))
```

## 8.3  Bestimmung der zeitlich kürzesten IC-Verbindung

Nachdem wir kennengelernt haben, wie wir die Fahrplanangaben als Argumente des Prädikats "dic" in Form einer Struktur angeben können, entwickeln wir im folgenden das Programm zur Lösung der Aufgabenstellung AUF27. Dazu legen wir das IC-Netz in der folgenden Abbildung zugrunde[5]:

---

[5]Aus Gründen der Übersicht gibt es in diesem Netz keine *richtungslosen* Direktverbindungen.

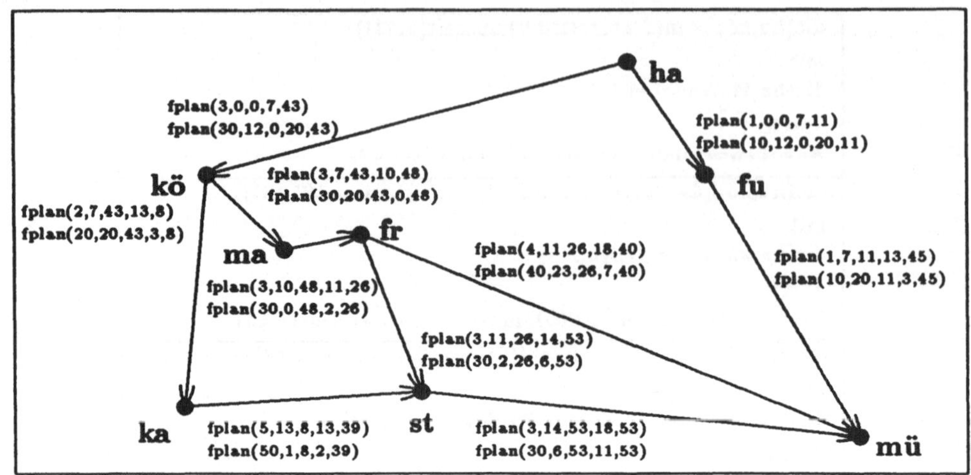


Abb. 8.1

In dieser Abbildung sind zu jeder Direktverbindung zwei Strukturen als fiktive Beispiele für tägliche Verbindungen angegeben. Dabei kennzeichnen die zugehörigen Argumente die Zugnummer, die Abfahrts- und Ankunftszeiten in Stunden und Minuten in der oben vereinbarten Form.

Für die Entwicklung des Programms zur Lösung der Aufgabenstellung AUF27 legen wir das Programm AUF24 zugrunde. Da jetzt keine Zyklen mehr auftreten können, müssen wir als Prädikate zur Verarbeitung von Listen lediglich die beiden Prädikate *"anfüge"* (zum Verbinden von zwei Listen) und *"umkehre"* (zur Invertierung einer Liste) einsetzen.

Zur Lösung der Aufgabenstellung AUF27 tragen wir zunächst die Direktverbindungen als Fakten mit dem Prädikatsnamen "dic" und 3 Argumenten in die Wiba ein. Die ersten beiden Argumente sollen — wie bisher — den Abfahrts- und Ankunftsort kennzeichnen. Durch das 3. Argument geben wir die Fahrplanangaben als Argumente der Struktur "fplan" in der oben beschriebenen Form an — z.B. durch "dic(ha,kö,fplan(3,0,0,7,43))". Außerdem müssen wir die Argumentzahl der Prädikate "anfrage", "antwort" und "ic" sowie die Klauseln der Prädikate "anforderung", "anfrage", "antwort", "ic" und "anzeige" aus dem Programm AUF24 anpassen und zusätzliche Prädikate in das Programm aufnehmen. Die dazu erforderlichen Veränderungen beschreiben wir im folgenden.

Zur Durchführung der Anfrage und der Ermittlung der Reisezeit sowie der evtl. vorhandenen Zwischenstationen wandeln wir das Prädikat "anforderung" wie folgt ab:

```
anforderung:-anfrage(Von,Nach,Frühest),
           antwort(Von,Nach,Dist,Resultat_invers,Frühest,Warte),
           abfahrt_db(Abfahrt),
           frühest_db(Zeit),
           Reisezeit is Dist + Warte - (Abfahrt - Zeit),
           vergleich(Reisezeit,Resultat_invers),
           fail.
```

Da wir für eine Direktverbindung jetzt mehrere Alternativen mit verschiedenen Abfahrts- und Ankunftszeiten zulassen, müssen wir auf die im Regelrumpf des Prädikats "anforderung" innerhalb des Programms AUF24 — aus Effizienzgründen — eingesetzten Prädikate "cut" und "dic_frage" verzichten.

Die im Regelrumpf des Prädikats "anforderung" eingesetzten Variablen "Dist" und "Warte" sollen am Ende der Ableitbarkeits-Prüfung des Prädikats "antwort" mit der gesamten Fahr- und Wartezeit der angefragten IC-Verbindung instanziert sein. Ferner sollen durch die Ableitung der beiden Prädikate "abfahrt_db" und "frühest_db" die zuvor im dynamischen Teil der Wiba eingetragenen Werte der frühest *möglichen* Abfahrtszeit und der *tatsächlichen* Abfahrtszeit erhalten werden können[6]. Die zugehörige Gesamtreisezeit ergibt sich daraufhin aus der Ableitung von:

Reisezeit is Dist + Warte - (Abfahrt - Zeit)

Durch die nachfolgende Ableitung des Prädikats "vergleich" wird diese Gesamtreisezeit mit dem Argument des Prädikats "erreicht_db" im dynamischen Teil der Wiba verglichen (siehe Programm AUF24). Ist die gespeicherte Reisezeit größer als die aktuell ermittelte Reisezeit, so werden die als Argumente des Fakts mit dem Prädikatsnamen "erreicht_db" gespeicherten Angaben der aktuellen IC-Verbindung gelöscht und die *neue* Reisezeit und die *neu* ermittelten Zwischenstationen in den dynamischen Teil der Wiba eingetragen.

Falls in der dynamischen Wiba noch keine IC-Verbindung enthalten ist, wird die aktuell ermittelte IC-Verbindung nach (seichtem) Backtracking durch die 2. Regel des Prädikats "vergleich" in die dynamische Wiba übernommen.

Durch die anschließende Ableitung des Prädikats "fail" im Regelrumpf des Prädikats "anforderung" wird Backtracking erzwungen, so daß weitere alternative IC-Verbindungen untersucht werden.

---

[6]Diese Werte müssen festgehalten werden, da wir die Gesamtreisezeit vom Zeitpunkt der *Abfahrt* bis zur *Ankunft* ermitteln wollen. Die Zeit von der frühest möglichen Abfahrtszeit bis zur tatsächlichen Abfahrtszeit soll dabei nicht berücksichtigt werden.

Zum Einlesen der frühest möglichen Abfahrtszeit erweitern wir die Zahl der
Argumente und den Regelrumpf des Prädikats "anfrage" durch den Einsatz
der Standard-Prädikate "ttyread", "write" und "nl", so daß wir für das
Prädikat "anfrage" die folgende Regel vorgeben:

```
anfrage(Von,Nach,Frühest):-write(' Gib Abfahrtsort: ' ),nl,
     ttyread(Von),
     write(' Gib Ankunftsort: '),nl,
     ttyread(Nach),
     not(gleich(Von,Nach)),
     write(' Gib Abfahrtsstunde: '),nl,
     ttyread(Abfahrt_h),
     write(' Gib Abfahrtsminute: '),nl,
     ttyread(Abfahrt_min),
     berechne_1(Frühest,Abfahrt_h,Abfahrt_min).
```

Wir haben die Argumente des Prädikats "anfrage" um die Variable
"Frühest" zum Festhalten der *frühest* möglichen Abfahrtszeit in der Maßeinheit "min" erweitert. Um die eingelesenen Werte in Minuten umzurechnen,
setzen wir das Prädikat "berechne_1" am Ende des Regelrumpfs in der Form

```
berechne_1(Frühest,Abfahrt_h,Abfahrt_min)
```

ein. Für dieses Prädikat formulieren wir die folgende Regel:

```
berechne_1(Zeit,Zeit_h,Zeit_min):-Zeit is Zeit_h * 60 + Zeit_min.
```

Nach dem Ableiten des Prädikats "berechne_1" ist die Variable im 1. Argument mit der *frühest* möglichen Abfahrtszeit in der Maßeinheit "min"
instanziert.

Das Prädikat "antwort" erweitern wir um zwei weitere Argumente. Zur
Übernahme des Wertes der *frühest* möglichen Abfahrtszeit nehmen wir die
Variable "Frühest" als zusätzliches Argument auf. Zur Übergabe der Wartezeit setzen wir — analog zum Festhalten der Fahrzeit bzw. Entfernung in
der Variablen "Dist" im Programm AUF24 — die Variable "Warte" ein und
erhalten somit für das Prädikat "antwort" die folgende Regel:

```
antwort(Von,Nach,Dist,Resultat_invers,Frühest,Warte):-
     ic(Von,Nach,[ ],Resultat,Dist, _ , Frühest,0,Warte,0),
     umkehre(Resultat,Resultat_invers).
```

Die Variable "Dist" in den Prädikaten "antwort" und "ic" soll mit der Fahrzeit der IC-Verbindung und die Variable "Warte" mit der Wartezeit der IC-Verbindung in der Zeiteinheit "min" instanziert werden[7]. Für den 1. Ableitbarkeits-Versuch des Prädikats "ic" müssen die Variablen im 8. und 10. Argument mit dem Startwert "0" instanziert sein.

Bevor wir die Klauseln des Prädikats "ic" angeben, stellen wir zunächst die Prädikate "berechne_2" und "berechne_3" vor, die in den Regelrumpf des Prädikats "ic" aufgenommen werden müssen.

Um die Fahrzeit einer Direktverbindung zu ermitteln, setzen wir das Prädikat "berechne_2" in der Form

berechne_2(Fahr1,fplan(Nr,Ab_h,Ab_min,An_h,An_min))

mit den beiden folgenden Regeln ein:

```
berechne_2(Fahr,fplan(Nr,Ab_h,Ab_min,An_h,An_min)):-
     An_h >= Ab_h,
     Min_Ab is Ab_h * 60 + Ab_min,
     Min_An is An_h * 60 + An_min,
     Fahr is (Min_An - Min_Ab),
     !.
berechne_2(Fahr,fplan(Nr,Ab_h,Ab_min,An_h,An_min)):-
     Min_Ab is 24 * 60 - (Ab_h * 60 + Ab_min),
     Min_An is An_h * 60 + An_min,
     Fahr is Min_Ab + Min_An.
```

Im Unterschied zum Prädikat "berechne_1", das wir — im Regelrumpf des Prädikats "anfrage" — zur Umrechnung der *frühest* möglichen Abfahrtszeit in Minuten eingesetzt haben, hat das Prädikat "berechne_2" nur zwei Argumente. Dabei ist das 2. Argument eine Struktur. Durch die Ableitung dieses Prädikats wird die Fahrzeit einer Direktverbindung in Minuten bestimmt und die Variable "Fahr" mit dieser Fahrzeit instanziert.

Bei der Berechnung der Fahrzeit einer Direktverbindung unterscheiden wir *zwei* Fälle:

---

[7]Im Regelrumpf des Prädikats "antwort" haben wir das Prädikat "ic" an der 6. Argumentposition um die anonyme Variable " _ " erweitert. Diese Erweiterung ist zur Lösung der Aufgabenstellung AUF27 *nicht* notwendig. Sie kann jedoch dazu dienen, bei der Ableitbarkeits-Prüfung einer IC-Verbindung zu unterscheiden, ob die IC-Verbindung eine durchgehende Verbindung ist oder ob ein Umsteigen notwendig ist (siehe unten).

- Sind Abfahrts- und Ankunftszeit einer Direktverbindung am gleichen Tag, so bestimmt sich die Fahrzeit aus der Differenz von Ankunfts- und Abfahrtszeit.

- Im anderen Fall berechnen wir die Fahrzeit aus der Differenz von 24.00 Uhr (24*60 Minuten) und der Abfahrtszeit, zu der wir die Ankunftszeit hinzuaddieren.

Da entweder der eine oder der andere Fall auftritt, haben wir in der 1. Regel das Prädikat "cut" zur Realisierung einer *"entweder-oder-"* Bedingung eingesetzt[8].
Bei der Berechnung der Wartezeit zwischen zwei aufeinanderfolgenden Direktverbindungen müssen wir die *beiden* folgenden Fälle unterscheiden:

- Ist die Abfahrtszeit einer Direktverbindung und die *frühest* mögliche Abfahrtszeit am gleichen Tag, so bestimmt sich die Wartezeit aus der Differenz von Abfahrts- und *frühest* möglicher Abfahrtszeit.

- Im anderen Fall berechnen wir die Wartezeit aus der Addition von Abfahrtszeit und der Differenz aus 24.00 Uhr (24*60 Minuten) und der *frühest* möglichen Abfahrtszeit.

Da nur einer der beiden Fälle auftreten kann, setzen wir auch hier — analog zur 1. Regel des Prädikats "berechne_2" — das Standard-Prädikat "cut" im Rumpf der 1. Regel des Prädikats "berechne_3" ein. Insgesamt erhalten wir für das Prädikat "berechne_3" zur Ermittlung der Wartezeiten zwischen zwei aufeinanderfolgenden Direktverbindungen die beiden folgenden Regeln:

```
berechne_3(Warte,Abfahrt,Frühest):-Abfahrt >= Frühest,
        Warte is (Abfahrt − Frühest),
        !.
berechne_3(Warte,Abfahrt,Frühest):-
        Warte is Abfahrt + (24 * 60 − Frühest).
```

Gegenüber dem Programm AUF24 erweitern wir das Prädikat "ic" um vier Argumente. Während die Variable an der 7. Argumentposition durch die aktuell *frühest* mögliche Abfahrtszeit, die Variable an der 8. Position durch

---

[8]Die Ableitung des Prädikats "berechne_2" mit *genau* einer der beiden Regeln hätten wir auch dadurch erreichen können, daß wir — anstatt das Prädikat "cut" im Regelrumpf der 1. Regel einzusetzen — "An_h < Ab_h" oder "not(An_h >= Ab_h)" an den Anfang des 2. Regelrumpfs geschrieben hätten.

die bisherige Fahrzeit und die Variable an der 10. Position durch die bisherige Wartezeit instanziert ist, soll die Variable an der 9. Position durch die Ableitbarkeits-Prüfung mit der *aktuellen Wartezeit* instanziert werden.

Für das Ableiten einer IC-Verbindung, die eine *Direktverbindung* ist, setzen wir das Prädikat "ic" in der Form[9]

```
ic(Von,Nach,Gesamt,Gesamt,Dist,zug(Nr),Frühest,D2,Warte,W2):-
    dic(Von,Nach,fplan(Nr,Ab_h,Ab_min,An_h,An_min)),
    berechne_1(Abfahrt,Ab_h,Ab_min),
    Frühest =< Abfahrt,
    eintrage(Gesamt,Abfahrt,Frühest),
    berechne_2(Fahr1,fplan(Nr,Ab_h,Ab_min,An_h,An_min)).
    Dist is Fahr1 + D2,
    berechne_3(Warte1,Abfahrt,Frühest),
    Warte is Warte1 + W2.
```

ein. Durch die Unifizierung des Subgoals "dic" mit einem gleichnamigen Prädikat der Wiba erhalten wir in der Variablen "Nr" die Zugnummer und in den Variablen "Ab_h" und "Ab_min" bzw. "An_h" und "An_min" die Abfahrts- bzw. Ankunftszeiten der abgeleiteten Direktverbindung in Stunden und Minuten. Anschließend stellen wir die Abfahrtszeit zur Umrechnung in die Maßeinheit "min" dem Prädikat "berechne_1" zur Verfügung und erhalten als instanzierten Wert der Variablen "Abfahrt" die Abfahrtszeit in Minuten. Durch den Einsatz des Vergleichs-Operators "=<" in der Form

Frühest =< Abfahrt

prüfen wir, ob die Abfahrtszeit der abgeleiteten Direktverbindung *nach* der *frühest* möglichen Abfahrtszeit liegt. Ist der Vergleich positiv, so ist die abgeleitete Direktverbindung zulässig. Handelt es sich bei dieser Direktverbindung um die als erste abgeleitete Direktverbindung, so sichern wir die Instanzierungen der Variablen "Abfahrt" und "Frühest" durch das Prädikat "eintrage" im dynamischen Teil der Wiba (siehe unten) .

Anschließend wird aus der Abfahrts- und Ankunftszeit die Fahrzeit dieser Direktverbindung durch den Einsatz des Prädikats "berechne_2" bestimmt und die Variable "Fahr1" mit der Fahrzeit dieser Direktverbindung instanziert. Daraufhin wird durch

---

[9]Im Prädikat "ic" haben wir jetzt an der 6. Argumentposition statt der anonymen Variablen " _ " eine Struktur mit dem Strukturnamen "zug" eingetragen. Die Variable "Nr" in dieser Struktur soll mit den Zugnummern der Direktverbindungen instanziert werden (siehe unten).

> **Dist is Fahr1 + D2**

die aktuelle Fahrzeit berechnet und die Variable "Dist" mit dem Ergebniswert instanziert. Durch die Ableitung der beiden nächsten Prädikate erhalten wir die aktuelle Wartezeit als Summe aus der bisherigen und der zusätzlichen Wartezeit.

Ist die angefragte IC-Verbindung *keine* Direktverbindung, so soll sie durch die folgende Regel abgeleitet werden:

```
ic(Von,Nach,Basisliste,Ergebnis,Dist,zug(Nr),Frühest,D2,Warte,W2):-
     dic(Von,Z,fplan(Nr1,Ab_h,Ab_min,An_h,An_min)),
     berechne_1(Abfahrt,Ab_h,Ab_min),
     Frühest =< Abfahrt,
     eintrage(Basisliste,Abfahrt,Frühest),
     berechne_2(Fahr1,fplan(Nr1,Ab_h,Ab_min,An_h,An_min)),
     Dist2 is Fahr1 + D2,
     berechne_3(Warte1,Abfahrt,Frühest),
     Warte2 is Warte1 + W2,
     berechne_1(Frühest2,An_h,An_min),
     ic(Z,Nach,[Z | Basisliste],Ergebnis,Dist,zug(Nr2), Frühest2,Dist2,Warte,Warte2).
```

Bei der erstmaligen Ableitbarkeits-Prüfung des Prädikats "ic" ist die abgeleitete Direktverbindung hin zu der Zwischenstation "Z" dann zulässig, wenn durch die Ableitung des 2. und 3. Prädikats festgestellt werden kann, daß die zugehörige Abfahrtszeit *nach* der *frühest* möglichen Abfahrtszeit liegt. Bei den nachfolgenden Ableitbarkeits-Prüfungen des Prädikats "ic" muß die Abfahrtszeit *nach* der Ankunftszeit der *zuvor* abgeleiteten Direktverbindung liegen. Durch die Ableitung des vorletzten Prädikats

> berechne_1(Frühest2,An_h,An_min)

soll als instanzierter Wert der Variablen "Frühest2" die *frühest* mögliche Abfahrtszeit — von der Zwischenstation "Z" aus — als *neue* aktuelle *frühest* mögliche Abfahrtszeit zur Verfügung gestellt werden[10].

Wie bereits oben angegeben, verwenden wir das Prädikat "eintrage", um die *tatsächliche* Abfahrtszeit und die *frühest* mögliche Abfahrtszeit der 1. Direktverbindung im dynamischen Teil der Wiba zu sichern. Demzufolge ist

---

[10]Dadurch verhindern wir z.B. bei der Anfrage nach einer IC-Verbindung von "ha" nach "mü", daß ein Reisender, der eine *frühest* mögliche Abfahrtszeit von 6.00 Uhr wünscht, in "ha" mit dem durch das Prädikat "dic(ha,fu,fplan(10,12,0,20,11))" bezeichneten Zug startet, in "fu" um 20.11 Uhr ankommt und dann seine Reise in "fu" mit dem durch "dic(fu,mü,fplan(1,7,11,13,45))" gekennzeichneten Zug nach "mü" fortsetzt.

dieses Prädikat durch die beiden folgenden Regeln festgelegt:

```
eintrage([ ],Abfahrt,Frühest):-abolish(abfahrt_db( _ ),1),
         abolish(frühest_db( _ ),1),
         asserta(abfahrt_db(Abfahrt)),
         asserta(frühest_db(Frühest)).
eintrage(Gesamt,Abfahrt,Frühest).
```

Durch die Ableitung der 1. Regel werden im dynamischen Teil der Wiba enthaltene Angaben über *frühest* mögliche und *tatsächliche* Abfahrtszeiten durch den Einsatz des Prädikats *"abolish"* gelöscht und anschließend die aktuell *frühest* mögliche und und die aktuell *tatsächliche* Abfahrtszeit in den dynamischen Teil der Wiba eingetragen[11]. Dieses Prädikat wird nur dann mit der 1. Regel abgeleitet, wenn das Prädikat "ic" zum *ersten* Mal abgeleitet wird, da in diesem Fall die Liste zur Aufnahme der Zwischenstationen *leer* ist.

Sofern die aktuell abgeleitete Direktverbindung *nicht* die *erste* Verbindung einer angefragten IC-Verbindung ist, wird das Prädikat "eintrage" durch die 2. Regel abgeleitet. In diesem Fall wird der dynamische Teil der Wiba *nicht* geändert.

Ist das Prädikat "eintrage" im Regelrumpf des Prädsikats "ic" abgeleitet worden, so wird die Fahrzeit durch das Prädikat "berechne_2" ermittelt. Dabei wird die Variable "Fahr1" mit der Fahrzeit der zuletzt abgeleiteten Direktverbindung instanziert und durch "Dist2 is Fahr1 + D2" zur bisherigen Fahrzeit addiert, so daß die Variable "Dist2" anschließend mit der aktuellen Fahrzeit instanziert ist.

Durch die Ableitung des Prädikats "berechne_3" wird die Wartezeit zwischen zwei aufeinanderfolgenden Direktverbindungen bestimmt und durch die Ableitung von "Warte2 is Warte1 + W2" zur bisherigen Wartezeit addiert. Aus den instanzierten Werten der Variablen "An_h" und "An_min" wird daraufhin durch die Ableitung des Prädikats "berechne_1" die *frühest* mögliche Abfahrtszeit für die Weiterfahrt bestimmt, so daß anschließend eine weitere Ableitbarkeits-Prüfung des Prädikats "ic" mit den jetzt aktuellen Instanzie-

---

[11]Wir setzen hier das Standard-Prädikat *"abolish"* ein, da die Fakten mit den Prädikatsnamen "abfahrt_db" und "frühest_db" durch das Ableiten des Prädikats "ic" immer dann in den dynamischen Teil der Wiba eingetragen werden, wenn die Liste der Zwischenstationen leer ist. Dieser Fall tritt immer dann auf, wenn versucht wird, eine Alternative abzuleiten. Das Standard-Prädikat "abolish" ist *immer* ableitbar. Würden wir stattdessen das Standard-Prädikat "retract" einsetzen, so würde die Ableitung dieses Prädikats scheitern und es würde der Text "IC-Verbindung existiert nicht" angezeigt werden.

rungen der Variablen "Frühest2", "Dist2" und "Warte2" erfolgen kann.

Nach dem *Ende* der *rekursiven* Ableitung des Prädikats "ic" sind die Variablen "Dist" und "Warte" im Regelkopf der 1. Regel des Prädikats "ic" mit der gesamten Fahr- bzw. Wartezeit instanziert. Ferner ist die Variable "Gesamt" an der 4. Argumentposition — analog zum Programm AUF24 — mit der Liste der Zwischenstationen instanziert. Diese Werte stehen anschließend im Regelkopf des Prädikats "antwort" zur Verfügung, so daß sie sich im Rumpf des Prädikats "anforderung" zur Berechnung der Reisezeit verwenden lassen. Wie bereits angegeben wird im Regelrumpf des Prädikats "anforderung" die Reisezeit um die Wartezeit auf die Abfahrt der 1. Direktverbindung korrigiert und anschließend als Argument des Prädikats "vergleich" für die Ermittlung der kürzesten Reisezeit zur Verfügung gestellt.

Um nach der Ableitbarkeits-Prüfung die Ergebnisse einer Anfrage anzeigen zu können, setzen wir das Prädikat "anzeige" in der folgenden Form ein:

```
anzeige:-not(erreicht_db( _ , _ )),
     write(' IC-Verbindung existiert nicht '),nl.
anzeige:-erreicht_db(Abstand,Liste),
     write(' IC-Verbindung existiert '),nl,
     Reisezeit_h is Abstand // 60,
     Reisezeit_min is Abstand mod 60,
     write(' Reisezeit: '),write(Reisezeit_h), write('h.'),
     write(Reisezeit_min),write(' min.'),nl,
     not(Liste = [ ]),
     write(' Zwischenstationen: '),nl,
     ausgabe_listenelemente(Liste),nl.
```

Im Unterschied zum Programm AUF24 müssen wir die mit der Gesamtreisezeit in der Maßeinheit "min" instanzierte Variable "Abstand" (im Argument des Fakts mit dem Prädikatsnamen "erreicht_db") wieder in die Maßeinheiten "h" und "min" umrechnen. Dies erreichen wir durch den Einsatz des Operators "//" zur Berechnung des ganzzahligen Anteils bei der ganzzahligen Division und durch den Operator *"mod"* zur Berechnung des Restes der ganzzahligen Division aus der Gesamtreisezeit und dem Wert "60".

Wird eine Anfrage durch die Anzeige des Textes "IC-Verbindung existiert nicht" beantwortet, so können wir zwei Fälle unterscheiden:

- Im einen Fall gibt es — wie wir es bereits aus den früheren Programmen kennen — *keine* IC-Verbindung, weil es keine Direktverbindung bzw. keine Folge von Direktverbindungen zwischen dem Abfahrts- und dem Ankunftsort gibt.

- Im anderen Fall gibt es für eine vorgegebene Abfahrtszeit keine IC-Verbindung am selben Tag[12].

Wir ändern das Programm AUF24 entsprechend der oben angegebenen Modifikationen und erhalten als Lösung der Aufgabenstellung AUF27 das folgende Programm:

```
/* AUF27: */

/* Anfrage nach IC-Verbindungen bei einer frühest möglichen Abfahrtszeit
des Bahnreisenden über das externe Goal mit den Prädikaten
"run", "bereinige_wiba", "cut" und "start";
Anforderung zur Eingabe von Abfahrts-, Ankunftsort und
der frühest möglichen Abfahrtszeit;
Ermittlung der zeitlich kürzesten Verbindung und Anzeige der
Zwischenstationen in der richtigen Reihenfolge;
Bezugsrahmen: Abb. 8.1 */

    is_predicate(erreicht_db,2)
    is_predicate(abfahrt_db,1)
    is_predicate(frühest_db,1)

    dic(ha,kö,fplan(3,0,0,7,43)).
    dic(ha,kö,fplan(30,12,0,20,43)).
    dic(ha,fu,fplan(1,0,0,7,11)).
    dic(ha,fu,fplan(10,12,0,20,11)).
    dic(kö,ka,fplan(2,7,43,13,8)).
    dic(kö,ka,fplan(20,20,43,3,8)).
    dic(kö,ma,fplan(3,7,43,10,48)).
    dic(kö,ma,fplan(30,20,43,0,48)).
    dic(fr,mü,fplan(4,11,26,18,40)).
    dic(fr,mü,fplan(40,23,26,7,40)).
    dic(fr,st,fplan(3,11,26,14,53)).
    dic(fr,st,fplan(30,2,26,6,53)).
    dic(fu,mü,fplan(1,7,11,13,45)).
```

---

[12]Dies ist z.B. bei der Ableitbarkeits-Prüfung der IC-Verbindung von "ha" nach "mü" gegeben, sofern 18.00 Uhr als *frühest* mögliche Abfahrtszeit gewünscht wird.

```
/* AUF27: */
    dic(fu,mü,fplan(10,20,11,3,45)).
    dic(ma,fr,fplan(3,10,48,11,26)).
    dic(ma,fr,fplan(30,0,48,2,26)).
    dic(ka,st,fplan(5,13,8,13,39)).
    dic(ka,st,fplan(50,1,8,2,39)).
    dic(st,mü,fplan(3,14,53,18,53)).
    dic(st,mü,fplan(30,6,53,11,53)).


    ic(Von,Nach,Gesamt,Gesamt,Dist,zug(Nr),Frühest,D2,Warte,W2):-
        dic(Von,Nach,fplan(Nr,Ab_h,Ab_min,An_h,An_min)),
        berechne_1(Abfahrt,Ab_h,Ab_min),
        Frühest =< Abfahrt,
        eintrage(Gesamt,Abfahrt,Frühest),
        berechne_2(Fahr1,fplan(Nr,Ab_h,Ab_min,An_h,An_min)).
        Dist is Fahr1 + D2,
        berechne_3(Warte1,Abfahrt,Frühest),
        Warte is Warte1 + W2.
    ic(Von,Nach,Basisliste,Ergebnis,Dist,zug(Nr),Frühest,D2,Warte,W2):-
        dic(Von,Z,fplan(Nr1,Ab_h,Ab_min,An_h,An_min)),
        berechne_1(Abfahrt,Ab_h,Ab_min),
        Frühest =< Abfahrt,
        eintrage(Basisliste,Abfahrt,Frühest),
        berechne_2(Fahr1,fplan(Nr1,Ab_h,Ab_min,An_h,An_min)),
        Dist2 is Fahr1 + D2,
        berechne_3(Warte1,Abfahrt,Frühest),
        Warte2 is Warte1 + W2,
        berechne_1(Frühest2,An_h,An_min),
        ic(Z,Nach,[Z|Basisliste],Ergebnis,Dist,zug(Nr2),
                    Frühest2,Dist2,Warte,Warte2).


    eintrage([ ],Abfahrt,Frühest):-abolish(abfahrt_db( _ ),1),
        abolish(frühest_db( _ ),1),
        asserta(abfahrt_db(Abfahrt)).
        asserta(frühest_db(Frühest)).
    eintrage(Gesamt,Abfahrt,Frühest).


    umkehre([ ],[ ]).
```

```
/* AUF27: */

    umkehre([Kopf|Rumpf],Ergebnis):-
      umkehre(Rumpf,Vorder_Liste),
      anfüge(Vorder_Liste,[Kopf],Ergebnis).

    anfüge([ ],Hinter_Liste,Hinter_Liste).
    anfüge([Kopf|Rumpf],Hinter_Liste,[Kopf|Ergebnis]):-
      anfüge(Rumpf,Hinter_Liste,Ergebnis).

    berechne_1(Zeit,Zeit_h,Zeit_min):-Zeit is Zeit_h * 60 + Zeit_min.

    berechne_2(Fahr,fplan(Nr,Ab_h,Ab_min,An_h,An_min)):-
      An_h >= Ab_h,
      Min_Ab is Ab_h * 60 + Ab_min,
      Min_An is An_h * 60 + An_min,
      Fahr is (Min_An − Min_Ab),
      !.
    berechne_2(Fahr,fplan(Nr,Ab_h,Ab_min,An_h,An_min)):-
      Min_Ab is 24 * 60 − (Ab_h * 60 + Ab_min),
      Min_An is An_h * 60 + An_min,
      Fahr is Min_Ab + Min_An.

    berechne_3(Warte,Abfahrt,Frühest):-
      Abfahrt >= Frühest,
      Warte is (Abfahrt − Frühest),
      !.
    berechne_3(Warte,Abfahrt,Frühest):-
      Warte is Abfahrt + (24 * 60 − Frühest).

    anforderung:-anfrage(Von,Nach,Frühest),
      antwort(Von,Nach,Dist,Resultat_invers,Frühest,Warte),
      abfahrt_db(Abfahrt),
      frühest_db(Zeit),
      Reisezeit is Dist + Warte − (Abfahrt − Zeit),
      vergleich(Reisezeit,Resultat_invers),
      fail.

    anfrage(Von,Nach,Frühest):-write(' Gib Abfahrtsort: ' ),nl,
      ttyread(Von),
      write(' Gib Ankunftsort: '),nl,
      ttyread(Nach),
```

```
/* AUF27: */

        not(gleich(Von,Nach)),
        write(' Gib Abfahrtsstunde: '),nl,
        ttyread(Abfahrt_h),
        write(' Gib Abfahrtsminute: '),nl,
        ttyread(Abfahrt_min),
        berechne_1(Frühest,Abfahrt_h,Abfahrt_min).

    gleich(X,X):-write(' Abfahrtsort gleich Ankunftsort '),nl.

    antwort(Von,Nach,Dist,Resultat_invers,Frühest,Warte):-
        ic(Von,Nach,[ ],Resultat,Dist, _ , Frühest,0,Warte,0),
        umkehre(Resultat,Resultat_invers).

    vergleich(Reisezeit,Resultat_invers):-
        erreicht_db(Abstand,Liste),
        Reisezeit < Abstand,
        retract(erreicht_db(Abstand,Liste)),
        asserta(erreicht_db(Reisezeit,Resultat_invers)).
    vergleich(Reisezeit,Resultat_invers):-
        not(erreicht_db( _ , _ )),
        asserta(erreicht_db(Reisezeit,Resultat_invers)).

    anzeige:-not(erreicht_db( _ , _ )),
        write(' IC-Verbindung existiert nicht '),nl.
    anzeige:-erreicht_db(Abstand,Liste),
        write(' IC-Verbindung existiert '),nl,
        Reisezeit_h is Abstand // 60,
        Reisezeit_min is Abstand mod 60,
        write(' Reisezeit: '),write(Reisezeit_h), write(' h.'),
        write(Reisezeit_min),write(' min.'),nl,
        not(Liste = [ ]),
        write(' Zwischenstationen: '),nl,
        ausgabe_listenelemente(Liste),nl.

    ausgabe_listenelemente([ ]).
    ausgabe_listenelemente([Kopf| Rumpf]):-
        write(Kopf),nl,
        ausgabe_listenelemente(Rumpf).
```

```
/* AUF27: */

    bereinige_wiba:-retract(erreicht_db( _ , _ )),fail.
    bereinige_wiba.

    start:-anforderung.
    start:-anzeige.

    run:-bereinige_wiba,!,start.
```

Bei der Ausführung des Programms AUF27 erhalten wir z.B. das folgende Dialog-Protokoll[13]:

```
    ?- run.
    Gib Abfahrtsort:
    ha.
    Gib Ankunftsort:
    kö.
    Gib Abfahrtsstunde:
    23.
    Gib Abfahrtsminute:
    59.
    IC-Verbindung existiert nicht
    yes

    ?- run.
    Gib Abfahrtsort:
    ha.
    Gib Ankunftsort:
    st.
    Gib Abfahrtsstunde:
    0.
```

---

[13]Für den Einsatz des Programms AUF27 im "Turbo Prolog"-System müssen wir ggf. in der 1. Programmzeile die Angabe *"code=4000"* machen. Den Vereinbarungsteil des Programms AUF27 können wir größtenteils aus dem Programm AUF24 übernehmen. Dabei ist zu beachten, daß die Argumente der Prädikate "anfrage", "antwort" und "ic" erweitert und die Vereinbarungen der Prädikate "dic_sym", "element", "filtern", "filtern_Von", "filtern_Nach", "abtrenne" und "dic_frage" gelöscht werden müssen. Hinter dem Schlüsselwort "domains" geben wir folgendes an:
    fahrplan=fplan(integer,integer,integer,integer,integer)
    nummer=zug(integer)
Hinter "predicates" geben wir die Prädikate "dic" und "ic" in der folgenden Form an:
    dic(symbol,symbol,fahrplan)
    ic(symbol,symbol,liste,liste,integer,nummer,integer,integer,integer,integer)
Außerdem setzen wir statt der Operatoren "//" bzw. "is" die Operatoren "div" bzw. "=" ein. Für das Prädikat *"abolish"* müssen wir das Standard-Prädikat *"retractall"* z.B. in der Form *"retractall(abfahrt_db( _ ))"* verwenden.

```
Gib Abfahrtsminute:
0.
IC-Verbindung existiert
Reisezeit: 13 h. 39 min.
Zwischenstationen:
kö
ka
yes


?- run.
Gib Abfahrtsort:
ha.
Gib Ankunftsort:
st.
Gib Abfahrtsstunde:
10.
Gib Abfahrtsminute:
0.
IC-Verbindung existiert
Reisezeit 18 h. 53 min.
Zwischenstationen:
kö
ma
fr
yes


?- run.
Gib Abfahrtsort:
ha.
Gib Ankunftsort:
st.
Gib Abfahrtsstunde:
13.
Gib Abfahrtsminute:
0.
IC-Verbindung existiert nicht
yes
```

Setzen wir in der 2. Regel des Prädikats "ic" statt der Variablen "Nr", "Nr1" und "Nr2" überall z.B. den Variablennamen "Nr" ein, so können wir dadurch erreichen, daß bei der Ableitbarkeits-Prüfung einer IC-Verbindung lediglich *durchgehende* IC-Verbindungen betrachtet werden, d.h. Verbindungen mit gleichbleibender Zugnummer.

## 8.4   Listen, Strukturen und Prädikate

Wie zuvor ausgeführt sind Listen und Strukturen — neben den Konstanten und Variablen — diejenigen Objekte, die als Argumente von Prädikaten angegeben werden dürfen. Listen, Strukturen und Prädikate sind zwar unterschiedliche Sprachelemente von PROLOG, jedoch stehen sie nicht isoliert nebeneinander. Vielmehr besteht die Möglichkeit, diese Objekte in geeigneter Weise ineinander überzuführen. Dies ist deswegen vorteilhaft, weil es bei der Lösung bestimmter Aufgabentypen erforderlich sein kann, daß Listen in Strukturen bzw. Strukturen in Listen gewandelt sowie Strukturen als Prädikate aufgefaßt werden können.

### 8.4.1   Der Univ-Operator "=.."

Zunächst erläutern wir, wie Listen in Strukturen bzw. Strukturen in Listen überführt werden können. Diese Umwandlung läßt sich durch eine Unifizierung erreichen, die beim Einsatz des *Univ-Operators* "=.." durchgeführt wird. Im Hinblick auf die Wirkung dieses Operators müssen wir unterscheiden, ob eine Liste aus einer Struktur bzw. eine Struktur aus einer Liste erhalten werden soll.

- Ist der linke Operand des *Univ-Operators* eine Struktur und der *rechte* Operand eine *Variable*, so wird bei der Unifizierung von "=.." die Variable mit einer *Liste* instanziert. Dabei wird der *Strukturname* zum *ersten* Listenelement, und die Argumente der Struktur erscheinen als nachfolgende Listenelemente.

So erhalten wir z.B. durch die Anfrage

    ?- fplan(3,0,0,7,43)=..X.

für die Variable "X" die folgende Instanzierung:

    X  =  [ fplan,3,0,0,7,43 ]

Soll umgekehrt eine Liste in eine Struktur umgewandelt werden, so ist folgendes zu beachten:

- Ist der rechte Operand des *Univ-Operators* eine Liste und der *linke* Operand eine *Variable*, so wird bei der Unifizierung von "=.." die

Variable mit einer *Struktur* instanziert. Dabei wird das *erste* Listenelement zum *Strukturnamen* (das 1. Listenelement muß den Konventionen für Strukturnamen genügen) und die nächsten Listenelemente zu den Argumenten der Struktur.

Somit können wir z.B. durch die Anfrage

?- X =.. [fplan,3,0,0,7,43].

die Variable "X" durch den Wert "fplan(3,0,0,7,43)" instanzieren lassen.

Um den Einsatz des Univ-Operators bei der Lösung einer Aufgabenstellung zu verdeutlichen, stellen wir uns die Aufgabe,

- die innerhalb der Wiba in der Struktur "fplan" enthaltenen Fahrplanangaben durch eine Zugbezeichnung zu erweitern. Dabei sollen die bisher in die Wiba eingetragenen Direktverbindungen gelöscht und anschließend durch die erweiterten Fahrplanangaben ersetzt werden (AUF28).

Eine Lösung dieser Aufgabenstellung kann z.B. durch das folgende Programm angegeben werden:

```
/* AUF28: */
/* Erweiterung der Fahrplanangaben in der Struktur
des Prädikats "dic" durch die Zugnamen */
dic(ha,fu,fplan(1,0,0,7,11)).
dic(ha,fu,fplan(10,12,0,20,11)).
dic(fu,mü,fplan(1,7,11,13,45)).
dic(fu,mü,fplan(10,20,11,3,45)).

suche(Nr,Name):-dic(Von,Nach,Struktur_Alt),
        Struktur_Alt =.. Alt,
        prüfe(Alt,Nr),
        retract(dic(Von,Nach,Struktur_Alt)),
        ändere(Alt,Name,Neu),
        Struktur_Neu=..Neu,
```

```
/* AUF28: */
            asserta(dic(Von,Nach,Struktur_Neu)),
        fail.
suche(Nr,Name):-write(' Ende '),nl.


prüfe([fplan,Nr,Ab_h,Ab_min,An_h,An_min],Nr).


ändere(Alt,Name,Neu):-anfüge(Alt,[Name],Neu).


anfüge([ ],Hinter_Liste,Hinter_Liste).
anfüge([Kopf|Rumpf],Hinter_Liste,[Kopf|Ergebnis]):-
        anfüge(Rumpf,Hinter_Liste,Ergebnis).


anfrage(Nr,Name):-write('Gib Zugnummer: '),nl,
      ttyread(Nr),
      write('Gib Zugname: '),nl,
      ttyread(Name),
      suche(Nr,Name).


anforderung:-anfrage(Nr,Name),listing(dic).

:-anforderung.
```

Nach dem Laden des Programms erhalten wir z.B. das folgende Dialog-
Protokoll:

```
?- [ auf28 ].
Gib Zugnummer:
1.
Gib Zugname:
konsul.
Ende
dic(fu,mü,fplan(1,7,11,13,45,konsul)).
dic(ha,fu,fplan(1,0,0,7,11,konsul)).
dic(ha,fu,fplan(10,12,0,20,11)).
dic(fu,mü,fplan(10,20,11,3,45)).
```

### 8.4.2   Das Standard-Prädikat "call"

In bestimmten Fällen ist es erforderlich, daß sich Prädikate über die Tastatur eingeben und unmittelbar anschließend ableiten lassen. Dazu muß es möglich sein, eine *Struktur*, die als instanzierter Wert einer Variablen zur Verfügung steht, als *Prädikat* auffassen zu können. Damit dieser Vorgang durchgeführt und für dieses Prädikat eine Ableitbarkeits-Prüfung angefordert werden kann, steht das Standard-Prädikat *"call"* zur Verfügung. Dieses Prädikat läßt sich mit einem Argument in der Form[14]

      call( *struktur* )

angeben. Das Argument muß eine Struktur sein, deren Strukturname mit einem Prädikatsnamen der Wiba übereinstimmen muß. Zusätzlich müssen die Anzahlen der zugehörigen Argumente gleich sein.

- Bei der Unifizierung des Standard-Prädikats *"call"* wird die als Argument aufgeführte Struktur als *Prädikat* aufgefaßt. Für dieses Prädikat wird eine *Ableitbarkeits-Prüfung* vorgenommen.

So kann z.B. auf der Basis einer geeigneten Wiba durch die Eingabe von

      ?– X   =..   [ dic,ha,kö,fplan(3,0,0,7,43) ],call(X).

festgestellt werden, ob der Fakt

      dic(ha,kö,fplan(3,0,0,7,43)).

in der Wiba enthalten ist.

Wir erläutern den Einsatz des Prädikats "call" in Verbindung mit dem Univ-Operator bei der Lösung der folgenden Aufgabenstellung:

- Auf der Basis von AUF7 soll ein Programm entwickelt werden, bei dessen Ausführung gesteuert werden kann, welches der Prädikate, die in der Wiba vorhanden sind, abgeleitet werden soll (AUF29).

---

[14]Es ist erlaubt, anstelle einer Struktur ein oder mehrere durch Kommata getrennte Prädikate aufzuführen.

Als Lösung dieser Aufgabenstellung läßt sich z.B. das folgende Programm angeben:

```
/* AUF29: */

/* Anforderung zur Eingabe eines Prädikats,
für das eine Ableitbarkeits-Prüfung durchgeführt werden soll
(zur Demonstration des Operators "=.." und Einsatz
des Standard-Prädikats "call");
Bezugsrahmen: Abb. 1.1 */

dic(ha,kö).
dic(ha,fu).
dic(kö,ma).
dic(kö,ka).
dic(fu,mü).
dic(ma,fr).
ic(Von,Nach):-dic(Von,Nach).
ic(Von,Nach):-dic(Von,Z),
        write(' mögliche Zwischenstation: '),write(Z),nl,
        ic(Z,Nach).

anforderung:-write('Gib Prädikat: '),nl,
        ttyread(Prädikat),
        write('Gib Abfahrtsort: '),nl,
        ttyread(Von),
        write('Gib Ankunftsort: '),nl,
        ttyread(Nach),
        Anfrage =.. [Prädikat,Von,Nach],
        call(Anfrage),
        write(Prädikat),
        write('-Verbindung existiert ').

anforderung:-write('Verbindung existiert nicht ').

:-anforderung.
```

Nach dem Laden des Programm können wir z.B. den folgenden Dialog führen:

```
?- [ auf29 ].
Gib Prädikat:
dic.
```

Gib Abfahrtsort:
ha.
Gib Ankunftsort:
mü.
Verbindung existiert nicht
yes

?- anforderung.
Gib Prädikat:
ic.
Gib Abfahrtsort:
ha.
Gib Ankunftsort:
mü.
mögliche Zwischenstation: kö
mögliche Zwischenstation: ma
mögliche Zwischenstation: fu
ic-Verbindung existiert
yes


### 8.4.3   Das Standard-Prädikat "findall"

Bei bestimmten Anwendungen ist es von Interesse, *alle* möglichen Lösungen
zu finden.  Im Hinblick auf eine derartige Anforderung haben wir gelernt,
wie sich sämtliche Lösungen durch Backtracking ermitteln lassen.  Sollen
alle Lösungen für eine weitere Verarbeitung im Zugriff bleiben, so müssen
sie in geeigneter Form in den dynamischen Teil der Wiba eingetragen und
anschließend nach gewissen Kriterien untersucht werden.  Im Hinblick auf
eine derartige Zusammenstellung von Werten zum Zweck einer nachfolgenden Auswertung können wir das Standard-Prädikat *"findall"* einsetzen.
Mit dem Prädikat "findall", das in der Form

findall( *Var_1,prädikat,Var_2* )

angegeben werden muß, lassen sich ausgewählte Argumente von Prädikaten
der Wiba in einer Liste sammeln.

• Das 1. Argument "Var_1" muß eine Variable sein, die innerhalb des 2.

Arguments *"prädikat"*, das als Prädikat anzugeben ist, an geeigneter Stelle enthalten sein muß.

Bei der *Unifizierung* des Prädikats *"findall"* wird das 3. Argument "Var_2", das eine Variable sein muß, mit einer *Liste* instanziert. Diese Liste enthält als Listenelemente alle diejenigen Instanzierungen der Variablen "Var_1", die aus der Unifizierung des Prädikats "prädikat" mit *allen* in der Wiba enthaltenen Prädikaten gleichen Namens resultieren.

So können wir z.B. — auf der Basis von AUF1 — alle in der Wiba enthaltenen Ankunftsorte wie folgt in einer Liste sammeln:

```
?- [ auf1 ].
?- findall(X,dic(_,X),Liste),write('Liste: '),write(Liste).
  Liste: [kö,fu,ma,mü]
  X     =   _636
  Liste =   [kö,fu,ma,mü]
```

## 8.5  Lösung einer klassischen Problemstellung

Bislang haben wir die grundlegenden Sprachelemente von PROLOG und die Arbeitsweise der Inferenzkomponente bei der Ausführung eines PROLOG-Programms am Beispiel der IC-Verbindungen kennengelernt. Das von uns stets verwendete Lösungsprinzip ist charakteristisch für weitere Aufgabenstellungen aus dem Gebiet des logischen Programmierens. Wie demonstrieren dies an der Lösung einer klassischen Problemstellung. Dazu wählen wir das Problem des Fährmanns aus, das wie folgt gekennzeichnet ist:

- Ein Fährmann will drei Objekte (einen Wolf, eine Ziege und einen Kohlkopf) vom linken Ufer eines Flusses zum rechten Flußufer übersetzen. Er hat dabei zu beachten, daß das verfügbare Boot außer dem Fährmann nur ein weiteres Objekt fassen kann und daß bei Abwesenheit des Fährmanns die Ziege die Kohlköpfe und der Wolf die Ziege fressen wird (AUF30).

Die Lösung dieser Aufgabenstellung besteht darin, ausgehend von dem vorgegebenen Anfangszustand (alle Objekte befinden sich auf dem linken Flußufer) eine Folge von Überfahrten — eine Verbindung — abzuleiten, die zu dem fest vorgegebenen Endzustand (alle Objekte sind auf dem rechten Flußufer) führt. Im Hinblick auf die angegebenen Unverträglichkeiten ist zu beachten, daß bei der Ermittlung der gesuchten Verbindung bestimmte Zustände *nicht* auftreten dürfen.

Zunächst machen wir uns klar, wie die *zulässigen* Zustände des Fährmanns und der drei Objekte auf den beiden Flußufern aussehen. Anschließend überlegen wir uns eine geeignete Darstellung zur Beschreibung dieser Zustände. In der folgenden Übersicht geben wir die acht *zulässigen* Zustände der Objekte an[15]:

zulässige Zustände

| Fährmann | Wolf | Kohl | Ziege | |
|---|---|---|---|---|
| linkes Ufer | linkes Ufer | linkes Ufer | linkes Ufer | Anfangszustand |
| rechtes Ufer | rechtes Ufer | rechtes Ufer | rechtes Ufer | Endzustand |
| - | rechtes Ufer | rechtes Ufer | linkes Ufer | ein Ufer: Z |
| - | linkes Ufer | linkes Ufer | rechtes Ufer | anderes Ufer: W, K |
| linkes Ufer | rechtes | linkes Ufer | linkes Ufer | ein Ufer: F, K, Z |
| rechtes Ufer | linkes Ufer | rechtes Ufer | rechtes Ufer | anderes Ufer: W |
| rechtes Ufer | rechtes Ufer | linkes Ufer | rechtes Ufer | ein Ufer: F, W, Z |
| linkes Ufer | linkes Ufer | rechtes Ufer | linkes Ufer | anderes Ufer: K |

In dieser Darstellung sind in den Spalten die Standorte der in der Kopfzeile angegebenen Objekte aufgeführt. Jede Zeile enthält jeweils einen zulässigen Zustand. Ist ein Zustand vom Standort eines Objekts unabhängig, so markieren wir dies durch den Unterstrich "_"[16].

Die Zustände in der 3. und 4. Zeile, in der 5. und 6. Zeile sowie in der 7. und 8. Zeile sind zueinander spiegelbildlich. Deshalb sind sie durch keine waagerechte Linie getrennt. Hinter jeder Zeile charakterisieren wir den Zustand, der durch die Einträge innerhalb der Zeile(n) gekennzeichnet wird.

Wir können die Anzahl der zu betrachtenden Zustände auf sechs *verringern*, wenn wir nicht die zulässigen, sondern die folgenden *unzulässigen* Zustände zugrundelegen:

---

[15]Als Abkürzung für die Objekte wählen wir die Buchstaben "F" (Fährmann), "W" (Wolf), "Z" (Ziege) und "K" (Kohlkopf).

[16]Dies ist z.B. dann der Fall, wenn der Wolf und der Kohl auf der *einen* Flußseite und die Ziege auf der *anderen* Flußseite sind. Dabei ist es gleichgültig, auf welcher Seite sich der Fährmann befindet.

**unzulässige Zustände**

| Fährmann | Wolf | Kohl | Ziege | |
|---|---|---|---|---|
| linkes Ufer | rechtes Ufer | rechtes Ufer | rechtes Ufer | ein Ufer: W, K, Z |
| rechtes Ufer | linkes Ufer | linkes Ufer | linkes Ufer | anderes Ufer: F |
| linkes Ufer | rechtes Ufer | _ | rechtes Ufer | ein Ufer: W, Z |
| rechtes Ufer | linkes Ufer | _ | linkes Ufer | anderes Ufer: F |
| linkes Ufer | _ | rechtes Ufer | rechtes Ufer | ein Ufer: K, Z |
| rechtes Ufer | _ | linkes Ufer | linkes Ufer | anderes Ufer: F |

In dieser Tabelle ist zu beachten, daß die beiden unzulässigen Zustände in
der 1. und 2. Zeile auch durch die Angaben in der 3. und 4. Zeile beschrieben
werden[17]. Somit reicht es aus, wenn wir zur Lösung der Aufgabenstellung im
folgenden nur noch die vier in den letzten Zeilen angegebenen *unzulässigen*
Zustände betrachten.

Um den Zustand der vier Objekte für beide Uferseiten zu beschreiben, setzen
wir eine *Struktur* mit dem Strukturnamen "ufer" ein. In dieser Struktur soll
durch das 1. Argument der Standort des Fährmanns, durch das 2. Argument
der Standort des Wolfs, durch das 3. Argument der Standort des Kohls und
durch das 4. Argument der Standort der Ziege gekennzeichnet werden. So
wird z.B. durch die Struktur

    ufer(links,links,links,links)

der Ausgangs-Zustand beschrieben, in dem sich alle Objekte auf der linken
Seite des Flusses befinden.

Zur Beschreibung einer Überfahrt setzen wir das *Prädikat* "dic" mit 3 Argumenten ein. Durch das 1. Argument werden die Standorte der Objekte
angegeben, die sie *vor* dem Fahrtantritt einnehmen. Das 2. Argument des
Prädikats "dic" steht für das *Objekt*, das bei einer Flußüberquerung vom
Fährmann transportiert wird. Das 3. Argument soll den Zustand *nach* einer Flußüberquerung beschreiben. Somit können wir z.B. eine Fahrt des
Fährmanns mit der Ziege — vom linken zum rechten Flußufer — durch das
folgende Prädikat in der Form eines Fakts beschreiben:

    dic(ufer(links,Wolf,Kohl,links),ziege,ufer(rechts,Wolf,Kohl,rechts)).

---

[17]Auch in dieser Tabelle haben wir den Unterstrich "_" eingesetzt, um zu kennzeichnen,
daß der Standort eines Objekts sowohl auf der linken als auch auf der rechten Flußseite
sein kann.

Dabei werden die Standorte des Fährmanns und der Ziege — vor Antritt der
Fahrt — durch die Text-Konstante "links" im 1. Argument bzw. im 4. Argument der 1. Struktur namens "ufer" angegeben. Da sich nach der Überfahrt
beide Objekte auf der rechten Flußseite befinden, haben die korrespondierenden Argumente in der 2. Struktur die Text-Konstante "rechts" als Wert.
Indem wir gleiche Variablennamen in der 2. und 3. Argumentposition innerhalb der Struktur "ufer" verwenden, kennzeichnen wir, daß der Standort des
Wolfs und des Kohls bei der Flußüberquerung unverändert bleibt. Durch
die Text-Konstante "ziege" im 2. Argument des Prädikats "dic" wird das
transportierte Objekt angegeben.

Wird der oben aufgeführte Fakt während der Ableitbarkeits-Prüfung z.B.
mit dem Prädikat

    dic(Von,Objekt,Nach)

unifiziert, so erhalten wir die folgenden Instanzierungen:

    Von := ufer(links,Wolf,Kohl,links)
    Objekt := ziege
    Nach := ufer(rechts,Wolf,Kohl,rechts)

Eine Leerfahrt vom linken zum rechten bzw. vom rechten zum linken Ufer
beschreiben wir durch die beiden folgenden Fakten:

```
dic(ufer(links,Wolf,Kohl,Ziege),nichts,ufer(rechts,Wolf,Kohl,Ziege)).
dic(ufer(rechts,Wolf,Kohl,Ziege),nichts,ufer(links,Wolf,Kohl,Ziege)).
```

Da bei einer Leerfahrt lediglich der Fährmann seinen Standort verändert,
sind die korrespondierenden Argumente der anderen drei Objekte in beiden
Strukturen identisch. Um anzuzeigen, daß in diesem Fall keines der anderen
drei Objekte transportiert wird, haben wir im 2. Argument des Prädikats
"dic" die Text-Konstante "nichts" eingetragen[18].

Zur Prüfung, ob eine Flußüberquerung zu einem *unzulässigen* Zustand führt,
setzen wir das Prädikat "n_zulässig" mit einem Argument ein. Die Ableitbarkeit von

    not( n_zulässig(Z) )

---

[18]Die Möglichkeit einer Leerfahrt setzt z.B. voraus, daß sich die Ziege und der Fährmann
am rechten Flußufer und der Wolf und der Kohlkopf am linken Flußufer befinden.

soll dann möglich sein, wenn sich die Variable "Z" mit einer Struktur "ufer" instanzieren läßt, die einen der oben aufgeführten *unzulässigen* Zustände kennzeichnet. Um diese Ableitbarkeit prüfen zu können, müssen die oben in Form einer Tabelle angegebenen *unzulässigen* Zustände als Fakten mit dem Prädikatsnamen "n_zulässig" in der Wiba vorliegen[19]. Gemäß der oben angeführten Erörterung tragen wir somit die folgenden Fakten in die Wiba ein[20]:

```
n_zulässig(ufer(links,rechts, _ , rechts)).
n_zulässig(ufer(rechts,links, _ , links)).
n_zulässig(ufer(links, _ , rechts,rechts)).
n_zulässig(ufer(rechts, _ , links,links)).
```

Zur Ableitbarkeits-Prüfung, ob ein Zustand durch *eine* Flußüberfahrt erreichbar ist, formulieren wir für das Prädikat "ic" die folgende Regel[21]:

```
ic(Von,Nach,Gesamt,[Nach|Gesamt]):-dic(Von, _ ,Nach),
        not(n_zulässig(Nach)).
```

Läßt sich der Regelrumpf erfolgreich ableiten, so wird die Liste im 4. Argument des Prädikats "ic" um den instanzierten Wert der Variablen "Nach" erweitert.

Ist ein Zustand *nicht* durch *eine* Flußfahrt erreichbar, so formulieren wir für diese Situation die folgende *rekursive* Regel:

```
ic(Von,Nach,Basisliste,Ergebnis):- dic(Von, _ ,Z),
        not(n_zulässig(Z)),
        not(element(Z,Basisliste)),
        ic(Z,Nach),[Z|Basisliste],Ergebnis).
```

Um einen *Programmzyklus* entdecken und am Ende der Ableitbarkeits-Prüfung des Prädikats "ic" die einzelnen Flußfahrten anzeigen zu können, sammeln wir die erreichten Zustände als Listenelemente in der Variablen "Basisliste".

---

[19]Dabei ist es zulässig, daß innerhalb der Struktur *nicht* alle Variablen mit Konstanten instanziert sind.

[20]An den Positionen, an denen wir innerhalb der Tabelle den Unterstrich "_" verwendet haben, setzen wir die anonyme Variable " _ " ein.

[21]Wir ersetzen fortan die Variable "Objekt" (im Prädikat "dic") durch die anonyme Variable " _ ". Dies geschieht deswegen, weil wir uns in dem zu entwickelnden Programm die Information darüber, welches Objekt transportiert wurde, durch das Prädikat "aktion" (siehe unten) anzeigen lassen wollen. Wir haben sie als Argument des Prädikats "dic" lediglich zur besseren Beschreibung aufgenommen.

Vor jeder erneuten Ableitbarkeits-Prüfung des Prädikats "ic" muß untersucht werden, ob der aus der Instanzierung der Variablen "Z" resultierende Zustand bereits in der Liste der erreichten Zustände enthalten ist oder nicht. Dazu nehmen wir das folgende Prädikat in den Regelrumpf auf[22]:

```
not(element(Z,Basisliste))
```

Dadurch verhindern wir, daß z.B. die Ziege fortlaufend in gleicher Weise — vom linken zum rechten und wiederum vom rechten zum linken Flußufer — transportiert wird und somit ein bereits erreichter Zustand erneut eintritt.

Zur Überprüfung, ob und wie das Problem des Fährmanns lösbar ist, setzen wir das Prädikat "start" in der folgenden Form ein[23]:

```
start:-ic(ufer(links,links,links,links),ufer(rechts,rechts,rechts,rechts),
                 [ufer(links,links,links,links)],Resultat),
      umkehre(Resultat,Resultat_invers),
      write(' Zustände: '),nl,
      ausgabe_listenelemente(Resultat_invers),nl,
      ausgabe_überfahrt(Resultat_invers),nl.
```

Dabei geben wir im 1. Argument des Prädikats "ic" den Anfangszustand und im 2. Argument den Endzustand an. Durch die Liste im 3. Argument in der Form "[ufer(links,links,links,links)]" erreichen wir, daß der Anfangszustand zum 1. Listenelement der Variablen "Basisliste" wird.

Am Ende der Ableitbarkeits-Prüfung des Prädikats "ic" sind in der Variablen "Resultat" der Anfangszustand, die Zwischenzustände und der Endzustand als Listenelemente mit dem Strukturnamen "ufer" enthalten. Durch den Einsatz des Prädikats "umkehre" werden diese Listenelemente in die richtige Reihenfolge gebracht und anschließend die Variable "Resultat_invers" mit dem Ergebnis dieser Listen-Invertierung instanziert (siehe z.B. das Programm AUF23_1).

Zur Anzeige der Zustandsänderungen setzen wir die Prädikate "write", "nl" und das Prädikat "ausgabe_listenelemente" mit den folgenden Regeln ein[24]:

---

[22]Dieses Prädikat haben wir z.B. auch im Programm AUF23_1 eingesetzt. Wir werden es ebenso wie die weiter unten aufgeführten Prädikate "umkehre" und "anfüge" nicht näher beschreiben.

[23]Die Argumente des Prädikats "ic" haben wir aus darstellungstechnischen Gründen in 2 Zeilen angegeben.

[24]Siehe auch das Programm AUF17.

```
ausgabe_listenelemente([ ]).
ausgabe_listenelemente([Kopf|Rumpf]):- write(Kopf),nl,
      ausgabe_listenelemente(Rumpf).
```

Um eine Zustandsänderung nicht in formalisierter Form einer Struktur (etwa "ufer(links,links,links,links)","ufer(rechts,links,links,rechts)"), sondern auch in leicht lesbarer Form (etwa "Der Fährmann bringt die Ziege von links nach rechts") anzeigen zu lassen, formulieren wir die Prädikate "aktion" und "ausgabe_überfahrt" in der folgenden Form:

```
ausgabe_überfahrt([ _ , | [ ] ]).
ausgabe_überfahrt([Kopf1,Kopf2|Rumpf]):-
      aktion(Kopf1,Kopf2),
      paar([Kopf2|Rumpf],Liste),
      ausgabe_überfahrt(Liste).
```

```
aktion(ufer(F1,W,K,Z),ufer(F2,W,K,Z)):-
      write('Der Fährmann macht eine Leerfahrt von '),
      write(F1), write(' nach '), write(F2),nl.
aktion(ufer(F1,W,F1,Z),ufer(F2,W,F2,Z)):-
      write('Der Fährmann bringt den Kohl von '),
      write(F1), write(' nach '), write(F2),nl.
aktion(ufer(F1,F1,K,Z),ufer(F2,F2,K,Z)):-
      write('Der Fährmann bringt den Wolf von '),
      write(F1), write(' nach '), write(F2),nl.
aktion(ufer(F1,W,K,F1),ufer(F2,W,K,F2)):-
      write('Der Fährmann bringt die Ziege von '),
      write(F1), write(' nach '), write(F2),nl.
```

Die Ableitung des Prädikats "ausgabe_überfahrt(Resultat_invers)" im Regelrumpf des Prädikats "start" ist dann erfolgreich beendet, wenn die Variable "Resultat_invers" mit einer *einelementigen* Liste der Form "[ _ | [ ] ]" instanziert ist[25]. Ist keine Unifizierung mit der 1. Regel möglich, so werden durch die Unifizierung mit dem Kopf der 2. Regel[26] die ersten beiden Listenelemente dem Prädikat "aktion" im Regelrumpf zur Verfügung gestellt.

Durch die anschließende Ableitung des Prädikats "aktion([Kopf1,Kopf2])" erfolgt die textmäßige Ausgabe der durch die Instanzierungen der Variablen "Kopf1" und "Kopf2" gekennzeichneten Zustandsänderung.

---

[25]Dieses Listenelement kennzeichnet den Endzustand.

[26]Die beiden Strukturen mit dem Strukturnamen "ufer" kennzeichnen den Zustand *vor* und *nach* einer Flußfahrt.

Durch welche der zur Verfügung stehenden Regeln das Prädikat
"aktion([Kopf1,Kopf2])" jeweils abgeleitet wird, ist abhängig von den Argumenten derjenigen Strukturen, mit denen die Variablen "Kopf1" und
"Kopf2" instanziert sind. Je nachdem, ob in den korrespondieren Argumenten identische Variablennamen auftreten, läßt sich der Regelrumpf mit
einer der vier aufgeführten Klauseln ableiten. Somit wird z.B. der Text

> Der Fährmann bringt die Ziege von links nach rechts

dann angezeigt, wenn die korrespondierenden Variablen in der 2. und 3.
Argumentposition in beiden Strukturen mit den gleichen Werten[27] und die
1. und 4. Argumentposition in der 1. Struktur mit der Text-Konstanten
"links" und die 1. und 4. Argumentposition in der 2. Struktur mit der Text-
Konstanten "rechts" instanziert sind.

Nach der erfolgreichen Ableitung des Prädikats "aktion" ist anschließend das
Prädikat

> paar([ Kopf2 | Rumpf],Liste)

abzuleiten. Für dieses Prädikats formulieren wir die folgende Klausel:

> ```
> paar(Liste,Liste).
> ```

Nach der Ableitung des Prädikats "paar([ Kopf2 | Rumpf],Liste)" ist die Variable "Liste" im 2. Argument mit der Restliste — ohne das 1. Listenelement
(dies ist die Instanzierung der Variablen "Kopf2") — instanziert. Somit wird
der erreichte Zustand *nach* der letzten Flußfahrt zum 1. Listenelement und
steht dem Prädikat "ausgabe_überfahrt(Liste)" für eine weitere *rekursive*
Ableitung zur Verfügung.

Indem wir die oben aufgeführten Klauseln zusammenfassen, ergibt sich das
folgende Programm:

---

[27]Dies bedeutet, daß sich ihr Standort durch eine Flußfahrt *nicht* verändert hat.

```
/* AUF30: */
```
```
n_zulässig(ufer(links,rechts, _ , rechts)).
n_zulässig(ufer(rechts,links _ , links)).
n_zulässig(ufer(links _ , rechts,rechts)).
n_zulässig(ufer(rechts, _ , links,links)).

dic(ufer(links,links,Kohl,Ziege),wolf,ufer(rechts,rechts,Kohl,Ziege)).
dic(ufer(rechts,rechts,Kohl,Ziege),wolf,ufer(links,links,Kohl,Ziege)).
dic(ufer(links,Wolf,linksZiege),kohl,ufer(rechts,Wolf,rechts,Ziege)).
dic(ufer(rechts,Wolf,rechts,Ziege),kohl,ufer(links,Wolf,links,Ziege)).
dic(ufer(links,Wolf,Kohl,links),ziege,ufer(rechts,Wolf,Kohl,rechts)).
dic(ufer(rechts,Wolf,Kohl,rechts),ziege,ufer(links,Wolf,Kohl,links)).
dic(ufer(links,Wolf,Kohl,Ziege),nichts,ufer(rechts,Wolf,Kohl,Ziege)).
dic(ufer(rechts,Wolf,Kohl,Ziege),nichts,ufer(links,Wolf,Kohl,Ziege)).

ic(Von,Nach,Gesamt,[Nach | Gesamt]):-dic(Von, _ ,Nach),
        not(n_zulässig(Nach)).
ic(Von,Nach,Basisliste,Ergebnis):-dic(Von, _ ,Z),
        not(n_zulässig(Z)),
        not(element(Z,Basisliste)),
        ic(Z,Nach),[Z | Basisliste],Ergebnis).

element(Zustand,[Zustand | _ ]).
element(Zustand,[ _ | Liste]):-element(Zustand,Liste).

umkehre([ ],[ ]).
umkehre([Kopf | Rumpf],Ergebnis):-
        umkehre(Rumpf,Vorder_Liste),
        anfüge(Vorder_Liste,[Kopf],Ergebnis).

anfüge([ ],Hinter_Liste,Hinter_Liste).
anfüge([ Kopf | Rumpf],Hinter_Liste,[Kopf | Ergebnis]):-
        anfüge(Rumpf,Hinter_Liste,Ergebnis).

ausgabe_listenelemente([ ]).
ausgabe_listenelemente([Kopf | Rumpf]):-
        write(Kopf),nl,
        ausgabe_listenelemente(Rumpf).

ausgabe_überfahrt([ _ | [ ] ]).
ausgabe_überfahrt([Kopf1,Kopf2 | Rumpf]):-
```

```
/* AUF30: */
          aktion(Kopf1,Kopf2)
          paar([Kopf2|Rumpf],Liste)
          ausgabe_überfahrt(Liste).


paar(Liste,Liste).


aktion(ufer(F1,W,K,Z),ufer(F2,W,K,Z)):-
          write('Der Fährmann macht eine Leerfahrt von '),
          write(F1), write(' nach '), write(F2),nl.
aktion(ufer(F1,W,F1,Z),ufer(F2,W,F2,Z)):-
          write('Der Fährmann bringt den Kohl von '),
          write(F1), write(' nach '), write(F2),nl.
aktion(ufer(F1,F1,K,Z),ufer(F2,F2,K,Z)):-
          write('Der Fährmann bringt den Wolf von '),
          write(F1), write(' nach '), write(F2),nl.
aktion(ufer(F1,W,K,F1),ufer(F2,W,K,F2)):-
          write('Der Fährmann bringt die Ziege von '),
          write(F1), write(' nach '), write(F2),nl.


start:-ic(ufer(links,links,links,links),ufer(rechts,rechts,rechts,rechts),
                    [ufer(links,links,links,links)],Resultat),
          umkehre(Resultat,Resultat_invers),
          write('Zustände: '),nl,
          ausgabe_listenelemente(Resultat_invers),nl,
          ausgabe_überfahrt(Resultat_invers),nl.
start:-write('keine Lösung').
```

Nach dem Programmstart erhalten wir das folgende Dialog-Protokoll:

```
?- start.
Zustände:
ufer(links,links,links,links)
ufer(rechts,links,links,rechts)
ufer(links,links,links,rechts)
ufer(rechts,rechts,links,rechts)
ufer(links,rechts,links,links)
ufer(rechts,rechts,rechts,links)
ufer(links,rechts,rechts,links)
ufer(rechts,rechts,rechts,rechts)
```

Der Fährmann bringt die Ziege von links nach rechts
Der Fährmann macht eine Leerfahrt von rechts nach links
Der Fährmann bringt den Wolf von links nach rechts
Der Fährmann bringt die Ziege von rechts nach links
Der Fährmann bringt den Kohl von links nach rechts
Der Fährmann macht eine Leerfahrt von rechts nach links
Der Fährmann bringt die Ziege von links nach rechts
yes


## 8.6   Aufgaben

### Aufgabe 8.1

An das Programm

```
prädikat(1,eins).
prädikat(strukt(strukt(1)),zwei).
prädikat(strukt(strukt(strukt((1))),drei).
prädikat(strukt(strukt(strukt(strukt(X)))),N):-prädikat(X,N).
```

sollen die folgenden Anfragen gestellt werden:

- a) ?- prädikat(strukt(1),X).

- b) ?- prädikat(strukt(strukt(strukt(strukt(strukt(strukt(1)))))),X).

- c) ?- prädikat(X,drei).

Welche Ergebnisse werden angezeigt?

### Aufgabe 8.2

Stelle an das Programm, das allein aus der Klausel

```
occur(X,f(X)).
```

besteht, die Anfrage

```
?- occur(X,X).
```

und versuche, das Ergebnis zu begründen!

## Aufgabe 8.3

Gegeben sei das folgende Programm:

```
angebot(meier,oberhemd(preis(39.80,bar),anzahl(10),[stehkragen,kurzarm])).
angebot(schulze,mantel(preis(360.00,ziel),anzahl(5),[sommer])).
angebot(meier,oberhemd(preis(360.00,bar),anzahl(100),[perlmuttknöpfe])).
angebot(schulze,mantel(preis(720.00,bar),anzahl(5),[winter])).
nachfrage(paul,oberhemd(Konditionen,anzahl(Viel),Wurst)).
nachfrage(paul,mantel(preis(Wert,Egal),anzahl(Viel),Wurst)):-Wert =< 400.
nachfrage(paul,oberhemd(Konditionen,anzahl(Viel),Wurst)):-Viel >= 5.
```

Durch welche Anfragen können wir uns

- a) mögliche Umsätze anzeigen lassen?

- b) die Angebote des Vertreters "meier" anzeigen lassen?

- c) Warum ist eine Anfrage nach der Nachfrage des Käufers "paul" nicht sinnvoll?


## Aufgabe 8.4

Im folgenden Programm wird als Argument der Struktur "gebiet" eine Liste mit Unter-Listen eingesetzt. Durch das 1. Argument der Struktur wird das Einsatzgebiet eines Vertreters angegeben. Als 2. Argument wird eine Liste mit 2 Unter-Listen verwendet. Die 1. Unter-Liste enthält die Sortiments-angaben, und die 2. Unter-Liste enthält jeweils nur ein Element mit dem Vertreternamen.

```
arbeitet(gebiet(nord,[[sportkleidung,kinderkleidung],[schulze]])).
arbeitet(gebiet(nord,[[damenkleidung],[meier]] )).
arbeitet(gebiet(nord,[[herrenkleidung,damenkleidung],[meyer]])).
arbeitet(gebiet(süd,[[sportkleidung,kinderkleidung],[schulze]])).
```

Welche Ergebnisse liefern die folgenden Anfragen:

- a) arbeitet(gebiet(X,[[damenkleidung|_],Na])),write(X),nl, write(Na),nl,fail.
- b) arbeitet(gebiet(nord,[[herrenkleidung|_],Na])), write(Na),fail.
- c) arbeitet(gebiet(süd,[X,[schulze]])),write(X),fail.


## Aufgabe 8.5

Durch welche Anfrage an das Programm

```
stationen(ende).
stationen(zwischen_station(kö,ende)).
stationen(zwischen_station(kö,zwischen_station(ma,ende))).
stationen(zwischen_station(kö, zwischen_station(ma, zwischen_station(fr,ende)))).
```

können wir uns

- a) eine,

- a) zwei oder

- a) drei

Zwischenstationen anzeigen lassen?

### Aufgabe 8.6

Ein Vertreter soll alle seine Kunden in den Städten "ha", "fu", "mü", "kö"
und "ma" besuchen. Dabei will er *jede* der *Verbindungen* zwischen zwei
Städten *genau* einmal benutzen. Die in der folgenden Abbildung angegebenen Verbindungen sollen *richtungslos* sein.

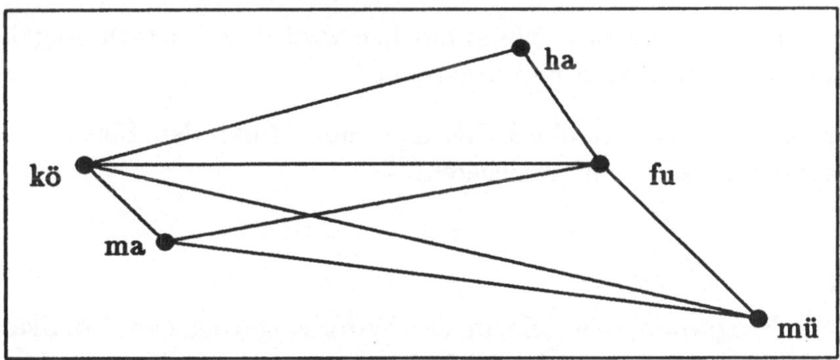


Nach dem Start des Programms soll der Vertreter aufgefordert werden, seinen Abfahrtsort und die 1. Zwischenstation anzugeben. Die zulässige Reihenfolge der besuchten Städte soll z.B. beim Abfahrtsort "ma" und der 1.
Zwischenstation "kö" in der folgenden Form

     ma kö [ ha,fu,mü,kö,fu,ma,mü ]

anzeigt werden[28].

---

[28]Dabei sollen die richtungslosen Direktverbindungen als Fakten mit dem Prädikatsnamen "verb" in der Wiba enthalten sein. Zum Sammeln der Prädikate in einer Liste ist das
Standard-Prädikat "findall" einzusetzen.

**Aufgabe 8.7**

- a) Welches Ergebnis liefert die Anfrage

    ?- ttyread(Anfrage),call(Anfrage).

  bei der Eingabe von:

    Summe is 11+22,write('Ergebnis: '),write(Summe).

- b) Wie können wir es erreichen, daß z.B. die Variable "Anfrage" mit

    dic(Von,Nach),write(Von),write(Nach),nl,fail

  instanziert und anschließend durch den Einsatz des Standard-Prädikats
  "call" abgeleitet wird.

- c) Zeige an einem Beispiel, wie es möglich wird, eine Tastatureingabe
  als Goal zu interpretieren und abzuleiten?

- d) Wie läßt sich das Standard-Prädikat "not" durch den Einsatz des
  Standard-Prädikats "call" realisieren?


**Aufgabe 8.8**

Formuliere ein Programm, das alle in der Wiba eingetragenen Prädikate
der Direktverbindungen — einschließlich der Argumente — in einer Liste
sammelt! Dabei soll die Liste z.B. in der Form

    erstellte Liste: [ dic(fu,mü),dic(kö,ma),dic(ha,fu),dic(ha,kö) ]

angegeben werden.

# Anhang

## A.1 Arbeiten unter dem System "Turbo Prolog"

Nach dem Start des Systems "Turbo Prolog" durch das Kommando

    prolog

meldet sich das System mit der folgenden Bildschirmanzeige:

| Files | Edit | Run | Compile | Options | Setup |
| --- | --- | --- | --- | --- | --- |

```
          TURBO-PROLOG 2.0

       Copyright (c) 1986,88 by
     Borland, International, Inc.
```

F2-Save    F3-Load    F6-Switch    F9-Compile          Alt-X-Exit

Nach dem Drücken einer beliebigen Taste erscheint das folgende Menü:

| Files | Edit | Run | Compile | Options | Setup |
| --- | --- | --- | --- | --- | --- |
| Editor | | | | Dialog | |
| Message | | | | Trace | |

F2-Save    F3-Load    F6-Switch    F9-Compile

Auf der Ebene des Hauptmenüs — in der ersten Bildschirmzeile — werden
die einzelnen Menüs durch einmaliges Drücken der <ESC>-Taste und der
nachfolgenden Eingabe des Anfangsbuchstabens des jeweiligen Menüs ausgewählt. Durch das erneute Drücken der <ESC>-Taste kann das aktuelle
Menü wieder verlassen und auf die Ebene des Hauptmenüs zurückgekehrt
werden.

Zur Eingabe eines PROLOG-Programms drücken wir die <ESC>-Taste und
wählen aus dem Hauptmenü durch die Eingabe des Buchstabens "E" das

Menü "Edit" aus. Dadurch wird das Editor-Fenster aktiviert, in das wir
unser PROLOG-Programm — bildschirmorientiert — eintragen können.
Nach der Programmeingabe verlassen wir das Editor-Fenster durch Drücken
der <ESC>-Taste und wählen durch die Eingabe von "R" das Menü "Run"
aus. Dadurch wird das zuvor eingegebene PROLOG-Programm als aktuelles Wissen in die Wiba übernommen und das Dialog-Fenster zum aktiven
Fenster.
Nachdem sich das System im Dialog-Fenster mit der Anzeige

> Goal:

gemeldet hat, können wir eine Anforderung an das System eingeben.
Wollen wir unsere letzte Anforderung wiederholen oder modifizieren, so
können wir sie uns durch Drücken der <F8>-Taste wieder im Dialog-Fenster
anzeigen lassen und (in eventuell modifizierter Form) dem System erneut
übergeben.

Zur Änderung der Wiba muß wiederum das Editor-Fenster durch die
Tasten-Kombination "<ESC>" und "E" aktiviert werden. Bei der an-
schließenden Rückkehr in das Dialog-Fenster, ausgelöst durch Drücken der
Tasten "<ESC>" und "R", wird die Wiba aktualisiert.
Um den Inhalt des Editor-Fensters in eine Datei zu sichern, drücken wir
die <ESC>-Taste und wählen aus dem Hauptmenü das Menü "Files" aus.
Daraufhin erscheint das folgende Pull-down-Menü:

```
Load
Pick
New file
Save
Write to
Directory
Change dir
OS shell
Quit
```

Nach der Eingabe von "W" geben wir den Dateinamen "aufl" an, so daß
der Inhalt des Editor-Fensters in der Datei "aufl.pro" gesichert wird.
Um die Arbeit mit dem System zu beenden, kann die Tasten-Kombination
"Alt"+"X" gedrückt werden.
Nach einem erneuten Start des Systems läßt sich das zuvor erstellte und in
der Datei "aufl.pro" gespeicherte Programm in das Editor-Fenster laden,
indem wir nach der Anzeige des Hauptmenüs die Buchstaben-Tasten "F"
und "L" betätigen und anschließend "aufl" eingeben.

Die Arbeit im Editor-Fenster läßt sich durch die folgenden Tasten
(-Kombinationen) unterstützen:

| Taste: | Funktion: |
| --- | --- |
| Pfeiltasten,<br>Bild ↑ (PGUP),Bild ↓ (PGDN),<br>POS1, Ende (END) | Cursorpositionierung |
| Einfg (Insert)<br><br>Entf (Delete) | Einfügen eines Zeichens ab der aktuellen Cursorposition<br>Löschen des Zeichens an der aktuellen Cursorposition |
| Strg (Ctrl)+K+B<br>Strg (Ctrl)+K+K<br>Strg (Ctrl)+K+H | Blockbeginn markieren<br>Blockende markieren<br>Markierung aufheben |
| Strg (Ctrl)+K+C<br>Strg (Ctrl)+K+V<br>Strg (Ctrl)+K+Y | Block kopieren an die aktuelle Cursorposition<br>Block verschieben an die aktuelle Cursorposition<br>Block löschen |
| F2<br><br><br>F3<br><br>F5 | Sichern des im Editor-Fenster eingegebenen PRO-LOG-Programms in die zuvor mit dem Menü "Files" eingestellte Datei<br>Laden eines gespeicherten Programms in das Editor-Fenster<br>Vergrössern oder Verkleinern des Editor-Fensters |

Beim Wechsel vom Editor-Fenster in das Run-Menü wird das "Turbo Prolog" Quell-Programm im Editor-Fenster durch den PROLOG-Kompilierer in
ein ausführbares Objekt-Programm übersetzt und anschließend ausgeführt.
Diese Kompilierung bewirkt, daß das PROLOG-Programm — im Vergleich
zur Bearbeitung durch einen PROLOG-Interpretierer — schneller ausgeführt
wird. Dies ist jedoch mit dem Nachteil verbunden, daß das "Turbo Prolog"-
Programm nach jeder Programmänderung erneut kompiliert werden muß.

## A.2 Testhilfen

Im Kapitel 2 haben wir dargestellt, wie die Inferenzkomponente des PROLOG-Systems die Ableitbarkeits-Prüfungen bei der Ausführung eines PROLOG-Programms vornimmt. Die von uns gewählte Form der Beschreibung vermittelt dem Anfänger in besonders anschaulicher Form, wie die Klauseln durch die Inferenzkomponente bearbeitet werden.
Um die jeweils durchgeführten Ableitbarkeits-Prüfungen während der Ausführung eines PROLOG-Programms nachvollziehen zu können, stellen das "IF/Prolog"-System und das "Turbo Prolog"-System einen Trace-Modul zur Protokollierung der Ableitbarkeits-Prüfungen zur Verfügung. Zum dialogorientierten Programmtest gibt es im "IF/Prolog"-System zusätzlich einen Debug-Modul.
Für den Fall, daß diese Testhilfen eingesetzt werden sollen, ist es erforderlich, die Ausgaben des Trace- und des Debug-Moduls angemessen interpretieren zu können. Wir werden deshalb im folgenden das Boxen-Modell erläutern, da sich die Ausgaben der Testhilfen auf die Begriffe dieses Modells stützen.

### <u>Das Boxen-Modell</u>

Dem Boxen-Modell liegt die Vorstellung zugrunde, daß sich die Ableitbarkeits-Prüfung jedes Prädikats einheitlich durch ein Kästchen (Box) mit zwei Eingängen und zwei Ausgängen darstellen läßt:

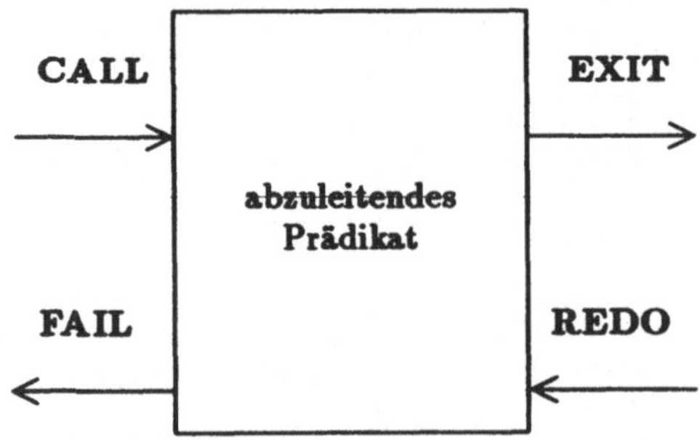


Beim Beginn der Ableitbarkeits-Prüfung wird die Box durch den CALL-Eingang betreten. Läßt sich das Prädikat erfolgreich ableiten, so wird die Box durch den EXIT-Ausgang verlassen.

Für den Fall, daß die Ableitbarkeits-Prüfung fehlschlägt, wird der FAIL-Ausgang benutzt.

Wenn die Box durch den EXIT-Ausgang verlassen wird, weil das Prädikat sich als ableitbar erwiesen hat, setzt die Inferenzkomponente die Ableitbarkeits-Prüfung mit dem nächsten Prädikat des Regelrumpfs fort (die zugehörige Box wird durch ihren CALL-Eingang betreten), sofern ein weiteres Prädikat innerhalb einer UND-Verbindung im Klauselrumpf nachfolgt. Wird die diesem Prädikat zugeordnete Box durch ihren FAIL-Ausgang verlassen (das Prädikat ist nicht ableitbar), so setzt (tiefes) Backtracking ein. In diesem Fall wird die Box des vorausgehenden Prädikats, die zuvor durch ihren EXIT-Ausgang verlassen wurde, durch ihren REDO-Eingang erneut betreten. Sofern für dieses Prädikat eine weitere Klausel vorhanden ist, die bislang noch keiner Ableitbarkeits-Prüfung unterzogen wurde, wird (seichtes) Backtracking durchgeführt.

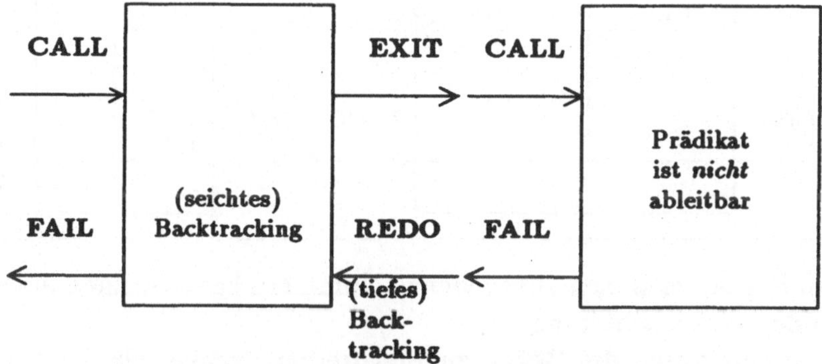


Dieses (seichte) Backtracking läßt sich durch verschachtelte Boxen beschreiben. Dabei ist die Box, welche die Überprüfung der nächsten Alternativ-Klausel darstellt, Bestandteil derjenigen Box, welche die Ableitbarkeit des zugehörigen Klauselkopfs kennzeichnet.

Im folgenden erläutern wir den Einsatz des Boxen-Modells bei der Ableitbarkeits-Prüfung, wobei wir das folgende Programm zur Ausführung bringen:

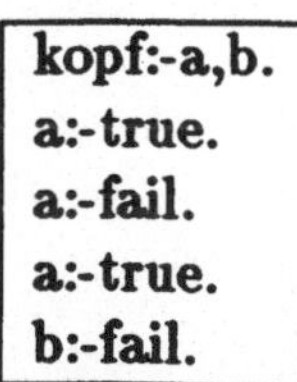

```
kopf:-a,b.
a:-true.
a:-fail.
a:-true.
b:-fail.
```

Die Ableitbarkeits-Prüfung des Goals "kopf" verläuft gemäß der folgenden Darstellung:

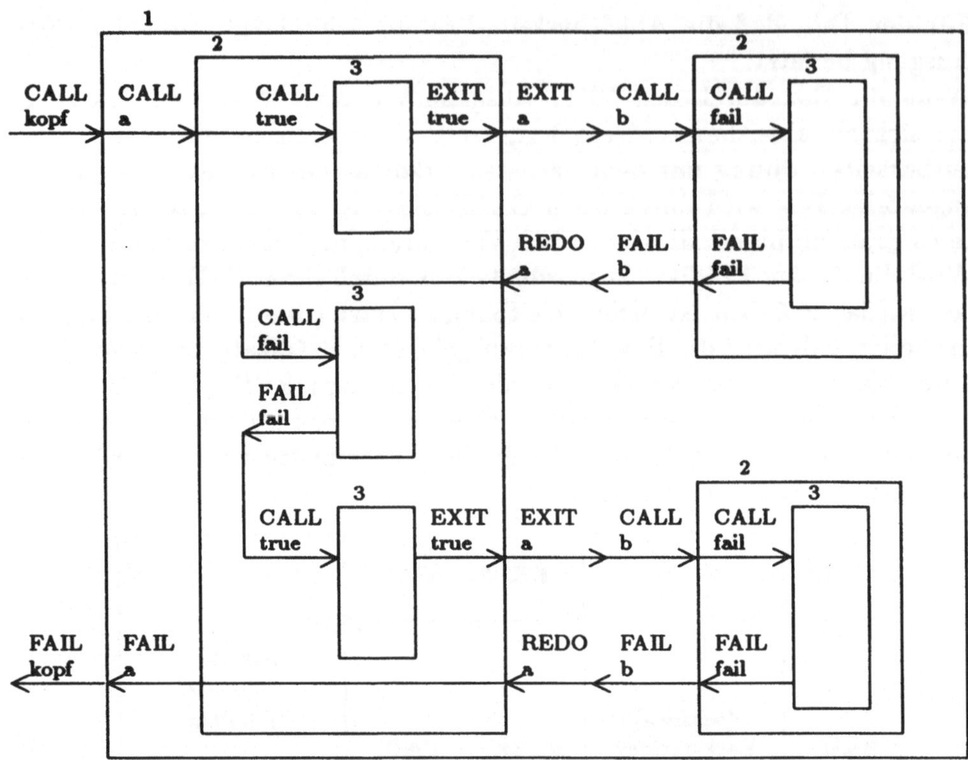


Die an den Ecken der Boxen angegebenen Nummern kennzeichnen die Stufen
innerhalb der Verschachtelung.

Um den Ablauf durch die Boxen zu beschreiben, geben wir die Ein- und
Ausgänge in derjenigen Reihenfolge untereinander an, in der sie durchlaufen
werden. Vor diesen Angaben tragen wir die Hierarchienummern der einzelnen Boxen ein, so daß sich die folgende Beschreibung für die Ableitbarkeits-
Prüfung ergibt:

| | |
|---|---|
| 1.1 | CALL kopf |
| 2.1 | CALL a |
| 3.1 | CALL true |
| 3.1 | EXIT true |
| 2.1 | EXIT a |
| 2.2 | CALL b |
| 3.1 | CALL fail |
| 3.1 | FAIL fail |
| 2.2 | FAIL b |
| 2.1 | REDO a |
| 3.1 | CALL fail |
| 3.1 | FAIL fail |
| 3.1 | CALL true |
| 3.1 | EXIT true |
| 2.1 | EXIT a |
| 2.2 | CALL b |
| 3.1 | CALL fail |
| 3.1 | FAIL fail |
| 2.2 | FAIL b |
| 2.1 | REDO a |

```
2.1            FAIL a
1.1            FAIL kopf
```

Genau in dieser Form zeigt der Trace-Modul des "IF/Prolog"-Systems die
Ausführung eines PROLOG-Programms an. Um einen Einblick in die Möglichkeiten der Testhilfen zu erhalten, demonstrieren wir im folgenden den
Einsatz dieser Testhilfen anhand der Ausführung des Programms AUF7
(siehe Abschnitt 4.2). Dieses Programm ändern wir zuvor dadurch, daß
wir die letzte Programmzeile mit dem internen Goal löschen bzw. durch die
Kommentar-Zeichen "/*" und "*/" als Kommentar vereinbaren.

## Der Trace-Modul im System "IF/Prolog"

Nach dem Start des "IF/Prolog"-Systems und dem Laden des modifizierten
Programms AUF7 durch

```
?- [ 'auf7' ].
```

geben wir das Standard-Prädikat *"trace"* in der folgenden Form als Goal ein:

```
?- trace.
```

Dadurch wird der Trace-Modul aktiviert und der Text

```
yes
trace ?-
```

angezeigt. Da wir die einzelnen Schritte bei der Ableitbarkeits-Prüfung des
externen Goals "anfrage" in eine Datei namens *"ausgabe"* übertragen lassen
wollen, geben wir diesen Dateinamen als Argument des Standard-Prädikats
"trace" in der folgenden Form ein:

```
trace( ausgabe ).
```

Daraufhin erhalten wir den Text

```
1.1           CALL trace( ausgabe )
yes
trace ?-
```

angezeigt. Wir geben das Prädikat "anfrage" als externes Goal und anschließend den Abfahrtsort (z.B. in der Form "ha.") und danach den Ankunftsort (z.B. in der Form "fr.") ein. Daraufhin erhalten wir das Ergebnis der Ableitbarkeits-Prüfung angezeigt.

Wollen wir die Arbeit mit dem Trace-Modul beenden, so geben wir das Standard-Prädikat *"notrace"* als Goal in der folgenden Form ein:

```
notrace.
```

Anschließend meldet sich das "IF/Prolog"-System durch die Ausgabe des Prompt-Symbols "?–" und zeigt damit seine Bereitschaft zur Entgegennahme einer neuen Anfrage an.

In der Datei "ausgabe" sind die folgenden Angaben enthalten:

```
1.1        CALL anfrage
2.1        CALL write('Gib Abfahrtsort: ')
2.1        EXIT write('Gib Abfahrtsort: ')
2.2        CALL nl
2.2        EXIT nl
2.3        CALL ttyread(_852)
2.3        EXIT ttyread(ha)
2.4        CALL write('Gib Ankunftsort: ')
2.4        EXIT write('Gib Ankunftsort: ')
2.5        CALL nl
2.5        EXIT nl
2.6        CALL ttyread(_848)
2.6        EXIT ttyread(fr)
2.7        CALL ic(ha,fr)
3.1        CALL dic(ha,fr)
3.1        FAIL dic(ha,fr)
3.1        CALL dic(ha,_2256)
4.1        CALL true
4.1        EXIT true
3.1        EXIT dic(ha,kö)
3.2        CALL write('mögliche Zwischenstation: ')
3.2        EXIT write('mögliche Zwischenstation: ')
3.3        CALL nl
3.3        EXIT nl
3.4        CALL write(kö)
3.4        EXIT write(kö)
3.5        CALL nl
3.5        EXIT nl
3.6        CALL ic(kö,fr)
4.1        CALL dic(kö,fr)
4.1        FAIL dic(kö,fr)
4.1        CALL dic(kö,_3712)
5.1        CALL true
5.1        EXIT true
4.1        EXIT dic(kö,ka)
4.2        CALL write('mögliche Zwischenstation: ')
4.2        EXIT write('mögliche Zwischenstation: ')
4.3        CALL nl
4.3        EXIT nl
4.4        CALL write(ka)
4.4        EXIT write(ka)
4.5        CALL nl
4.5        EXIT nl
4.6        CALL ic(ka,fr)
5.1        CALL dic(ka,fr)
5.1        FAIL dic(ka,fr)
5.1        CALL dic(ka,_5168)
5.1        FAIL dic(ka,_5168)
4.6        FAIL ic(ka,fr)
4.1        REDO dic(kö,ka)
```

```
5.1                 CALL true
5.1                 EXIT true
4.1                 EXIT dic(kö,ma)
4.2                 CALL write('mögliche Zwischenstation: ')
4.2                 EXIT write('mögliche Zwischenstation: ')
4.3                 CALL nl
4.3                 EXIT nl
4.4                 CALL write(ma)
4.4                 EXIT write(ma)
4.5                 CALL nl
4.5                 EXIT nl
4.6                 CALL ic(ma,fr)
5.1                 CALL dic(ma,fr)
6.1                 CALL true
6.1                 EXIT true
5.1                 EXIT dic(ma,fr)
4.6                 EXIT ic(ma,fr)
3.6                 EXIT ic(kö,fr)
2.7                 EXIT ic(ha,fr)
2.8                 CALL write('IC-Verbindung existiert ')
2.8                 EXIT write('IC-Verbindung existiert ')
1.1                 EXIT anfrage
```

Statt der im Programm AUF7 verwendeten Variablennamen "Von", "Nach" und "Z" werden die vom "IF/Prolog"-System verwendeten internen (eindeutigen) Namen wie z.B. "_852", "_848" und "_2256" angezeigt. Erfolgt die Ableitbarkeits-Prüfung mit einem *neuen* Exemplar der Wiba, so werden entsprechend andere interne Namen verwendet. Durch die Schlüsselwörter "CALL", "EXIT", "FAIL" und "REDO" wird gemäß dem oben angegebenen Boxen-Modell beschrieben, was im einzelnen bei der Ableitbarkeits-Prüfung geschieht (siehe Abschnitt 2.6).

## Der interaktive Debug-Modul im System "IF/Prolog"

Durch den Einsatz des *interaktiven* Debug-Moduls können wir einen Programmablauf *gezielt* kontrollieren und an bestimmten Stellen anhalten lassen. Nach dem Start des "IF/Prolog"-Systems und dem Laden des Programms AUF7 geben wir das Standard-Prädikat *"debug"* zur Aktivierung des Debug-Moduls ein:

?- debug.

Die Ableitbarkeits-Prüfung dieses Goals wird mit der Antwort "yes" quittiert und es erscheint die folgende Anzeige:

debug ?-

Geben wir daraufhin das Prädikat "anfrage" als externes Goal ein, so erscheint auf dem Bildschirm das folgende Menü:

```
IF/PROLOG    debugger_CALL_ exit_redo_FAIL_LAST__spy__ 5__trace__CREEPING
execute(anfrage):-
CALL  anfrage




debug command ?  __

yes
debug ?- anfrage.
```

Dieses Menü ist in die vier Bereiche unterteilt:

- In der 1. Zeile — der *Statuszeile* — sind Zustandsinformationen und
  Voreinstellungen des Debug-Moduls angegeben. Durch die Modifikation der Statuszeile wird es möglich, den Programmablauf an bestimmten Stellen anzuhalten und sich gezielt einzelne Klauseln mit den jeweiligen Variablen-Instanzierungen anzeigen zu lassen.

- Unterhalb der 1. Zeile — im *Debug-Bereich* — wird die aktuell untersuchte Klausel angezeigt. Dabei steht jedes Prädikat aus dem Klauselrumpf in einer eigenen Zeile[1]. Als Variablennamen werden die internen
  Namen aufgeführt.

- Unterhalb des Debug-Bereichs wird die *Kommandozeile* des Debug-
  Moduls angezeigt. Sie wird durch den Text "debug command ?–"
  eingeleitet. In diese Zeile lassen sich Kommandos an den Debug-Modul
  eingeben[2]. Drücken wir, statt ein Kommando einzugeben, dagegen die
  *<Return>*-Taste, so wird die Ableitbarkeits-Prüfung des Goals bzw.
  des aktuellen Subgoals fortgesetzt.

- Die restlichen Zeilen des unteren Bildschirmbereichs gehören zum *Anwender-Bereich*. In ihm werden Ausgaben des PROLOG-Programms
  angezeigt und Eingaben angefordert.

---

[1] Das Komma "," als logische UND-Verbindung wird *nicht* angezeigt.

[2] Die möglichen Kommandos können wir uns dadurch anzeigen lassen, daß wir den
Buchstaben "h" in die Kommandozeile eingeben.

In dem oben angezeigten Menü ist das Goal "anfrage" — im Debug-Bereich
— als Argument des Schlüsselworts "execute" angegeben[3].  Durch das
Schlüsselwort "CALL" in der Form

    CALL anfrage

wird das Prädikat "anfrage" als nächstes abzuleitendes Goal markiert. Im
Anwender-Bereich wird das zuletzt eingegebene Goal "anfrage" in der Form

    debug ?- anfrage.

angezeigt.  Der Cursor ist in der Kommandozeile positioniert, so daß ein
Kommando an den Debug-Modul eingegeben werden kann. Wir drücken die
<*Return*>-Taste und starten damit die Ableitbarkeits-Prüfung des Goals
"anfrage". Daraufhin erscheint das folgende Menü[4]:

```
IF/PROLOG    debugger_CALL_ exit_redo_FAIL_LAST__spy__ 5__trace__CREEPING
anfrage:-
CALL  write('Gib Abfahrtsort:')
        nl
        ttyread(_1048)
        write('Gib Ankunftsort:')
        nl
        ttyread(_1044)
        ic(_1048,_1044)
        write('IC-Verbindung existiert')
debug command ? __
```

In der 2. Zeile des Debug-Bereichs wird das aktuelle Subgoal "write('Gib
Abfahrtsort:')" durch ein vorangestelltes "CALL" gekennzeichnet.
Nach Drücken der <*Return*>-Taste wird das Prädikat "write" abgeleitet und
somit im Anwender-Bereich der Text "Gib Abfahrtsort:" angezeigt und im
Debug-Bereich das Subgoal *"nl"* durch das Schlüsselwort "CALL" markiert.
Drücken wir wiederum die <*Return*>-Taste, so erfolgt ein Zeilenvorschub im
Anwender-Bereich. Anschließend ist der Cursor wieder in der Kommando-
zeile positioniert und das aktuelle Subgoal *"ttyread(_1048)"* durch "CALL"
gekennzeichnet. Setzen wir die Ableitbarkeits-Prüfung durch Drücken der

---

[3]Dies bedeutet, daß für das Goal "anfrage" eine Ableitbarkeits-Prüfung durchgeführt
werden soll.

[4]Die im folgenden angezeigten internen Namen unterscheiden sich von den Namen, die
wir bei der Beschreibung des Trace-Moduls angegeben haben.

*<Return>*-Taste fort, so wird dieses Subgoal abgeleitet und eine Programm-Eingabe erwartet. Der Cursor ist im Anwender-Bereich positioniert, so daß wir einen Abfahrtsort (z.B. in der Form "ha.") eingeben können. Sobald die interne Variable "_1048" mit der eingegebenen Text-Konstanten (z.B. "ha") instanziert ist, wird diese Instanzierung an allen Stellen für den Namen "_1048" eingetragen.

Nach der Eingabe des Ankunftsorts (z.B. in der Form "fr.") wird die interne Variable "_1044" durch die Text-Konstante ("fr") ersetzt. Bei der sich anschließenden Ableitbarkeits-Prüfung wird die 1. Regel des Prädikats "ic" in der folgenden Form auf dem Bildschirm angezeigt:

```
IF/PROLOG    debugger_CALL_ exit_redo_FAIL_LAST__spy__ 5__trace__CREEPING
ic(ha,fr):-
CALL  dic(ha,fr)




debug command ? __
ha.
Gib Ankunftsort:
fr.
```

Da es in der Wiba keinen Fakt "dic(ha,fr)." gibt, scheitert die Ableitung des aktuellen Subgoals *"ic(ha,fr)"* mit der 1. Regel. Dies wird durch das Schlüsselwort "FAIL" vor dem Prädikat "dic(ha,fr)" in der folgenden Form angegeben:

```
IF/PROLOG    debugger_CALL_ exit_redo_FAIL_LAST__spy__ 5__trace__CREEPING
ic(ha,fr):-
FAIL  dic(ha,fr)




debug command ? __
ha.
Gib Ankunftsort:
fr.
```

Setzen wir die Ableitbarkeits-Prüfung fort, so wird im Debug-Bereich die Ableitbarkeits-Prüfung des Subgoals *"ic(ha,fr)"* mit der 2. Regel in der folgenden Form angezeigt:

```
IF/PROLOG   debugger_CALL_ exit_redo_FAIL_LAST__spy__ 5__trace__CREEPING
ic(ha,fr):-
CALL  dic(ha,_3728)
        write('mögliche Zwischenstation:')
        nl
        write(_3728)
        nl
        ic(_3728,fr)




debug command ? _
ha.
Gib Ankunftsort:
fr.
```

Durch das Drücken der $<$*Return*$>$-Taste wird die Ableitbarkeits-Prüfung mit
dem Ableitbarkeits-Versuch des neuen Subgoals *"dic(ha,_3728)"* fortgesetzt.
Dieses Subgoal kann mit der Klausel "dic(ha,kö)." in der Wiba abgeleitet
werden. Dies wird im Debug-Bereich zunächst in der Form "CALL true"
und anschließend in der Form "LAST true" angezeigt[5]. Dabei kennzeichnet
das Schlüsselwort "LAST", daß das *letzte* Subgoal abgeleitet werden konnte.
Nach Drücken der $<$*Return*$>$-Taste werden die instanzierten Variablenwerte
"ha" und "kö" wie folgt angezeigt:

```
IF/PROLOG   debugger_CALL_ exit_redo_FAIL_LAST__spy__ 5__trace__CREEPING
ic(ha,fr):-
        # dic(ha,kö)
          write('mögliche Zwischenstation:')
          nl,
CALL  write(kö)
        nl
        ic(kö,fr)




debug command ? _
ha.
Gib Ankunftsort:
fr.
```

Das Subgoal "dic(ha,kö)" ist durch das vorangestellte Zeichen "#" als
*Backtracking-Klausel* gekennzeichnet. Sie ist der *letzte* Choicepoint vor
den folgenden (jeweils *sukzessiv*) durch das Schlüsselwort "CALL" markier-
ten Subgoals. Schlägt die Ableitbarkeits-Prüfung des Subgoals "ic(kö,fr)"

---

[5]Wir können uns dazu vorstellen, daß der Fakt "dic(ha,kö)" eine Regel — der Form
"dic(ha,kö):-true" — mit dem Prädikat "true" im Regelrumpf ist.

fehl, so wird zu dieser Backtracking-Klausel zurückgesetzt und eine neue Ableitbarkeits-Prüfung für die Backtracking-Klausel versucht[6].

Sind wir beim Nachvollziehen der Ableitbarkeits-Prüfung lediglich an der Anzeige derjenigen Menüs interessiert, in denen Backtracking zu einer Backtracking-Klausel erfolgt, so ändern wir die Voreinstellung des Debug-Moduls, indem wir die folgenden Debug-Kommandos in die Kommandozeile eingeben und mit der <*Return*>-Taste abschließen[7]:

```
debug command ? PC
debug command ? PF
debug command ? PL
```

Durch die Eingabe der Buchstabenpaare "PC", "PF" und "PL" deaktivieren wir die zuvor in der Statuszeile in Großbuchstaben dargestellten Voreinstellungen "CALL", "FAIL" und "LAST"[8]. Die passive Voreinstellung "redo" ändern wir in die aktive Voreinstellung "REDO", indem wir

```
debug command ? PR
```

eingeben.　　Nach diesen Eingaben enthält die Statuszeile die folgenden Angaben[9]:

```
| IF/PROLOG    debugger_call_ exit_REDO_fail_last__spy__ 5__trace_CREEPING |
```

Setzen wir die Ableitbarkeits-Prüfung fort, so hält der Debug-Modul bei der Programmausführung nur *dann* an, *wenn* versucht wird, eine Backtracking-Klausel *erneut* abzuleiten. Somit erhalten wir nach Drücken der <*Return*>-Taste das folgende Menü:

---

[6]Die anderen Prädikate im Regelrumpf der Subgoals "ic(ha,fr)" sind deterministische Prädikate.

[7]Wollen wir den Debug-Modus wieder verlassen, so geben wir statt dieser Kommandos den Buchstaben "A" ein. Wir befinden uns anschließend wieder im Dialog mit dem "IF/Prolog"-System auf der Ebene des Prompts "?–".

[8]In der Statuszeile erscheinen aktive Voreinstellungen in Großbuchstaben, passive Voreinstellungen in Kleinbuchstaben.

[9]Zu den Angaben "debugger_call", "5", "trace" und "CREEPING" siehe das Handbuch des "IF/Prolog"-Systems.

```
IF/PROLOG   debugger_CALL_ exit_redo_FAIL_LAST__spy__ 5__trace_CREEPING
ic(kö,fr):-
REDO # dic(kö,ka)
        write('mögliche Zwischenstation:')
        nl,
        write(ka)
        nl
        ic(ka,fr)




debug command ? __
kö
mögliche Zwischenstation:
ka
```

Drücken wir abschließend nochmals die <*Return*>-Taste, so meldet sich der
Debug-Modul in der folgenden Form

    debug ?–

Geben wir daraufhin das Standard-Prädikat *"nodebug"* in der Form

    nodebug.

ein, so verlassen wir den Debug-Modul, und das "IF/Prolog"-System zeigt
wieder das Prompt-Symbol "?–" zur Entgegennahme einer neuen Anfrage
an.

## Der Debug-Modul des "IF/Prolog"-Systems und

## das Standard-Prädikat "spy"

Durch den Einsatz des Standard-Prädikats *"spy"* wird es möglich, eine
Klausel als *Überwachungs-Klausel* anzugeben und somit die Ableitbarkeits-
Prüfung eines Goals oder Subgoals *gezielt* zu verfolgen.
Wird bei der Ableitbarkeits-Prüfung eines Goals bzw. Subgoals eine
Überwachungs-Klausel unifiziert, so wird die Programmausführung unter-
brochen und erst nach Drücken der <*Return*>-Taste wieder fortgesetzt.

- Soll ein *Fakt* als Überwachungs-Klausel vereinbart werden, so müssen
  wir die Standard-Prädikate *"asserta"* und *"spy"* in der Form

      asserta ( spy ( *prädikat,schlüsselwort* ) )

verwenden[10]. Dadurch wird das Prädikat "spy" — zusammen mit seinen Argumenten — in den dynamischen Teil der Wiba eingetragen. Als 1. Argument ist die Überwachungs-Klausel ("prädikat") und als 2. Argument eines der Schlüsselwörter "call", "exit", "redo" oder "fail" anzugeben[11]. Wird bei der Ableitbarkeits-Prüfung der als 1. Argument angegebene Fakt abgeleitet, so wird die Programmausführung in Abhängigkeit von der durch das aufgeführte Schlüsselwort gekennzeichneten Situation unterbrochen.

- Soll eine *Regel* als Überwachungs-Klausel verwendet werden, so sind die Standard-Prädikate *"spy"* und *"asserta"* in der Form

$$asserta \ ( \ spy \ ( \ regelkopf, schlüsselwort \ ), regelrumpf \ )$$

zu verwenden. Jetzt hält die Programmausführung nur *dann* an, *wenn* der als 1. Argument angegebene Kopf ("regelkopf") der Überwachungs-Klausel in der durch das als 2. Argument angegebenen Situation ("schlüsselwort") *und* zusätzlich der Rumpf ("regelrumpf") der Überwachungs-Klausel abgeleitet werden kann. Durch die Angabe dieses Regelrumpfs ist es möglich, *Bedingungen* zu formulieren, die bei der Prüfung, ob der Programmablauf zu unterbrechen ist, zusätzlich erfüllt sein müssen[12].

Im folgenden zeigen wir am Beispiel des modifizierten Programms AUF7, wie wir die Standard-Prädikate "asserta" und "spy" einsetzen können. Dabei machen wir es uns zur Aufgabe, den Programmablauf bei der Ableitbarkeits-Prüfung des Goals "ic(ha,fr)" an den Stellen zu unterbrechen, an denen *versucht* wird, das Subgoal "ic(Z,fr)" abzuleiten. Es sollen nur die Fälle angezeigt werden, bei denen die Variable "Z" mit einer anderen Text-Konstanten als "ka" instanziert ist.
Nach dem Start des "IF/Prolog"-Systems und dem Laden des modifizierten Programms AUF7 fügen wir in den dynamischen Teil der Wiba die folgende Überwachungs-Klausel ein[13]:

---

[10]Zum Standard-Prädikat *"asserta"* siehe Abschnitt 6.1.

[11]Diese Schlüsselwörter haben wir bereits bei der Beschreibung des Trace- und Debug-Moduls kennengelernt. Sie müssen hier — als Text-Konstante — in Kleinbuchstaben geschrieben werden.

[12]Zum Standard-Prädikat *"asserta"* mit 2 Argumenten siehe Abschnitt 6.1.

[13]Wollen wir z.B. prüfen, ob z.B. die Ableitbarkeits-Prüfung des Prädikats "dic(ka,_)" während des Programmablaufs scheitert, geben wir "?- asserta(spy((dic(ka,_),fail)))." an.

```
?- asserta(spy(ic(Z,fr),call),Z\==ka).
```

Nach der sich anschließenden Anzeige von

```
Z = _636
```

und Drücken der <*Return*>-Taste aktivieren wir den Debug-Modul durch

```
?- debug.
```

und geben das externe Goal "anfrage" ein:

```
?- anfrage.
```

Daraufhin meldet sich der Debug-Modul, so daß wir die folgenden Kommandos (zur Modifikation der Voreinstellungen in der Statuszeile) eintragen können:

```
debug command ? N
debug command ? S
```

Durch diese Kommando aktivieren wir die Menüpunkte "NO STOP" und "SPY" in der Statuszeile. Wir erreichen dadurch, daß der Debug-Modul — unabhängig von der aktuellen Voreinstellung in der Statuszeile — *nur* an der *Überwachungs-Klausel* anhält. Nach diesen Eingaben enthält die Statuszeile die folgenden Angaben:

```
IF/PROLOG    debugger_CALL_ exit_redo_FAIL_LAST__SPY__ 5__trace_NO STOP
```

Durch das Drücken der <*Return*>-Taste starten wir die Programmausführung für die Ableitbarkeits-Prüfung des Goals "anfrage". Daraufhin werden wir aufgefordert, einen Abfahrts- und Ankunftsort einzugeben. Nachdem wir z.B. die Text-Konstanten "ha" und "fr" (in der Form "ha." bzw. "fr.") eingegeben haben, hält die Programmausführung erst *dann* an, *wenn* bei der Ableitbarkeits-Prüfung des Goals "anfrage" die Ableitung des Subgoals *"ic(Z,fr)"* *versucht* wird und *gleichzeitig* die Variable "Z" *nicht* mit der Text-Konstanten "ka" instanziert ist.

---

Zu den Zeichen "\" und "==" siehe Abschnitt 6.3.4.

Wir erhalten nacheinander die folgenden Menüs angezeigt[14]:

```
IF/PROLOG     debugger_CALL_ exit_redo_FAIL_LAST__SPY__ 5__trace_NO STOP
anfrage:-
          write('Gib Abfahrtsort:')
          nl
          ttyread(ha)
          write('Gib Ankunftsort:')
          nl
          ttyread(fr)
CALL  ic(ha,fr)
          write('IC-Verbindung existiert')
debug command ? __
ha.
Gib Abfahrtsort:
fr.
```

```
IF/PROLOG     debugger_CALL_ exit_redo_FAIL_LAST__SPY__ 5__trace_NO STOP
ic(ha,fr):-
          # dic(ha,kö)
          write('mögliche Zwischenstation:')
          nl,
          write(kö)
          nl
CALL  ic(kö,fr)



debug command ? __
fr
mögliche Zwischenstation:
kö
```

Setzen wir den Programmablauf durch Drücken der $<Return>$-Taste fort,
so erhalten wir die folgende Bildschirmanzeige:

```
IF/PROLOG     debugger_CALL_ exit_redo_FAIL_LAST__SPY__ 5__trace_NO STOP
ic(kö,fr):-
          # dic(kö,ma)
          write('mögliche Zwischenstation:')
          nl,
          write(ma)
          nl
CALL  ic(ma,fr)



debug command ? __
ka
mögliche Zwischenstation:
ma
```

---

[14]Vergleiche hierzu das Protokoll des Trace-Moduls in der Datei "ausgabe". Insbesondere die folgenden Einträge: "2.7 CALL(ha,fr)", "3.6 CALL(kö,fr)", "4.6 CALL(ka,fr)".

Hätten wir — statt der obigen Überwachungs-Regel — einen Überwachungs-Fakt in der Form

        ?– asserta(spy(ic(Z,fr),call)).

in den dynamischen Teil der Wiba eingetragen, so würde unmittelbar vor dem zuletzt oben angegebenen Menü das folgende Menü angezeigt werden:

```
IF/PROLOG    debugger_CALL_ exit_redo_FAIL_LAST__SPY__ 5__trace_NO STOP
ic(kö,fr):-
        # dic(kö,ka)
          write('mögliche Zwischenstation:')
          nl,
          write(ka)
          nl
CALL  ic(ka,fr)



debug command ? __
kö
mögliche Zwischenstation:
ka
```

Nachdem der Text "yes" als Ergebnis der Ableitbarkeits-Prüfung des Goals "anfrage" ausgegeben ist, meldet sich der Debug-Modul durch die Anzeige von:

        debug ?–

Wir verlassen den Debug-Modul durch die Eingabe von *"nodebug."*. Daraufhin meldet sich das "IF/Prolog"-System wieder durch die Anzeige des Prompt-Symbols "?–".
Wollen wir abschließend die Überwachungs-Klausel aus dem dynamischen Teil der Wiba wieder löschen, so setzen wir das Standard-Prädikat *"retract"* in der Form[15]

        retract(spy(ic(Z,fr),call),Z\==ka).

bzw.

        retract(spy(ic(Z,fr),call)).

---

[15]Zum Standard-Prädikat "retract" siehe Abschnitt 6.1.

ein.

## Der Trace-Modul im System "Turbo Prolog"

Nach dem Start des "Turbo Prolog"-Systems und dem Laden des Programms
AUF7 grenzen wir das Schlüsselwort "goal" und das intene Goal "anfrage"
durch die beiden Kommentarzeichen "/*" und "*/" ein. Um den Ablauf eines Programms im "Turbo Prolog"-System schrittweise verfolgen zu können,
müssen wir am Programmanfang das Schlüsselwort *"trace"* einfügen. Nach
dem Start des Programms werden wir aufgefordert, ein Goal einzugeben.
Nach der Eingabe von "anfrage" wird im Trace-Fenster der folgende Text
angezeigt[16]:

        CALL: anfrage()

Drücken wir anschließend die F10-Taste, so zeigt der Cursor im Editor-
Fenster auf das Prädikat "anfrage". Nach nochmaligem Drücken der F10-
Taste wird der Cursor auf das Prädikat "write("Gib Abfahrtsort:")" posi-
tioniert. Im Trace-Fenster wird dieses Prädikat in der Form

        write("Gib Abfahrtsort:")

als aktuelles Subgoal angezeigt. Nach mehrmaligen Drücken der F10-Taste
erhalten wir im Trace-Fenster z.B. die folgenden Anzeigen:

        CALL:       nl()
        RETURN:     nl()
        CALL:       readln(_)

Nachdem wir den Abfahrtsort wie z.B. "ha" im Dialog-Fenster eingegeben
haben, erscheint im Trace-Fenster die Meldung "RETURN: readln("ha")".
Durch das weitere Drücken der F10-Taste erhalten wir im Trace-Fenster sukzessiv die Ergebnisse der Ableitbarkeits-Prüfung angezeigt. Wollen wir die
Anzeigen im Trace-Fenster protokollieren lassen, so schalten wir das Druck-
protokoll — vor dem Programmstart — durch das gleichzeitige Drücken der
beiden Tasten *"Ctrl"* und *"Prtsc"* ein. Zur Ausschaltung der Protokollierung sind diese beiden Tasten erneut zu drücken.

---

[16]Im Hinblick auf die Schlüsselwörter des Boxen-Modells verwendet das System "Turbo
Prolog" das Wort "RETURN" anstelle von "EXIT". Die durch "FAIL" gekennzeichnete
Situation wird vom "Turbo Prolog"-System nicht gesondert angezeigt. Ferner wird beim
(seichten) Backtracking eine verkürzte Darstellung durch "REDO" gewählt.

Soll nur eine Hardcopy, d.h. ein Abbild des aktuellen Bildschirminhalts, auf dem Drucker ausgegeben werden, so sind die Tasten *"Shift"* und *"Prtsc"* zu betätigen.

Sind wir z.B. bei der Ableitbarkeits-Prüfung der IC-Verbindung von "ha" nach "fr" lediglich an den Ableitbarkeits-Prüfungen mit der 1. Klausel des Prädikats "ic" interessiert, so tragen wir die beiden Prädikate "trace(on)" und "trace(off)" in die 1. Klausel ein, so daß wir die folgende Regel erhalten:

    ic(Von,Nach):-trace(on),dic(Von,Nach),trace(off).

Anschließend starten wir das Programm durch die Eingabe des externen Goals in der Form[17]:

    trace(off),anfrage

---

[17]Dies setzt voraus, daß wir das Schlüsselwort *"trace"* an den Anfang des Programms eingetragen haben.

## A.3 Das System "Turbo Prolog"

### Aufbau eines "Turbo PROLOG"-Programms

Ein "Turbo PROLOG"-Programm besteht aus den folgenden Abschnitten:

| | |
|---|---|
| [ *systemanweisungen* ] | |
| | Anweisungen an das System wie z.B. "trace" zum Einschalten des Trace-Moduls oder "code=4000" für die Erhöhung des Speicherbereichs. |
| [ *domains* ] | |
| | Deklaration der Argumente von Prädikaten durch geeignete Platzhalter. Beim Einsatz von Standardtypen (siehe unten) kann der Typ der Argumente in den durch das Schlüsselwort *"predicates"* bzw. *"database"* gekennzeichneten Abschnitten festgelegt werden. |
| [ *database* [ – *referenzname* ] ] | |
| | Deklaration der Prädikate (mit ihren Argumenten) des dynamischen Teils der Wiba. Durch die Angabe von "referenzname" ist es möglich, mehrere Prädikate unter einem Namen zusammenzufassen und diese Prädikate z.B. durch ein Prädikat der Form "save("dosdatei",referenzname)" in einer Datei zu sichern. Dieser Abschnitt kann mehrmals — mit jeweils unterschiedlichen Referenz- und Prädikatsnamen — aufgeführt werden. In den dynamischen Teil der Wiba können lediglich Fakten eingetragen werden. Dabei müssen sich die Prädikatsnamen von den Prädikatsnamen des statischen Teils der Wiba unterscheiden. |
| *predicates* | |
| | Deklaration der Prädikate (mit ihren Argumenten) des statischen Teils der Wiba. Werden gleiche Prädikatsnamen verwendet, so müssen sie sich in ihrer Stelligkeit unterscheiden. |
| *clauses* | |
| | Angabe der Klauseln der statischen Wiba. Sie sind durch einen Punkt "." abzuschließen. Dabei sind Klauseln mit den gleichen Prädikatsnamen im Klauselkopf zu gruppieren. |
| [ *goal* ] | |
| | Angabe eines internen Goals. Zur Ergebnisausgabe ist das Standard-Prädikat "write" einzusetzen. Sollen beim Einsatz von Variablen im internen Goal alle möglichen Instanzierungen angezeigt werden, so ist außerdem das Prädikat "fail" notwendig. |

Dabei haben wir in dieser Übersicht die einzelnen Abschnitte durch die *kursiv* gedruckten Schlüsselwörter eingeleitet. Steht ein Schlüsselwort in eckigen Klammern "[" und "]", so ist es optional.

## Deklarationen im "Turbo PROLOG"-System

Im System "Turbo Prolog" müssen die in der Wiba eingesetzten Prädikate mit ihren Argumenten vereinbart werden. Der Typ eines Arguments kann ein[1]

- Standardtyp (ein einfacher Datentyp) oder ein

- zusammengesetzter Datentyp (eine Liste oder eine Struktur)

sein.

## Argumente vom Standardtyp

Zu den Standardtypen zählen:

- *"integer"*: Ganzzahlige Werte zwischen $-2^{15} + 1$ $(= -32\ 768)$ und $2^{15} - 1$ $(= +32\ 767)$.

- *"real"*: Werte zwischen $-10^{307}$ und $10^{308}$.

- *"char"*: Einzelne Zeichen (bei der Darstellung durch das Hochkomma ' eingeleitet und durch das Hochkomma ' abgeschlossen).

- *"symbol"*: Zeichenketten aus mehreren Zeichen (bei der Darstellung ggf. durch das Anführungszeichen " eingeschlossen).

- *"string"*: Zeichenketten aus mehreren Zeichen (bei der Darstellung ggf. durch das Anführungszeichen " eingeschlossen). Die Standardtypen "string" und "symbol" unterscheiden sich lediglich in ihrer internen Darstellung.

Setzen wir als Argumente eines Prädikats Standardtypen ein, so können wir auf den Abschnitt mit dem Schlüsselwort *"domains"* verzichten und sie innerhalb des Abschnitts *"predicates"* als Argumente aufführen.
Somit können wir z.B. folgendes angeben:

---

[1]Zur Ein- und Ausgabe in eine Datei steht der Typ "file" zur Verfügung.

```
/* stan1.pro */
predicates
        dic(symbol,symbol)
clauses
        dic(ha,kö).
```

Wollen wir ein Argument vom Standardtyp hinter dem Schlüsselwort
*"domains"* deklarieren, so geben wir als Platzhalter für die Argumente des
Prädikats "dic" z.B. den Namen "stadt" in der folgenden Form an:

```
/* stan2.pro */
domains
        stadt=symbol
predicates
        dic(stadt,stadt)
clauses
        dic(ha,kö).
```

## Typenkontrolle

Bei der Überprüfung der Argumente von Prädikaten führt das "Turbo
Prolog"-System eine *strenge* Typenkontrolle durch. So werden z.B. bei
der folgenden Deklaration die Platzhalter mit den Namen "stadt_von" und
"stadt_nach" unterschieden, obwohl sie vom gleichen Datentyp "symbol"
sind:

```
/* stan3.pro */
domains
        stadt_von, stadt_nach=symbol
predicates
        dic(stadt_von,stadt_nach)
        ic(stadt_von,stadt_nach)
clauses
        dic(ha,kö).
        dic(kö,ma).
        ic(Von,Nach):-dic(Von,Nach).
        ic(Von,Nach):-dic(ha,Z),ic(Z,Nach).
```

Es erfolgt eine Fehlermeldung für die Variable "Z" im Prädikat "ic" (im
Regelrumpf der 2. Regel).

## Vereinbarung zusammengesetzter Datentypen

Zu den zusammengesetzten Datentypen zählen:

- Listen: Die Elemente von Listen müssen vom Standardtyp oder Strukturen sein. Im "Turbo Prolog"-System ist es nicht möglich, Listen mit beliebigen Unter-Listen (*verschachtelte* Listen)[2] oder mit verschiedenen Datentypen einzusetzen.

- Strukturen: Die Argumente einer Struktur können vom Standardtyp, vom Strukturtyp oder vom Typ einer Liste sein. Strukturen können auch alternativ deklariert werden. Dabei wird *jede* der Alternativen als eine Struktur aufgefaßt.

## Listen als Argumente

Listen werden hinter dem Schlüsselwort *"domains"* vereinbart. Dabei muß links vom Gleichheitszeichen "=" der Platzhalter für das Argument und rechts vom Gleichheitszeichen einer der Standardtypen oder ein Strukturname — *unmittelbar* gefolgt von einem Stern "*" — angegeben werden, z.B. in der folgenden Form:

```
/* liste1.pro */
domains
        städte=symbol*
        angabe=fahrplan*
        fahrplan=fplan(integer,integer,integer,integer,integer)
predicates
        zwischen_station(städte)
        auskunft(angabe)
clauses
        zwischen_station([kö,ma]).
        auskunft([fplan(3,0,0,7,43),fplan(30,12,0,20,43)]).
```

## Strukturen als Argumente

Bei der Vereinbarung von Strukturen wird hinter dem Schlüsselwort *"domains"* der Platzhalter für das Argument angegeben. Nach dem Gleichheitszeichen "=" folgt der Name der Struktur mit den ggf. in Klammern eingeschlossenen Argumenten, z.B. in den folgenden Formen:

---

[2]Verschachtelte Listen lassen sich durch den Einsatz von Strukturen nachbilden.

```
/* strukt1.pro */
domains
       fahrplan=fplan(integer,integer,integer,integer,integer)
predicates
       auskunft(fplan)
clauses
       auskunft(fplan(3,0,0,7,43)).
```

```
/* strukt2.pro */
domains
       wert=integer
       fahrplan=fplan(wert,wert,wert,wert,wert,)
predicates
       auskunft(fahrplan)
clauses
       auskunft(fplan(3,0,0,7,43)).
```

Da die Argumente einer Struktur wiederum Strukturen sein dürfen, läßt sich
z.B. die verschachtelte Struktur "fplan" wie folgt einsetzen:

```
/* strukt3.pro */
domains
       wert=integer
       abfahrt=ab_zeit(integer,integer)
       ankunft=an_zeit(integer,integer)
       fahrplan=fplan(wert,abfahrt,ankunft)
predicates
       auskunft(fahrplan)
clauses
       auskunft(fplan(3,ab_zeit(0,0),an_zeit(7,43))).
```

## Alternative Strukturen als Argumente

Strukturen können auch alternativ deklariert werden. Dadurch ist es möglich, daß das *gleiche* Prädikat — an der gleichen Argumentposition — *alternative* Strukturen als Argument haben kann. Bei der Deklaration des Platzhalters für ein Argument werden — hinter dem Schlüsselwort *"domains"*
— die Alternativen durch das Semikolon ";" getrennt. Dabei wird jede der
Alternativen als Struktur aufgefaßt.

Sind wir z.B. sowohl an der Anzeige der Zugnummer, des Abfahrts- und
Ankunftsorts als auch an der Anzeige der Zugnummer und der Abfahrtszeiten der Direktverbindungen in der Wiba interessiert, so können wir z.B. die
folgenden Einträge in der Wiba machen:

```
/* strukt4.pro */
domains
        angaben=fplan(integer,integer,integer,integer,integer);
                ort(integer,symbol,symbol)
predicates
        dic(angaben)
clauses
        dic(fplan(3,0,0,7,43)).
        dic(ort(3,ha,kö)).
```

Stellen wir an dieses Programm eine externe Anfrage in der Form

Goal: dic(Angaben)

so werden die folgenden Instanzierungen angezeigt:

    Angaben=fplan(3,0,0,7,43)
    Angaben=ort(3,"ha","kö")
    2 Solutions


## Strukturen und Listen als Argumente

Da es in Turbo-PROLOG *nicht* möglich ist, *verschachtelte* Listen[3] zu verwenden, müssen wir, um die gleiche Wirkung zu erzielen, Strukturen einsetzen. Dabei steht bei der Deklaration derartiger Strukturen — im Abschnitt unter *"domains"* — links und rechts vom Gleichheitszeichen *"="* der gleiche Platzhalter. Dabei kann der Name des Platzhalters in verschiedenen Deklarationen vorkommen.

Im folgenden wollen wir beschreiben, wie wir eine Liste realisieren können, deren Elemente aus einer Struktur zur Angabe des Abfahrts- und Ankunftsorts und einer Struktur (mit einer Liste als Argument) zur Kennzeichnung der möglichen Züge einer Direktverbindung bestehen. Dabei wollen wir z.B. als Argument des Prädikats "auskunft" eine Liste der folgenden Form einsetzen:

    auskunft([stadt(ha),stadt(kö),züge([fplan(3,0,00,7,43), fplan(30,12,0,20,43) ])]).

Die beiden Strukturen mit dem Namen "stadt" kennzeichnen den Abfahrts-

---

[3]Unter *verschachtelten* Listen sind Listen zu verstehen, deren Elemente *wiederum* Listen sind.

und Ankunftsort einer Direktverbindung, und die Elemente der Liste im Argument der Struktur "züge" beschreiben die beiden möglichen Direktzüge von "ha" nach "kö".

Durch ein Argument des Prädikats "auskunft" in der Form

auskunft([stadt(ha),züge([abfahrt([fplan(1,0,0,7,11), fplan(10,12,0,20,11),
                          fplan(3,0,0,7,43), fplan(30,12,0,20,43)])])])]).

lassen sich z.B. sämtliche von "ha" ausgehenden Züge beschreiben.

Da wir bei der Vereinbarung einer Struktur auch Alternativen angeben können, führen wir im Vereinbarungsteil (rechts vom Gleichheitszeichen "=") wiederum den Platzhalter "angaben" auf:

```
/* strukt5.pro */
domains
        angaben=element*
        angaben=stadt(symbol);
              fplan(integer,integer,integer,integer,integer);
              züge(angaben)
              abfahrt(angaben)
predicates
        auskunft(angaben)
clauses
        auskunft([fplan(3,0,00,7,43)]).
        auskunft([stadt(ha),stadt(kö),züge([fplan(3,0,00,7,43), fplan(30,12,0,20,43) ])]).
        auskunft([stadt(ha),züge([züge([fplan(1,0,0,7,11)])])]).
        auskunft([stadt(ha),züge([abfahrt([fplan(1,0,0,7,11), fplan(10,12,0,20,11),
                              fplan(3,0,0,7,43), fplan(30,12,0,20,43)])])])]).
```

Nach dem Programmstart erhalten wir durch die externe Anfrage

Goal: auskunft([stadt(ha),züge([abfahrt(Start)])])

die von "ha" ausgehenden Züge z.B. in der Form

Start=abfahrt([fplan(1,0,0,7,11), fplan(10,12,0,20,11), fplan(3,0,0,7,43),
                          fplan(30,12,0,20,43)])

angezeigt.

## Wesentliche Merkmale des "Turbo PROLOG"-Systems

Im folgenden geben wir die wichtigsten Unterschiede des "Turbo Prolog"-Systems zum "IF/Prolog"-System an:

- Das "Turbo Prolog"-System besteht aus einem Compiler und einem Editor. Programme müssen vor der Programmausführung übersetzt werden. Dabei sind die jeweils eingesetzten Prädikate und die Typen ihrer Argumente zu deklarieren.

- Im "Turbo Prolog"-System erfolgen Ein- und Ausgaben in verschiedenen Fenstern:

  - im Editor-Fenster wird das PROLOG-Programm eingetragen
  - im Dialog-Fenster erfolgt die Eingabe einer externen Anfrage
  - im Message-Fenster werden Fehlermeldungen angezeigt
  - im Trace-Fenster kann ein Programmablauf verfolgt werden

- Beim Einsatz von Variablen innerhalb einer Anfrage werden alle Lösungen angezeigt. Stellen wir eine Anfrage in Form eines internen Goals, so erfolgt keine Ergebnisausgabe.

- Es wird strikt zwischen der statischen und der dynamischen Wiba unterschieden. Deshalb ist es notwendig, für die Prädikate im statischen und dynamischen Teil der Wiba verschiedene Prädikatsnamen zu verwenden. In den dynamischen Teil der Wiba können lediglich Fakten eingetragen werden. Wird ein "Turbo Prolog"-Programm erneut compiliert, so gehen die im dynamischen Teil der Wiba eingetragene Fakten verloren.

- Es ist nicht möglich, eigene Operatoren zu definieren. Auch werden die Standard-Prädikate "=.." und "call" des "IF/Prolog"-Systems nicht zur Verfügung gestellt.

## A.4 "Turbo Prolog"-Programme

Im folgenden führen wir alle Programme, welche die in den Kapiteln 1
bis 8 angegebenen Aufgabenstellungen lösen, in der Form auf, in der
sie unter dem "Turbo Prolog"-System unmittelbar ablauffähig sind[1].

```
/* AUFT1: */
predicates
    dic(symbol,symbol)
clauses
    dic(ha,kö).
    dic(ha,fu).
    dic(kö,ma).
    dic(fu,mü).
```

```
/* AUFT2: */
predicates
    dic(symbol,symbol)
    zwischen(symbol,symbol)
clauses
    dic(ha,kö).
    dic(ha,fu).
    dic(kö,ma).
    dic(fu,mü).

    zwischen(Von,Nach):-dic(Von,Z),dic(Z,Nach).
```

```
/* AUFT3_1 Version 1: */
predicates
    dic(symbol,symbol)
    zwischen(symbol,symbol)
clauses
    ic(ha,kö).
    ic(kö,ma).
    ic(ha,ma).
    ic(ha,fu).
    ic(fu,mü).
    ic(ha,mü).
```

```
/* AUFT3_2 Version 2: */
predicates
    dic(symbol,symbol)
    ic(symbol,symbol)
clauses
```

---

[1]Es fehlen die Programme, die sich nicht *unmittelbar* übertragen lassen. Gegenüber
den Programmnamen, die für den Einsatz unter dem System "IF/Prolog" verwendet werden, sind die Namen der nachfolgend aufgeführten Programme um den Buchstaben "T"
erweitert.

```
/* AUFT3_2 Version 2: */
    dic(ha,kö).
    dic(ha,fu).
    dic(kö,ma).
    dic(fu,mü).

    ic(Von,Nach):-dic(Von,Nach).
    ic(Von,Nach):-dic(Von,Z),dic(Z,Nach).
```

```
/* AUFT4: */
predicates
    dic(symbol,symbol)
    ic(symbol,symbol)
clauses
    dic(ha,kö).
    dic(ha,fu).
    dic(kö,ka).
    dic(kö,ma).
    dic(fu,mü).
    dic(ma,fr).

    ic(Von,Nach):-dic(Von,Nach).
    ic(Von,Nach):-dic(Von,Z),ic(Z,Nach).
```

```
/* AUFT5: */
predicates
    dic(symbol,symbol)
    ic(symbol,symbol)
    dic_sym(symbol,symbol)
clauses
    dic(ha,kö).
    dic(ha,fu).
    dic(kö,ka).
    dic(kö,ma).
    dic(fu,mü).
    dic(ma,fr).

    dic_sym(Von,Nach):-dic(Von,Nach).
    dic_sym(Von,Nach):-dic(Nach,Von).

    ic(Von,Nach):-dic_sym(Von,Nach).
    ic(Von,Nach):-dic_sym(Von,Z),ic(Z,Nach).
```

```
/* AUFT6: */
predicates
```

```
/* AUFT6: */
      dic(symbol,symbol)
      ic(symbol,symbol)
      anfrage
clauses
      dic(ha,kö).
      dic(ha,fu).
      dic(kö,ka).
      dic(kö,ma).
      dic(fu,mü).
      dic(ma,fr).

      ic(Von,Nach):-dic(Von,Nach).
      ic(Von,Nach):-dic(Von,Z),ic(Z,Nach).

      anfrage:-write("Gib Abfahrtsort:"),nl,
          readln(Von),
          write("Gib Ankunftsort:"),nl,
          readln(Nach),
          ic(Von,Nach),
          write("IC-Verbindung existiert").
      anfrage:-write("IC-Verbindung existiert nicht").
goal
      anfrage
```

```
/* AUFT7: */
predicates
      dic(symbol,symbol)
      ic(symbol,symbol)
      anfrage
clauses
      dic(ha,kö).
      dic(ha,fu).
      dic(kö,ka).
      dic(kö,ma).
      dic(fu,mü).
      dic(ma,fr).

      ic(Von,Nach):-dic(Von,Nach).
      ic(Von,Nach):-dic(Von,Z),
          write("mögliche Zwischenstation:"),
          write(Z),nl,
          ic(Z,Nach).

      anfrage:-write("Gib Abfahrtsort:"),nl,
```

```
/* AUFT7: */
        readln(Von),
        write("Gib Ankunftsort:"),nl,
        readln(Nach),
        ic(Von,Nach),
        write("IC-Verbindung existiert").
    anfrage:-write("IC-Verbindung existiert nicht").
goal
    anfrage
```

```
/* AUFT8: */
predicates
    dic(integer,symbol,symbol)
    ic(integer,symbol,symbol)
    anfrage
clauses
    dic(1,ha,kö).
    dic(2,ha,fu).
    dic(3,kö,ka).
    dic(4,kö,ma).
    dic(5,fu,mü).
    dic(6,ma,fr).
    ic(1,Von,Nach):-write("Regel: 1"),nl,
        dic(Nr,Von,Nach),
        write("Fakt:"),write(Nr),nl.
    ic(2,Von,Nach):-write("Regel: 2"),nl,
        dic(Nr,Von,Z),
        write("Fakt:"),write(Nr),nl,
        write("mögliche Zwischenstation:"),write(Z),nl,
        ic(_,Z,Nach).
    anfrage:-write("Gib Abfahrtsort:"),nl,
        readln(Von),
        write("Gib Ankunftsort:"),nl,
        readln(Nach),
        ic(_,Von,Nach),
        write("IC-Verbindung existiert").
    anfrage:-write("IC-Verbindung existiert nicht").
goal
    anfrage
```

```
/* AUFT9: */
database - ic
    ic_db(symbol,symbol)
predicates
```

```
/* AUFT9: */
    dic(symbol,symbol)
    ic(symbol,symbol)
    verb(symbol,symbol)
    anfrage
clauses
    dic(ha,kö).
    dic(ha,fu).
    dic(kö,ka).
    dic(kö,ma).
    dic(fu,mü).
    dic(ma,fr).

    ic(Von,Nach):-dic(Von,Nach).
    ic(Von,Nach):-dic(Von,Z),ic(Z,Nach).

    verb(Von,Nach):-ic_db(Von,Nach),
        write("ableitbar aus dynamischer Wiba"),nl.
    verb(Von,Nach):-ic(Von,Nach).

    anfrage:-write("Gib Abfahrtsort:"),nl,
        readln(Von),
        write("Gib Ankunftsort:"),nl,
        readln(Nach),
        verb(Von,Nach),
        write("IC-Verbindung existiert"),
        asserta(ic_db(Von,Nach),ic).
    anfrage:-write("IC-Verbindung existiert nicht").
goal
    anfrage
```

```
/* AUFT10: */
database - ic
    ic_db(symbol,symbol)
predicates
    dic(symbol,symbol)
    ic(symbol,symbol)
    verb(symbol,symbol)
    anfrage
    sichern_ic
    lesen
clauses
    dic(ha,kö).
    dic(ha,fu).
```

```
/* AUFT10: */
    dic(kö,ka).
    dic(kö,ma).
    dic(fu,mü).
    dic(ma,fr).

    ic(Von,Nach):-dic(Von,Nach).
    ic(Von,Nach):-dic(Von,Z),ic(Z,Nach).

    verb(Von,Nach):-ic_db(Von,Nach),
        write("ableitbar aus dynamischer Wiba"),nl.
    verb(Von,Nach):-ic(Von,Nach).

    anfrage:-write("Gib Abfahrtsort:"),nl,
        readln(Von),
        write("Gib Ankunftsort:"),nl,
        readln(Nach),
        verb(Von,Nach),
        write("IC-Verbindung existiert"),
        asserta(ic_db(Von,Nach),ic).
    anfrage:-write("IC-Verbindung existiert nicht").

    sichern_ic:-ic:db(_,_),save("ic.pro",ic).
    sichern_ic.

    lesen:-existfile("ic.pro"),
        consult("ic.pro",ic).
    lesen.
goal
    lesen,anfrage,sichern_ic
```

```
/* AUFT11: */
predicates
    dic(symbol,symbol)
    ic(symbol,symbol)
    anfrage
clauses
    dic(ha,kö).
    dic(ha,fu).
    dic(kö,ka).
    dic(kö,ma).
    dic(fu,mü).
    dic(ma,fr).

    ic(Von,Nach):-dic(Von,Nach).
```

```
/* AUFT11: */
    ic(Von,Nach):-dic(Von,Z),ic(Z,Nach).

    anfrage:-write("Gib Abfahrtsort:"),nl,
        readln(Von),
        write("mögliche(r) Ankunftsort(e):"),nl,
        ic(Von,Nach),
        write(Nach),nl.
    anfrage:-nl,write("Ende").
goal
    anfrage,fail
```

```
/* AUFT12: */
predicates
    dic(symbol,symbol)
    ic(symbol,symbol)
    anfrage
clauses
    dic(ha,kö).
    dic(ha,fu).
    dic(kö,ka).
    dic(kö,ma).
    dic(fu,mü).
    dic(ma,fr).

    ic(Von,Nach):-dic(Von,Nach).
    ic(Von,Nach):-dic(Von,Z),ic(Z,Nach).

    anfrage:-write("mögliche IC-Verbindungen(en):"),nl,
        ic(Von,Nach),
        write("Abfahrtsort"),write(Von),nl,
        write("Ankunftsort "),write(Nach),nl,nl.
    anfrage:-nl,write("Ende").
goal
    anfrage,fail
```

```
/* AUFT13: */
database - ic
    ic_db(symbol,symbol)
predicates
    dic(symbol,symbol)
    ic(symbol,symbol)
    verb(symbol,symbol)
    anfrage
```

```
/* AUFT13: */
    sichern_ic
    lesen
clauses
    dic(ha,kö).
    dic(ha,fu).
    dic(kö,ka).
    dic(kö,ma).
    dic(fu,mü).
    dic(ma,fr).

    ic(Von,Nach):-dic(Von,Nach).
    ic(Von,Nach):-dic(Von,Z),ic(Z,Nach).

    verb(Von,Nach):-ic_db(Von,Nach),
        write("ableitbar aus dynamischer Wiba"),nl.
    verb(Von,Nach):-ic(Von,Nach).

    anfrage:-write("Gib Abfahrtsort:"),nl,
        readln(Von),
        write("Gib Ankunftsort:"),nl,
        readln(Nach),
        verb(Von,Nach),
        write("IC-Verbindung existiert"),nl,
        !,
        not(ic_db(Von,Nach)),
        asserta(ic_db(Von,Nach),ic).
    anfrage:-write("IC-Verbindung existiert nicht"),nl.

    sichern_ic:-ic_db(_,_),save("ic.pro",ic).
    sichern_ic.

    lesen:-existfile("ic.pro"),
        consult("ic.pro",ic).
    lesen.
goal
    lesen,!,anfrage,sichern_ic
```

```
/* AUFT14: */
predicates
    auswahl(symbol)
    anforderung
clauses
    auswahl(s):-nl,write("Ende").
    auswahl(X):-write("Eingabe von: "),write(X),nl,fail.
```

```
/* AUFT14: */
    anforderung:- write("Gib Buchstabe (Abbruch bei Eingabe von "s"")):),nl,
        readln(Buchstabe),
        auswahl(Buchstabe),
        !,
        fail.
    anforderung:-anforderung.
goal
    anforderung
```

```
/* AUFT15: */
database - dic
    dic_db(symbol,symbol)
database - ic
    ic_db(symbol,symbol)
predicates
    dic(symbol,symbol)
    ic(symbol,symbol)
    verb(symbol,symbol)
    anfrage
    sichern_dic
    sichern_ic
    lesen_dic
    lesen_ic
    lesen
    ergänze
    auskunft
    erweitere_netz
    auswahl(symbol)
    anforderung
clauses
    dic(ha,kö).
    dic(ha,fu).
    dic(kö,ka).
    dic(kö,ma).
    dic(fu,mü).
    dic(ma,fr).

    ic(Von,Nach):-dic(Von,Nach).
    ic(Von,Nach):-dic_db(Von,Nach).
    ic(Von,Nach):-dic(Von,Z),ic(Z,Nach).
    ic(Von,Nach):-dic_db(Von,Z),ic(Z,Nach).

    verb(Von,Nach):-ic_db(Von,Nach),
        write("ableitbar aus dynamischer Wiba"),nl.
    verb(Von,Nach):-ic(Von,Nach).
```

```
/* AUFT15: */

    anfrage:-write("Gib Abfahrtsort:"),nl,
        readln(Von),
        write("Gib Ankunftsort:"),nl,
        readln(Nach),
        verb(Von,Nach),
        write("IC-Verbindung existiert"),nl,nl,
        !,
        not(ic_db(Von,Nach)),
        asserta(ic_db(Von,Nach),ic).
    anfrage:-write("IC-Verbindung existiert nicht"),nl,nl.

    sichern_dic:-dic_db(_,_),save("dic.pro",dic).
    sichern_dic.

    sichern_ic:-ic_db(_,_),save("dic.pro",ic).
    sichern_ic.

    lesen_dic:-retractall(dic_db(_,_)),
        existfile("dic.pro"),
        consult("dic.pro",dic).
    lesen_dic.

    lesen_ic:-retractall(ic_db(_,_)),
        existfile("ic.pro"),
        consult("ic.pro",ic).
    lesen_ic.

    lesen:-lesen_dic,lesen_ic.

    ergänze:-nl,write("Gib Direktverbindung Abfahrtsort:"),nl,
        readln(Von),
        nl,write("Gib Direktverbindung Ankunftsort:"),nl,
        readln(Nach),
        !,
        not(dic_db(Von,Nach)),
        not(dic(Von,Nach)),
        asserta(dic_db(Von,Nach),dic).

    auskunft:-lesen,!,anfrage,sichern_ic.

    erweitere_netz:-lesen_dic,!,ergänze,sichern_dic.

    auswahl(a):-auskunft,fail.
    auswahl(e):-erweitere_netz,fail.
    auswahl(s):-nl,write(" Ende ").

    anforderung:-nl,write("auskunft (a)"),nl,
        write("erweitere_netz (e)"),nl,
```

```
/* AUFT15: */
        write("stop (s)"),nl,
        write("Gib Anforderung"),nl,
        readln(Buchstabe),
        auswahl(Buchstabe),
        !,
        fail.
    anforderung:-anforderung.
```

```
/* AUFT16_1: */
database - eintrage
    eintrage_db(integer)
predicates
    bau(integer)
    bestimme(integer,integer,integer)
    anforderung
    summe(integer,integer)
    bereinige_wiba
clauses
    bereinige_wiba:-retract(eintrage_db(Wert)),
        fail.
    bereinige_wiba.

    bau(0).
    bau(Rest_Eingabe):-
        bestimme(Kriterium,Rest_Eingabe,Wert),
        asserta(eintrage_db(Wert),eintrage),
        bau(Kriterium).

    bestimme(Kriterium,Rest_Eingabe,Wert):-
        nl,write("Gib Wert:"),
        readint(Wert),
        Kriterium=Rest_Eingabe-1.

    summe(Gesamt,Gesamt):-not(eintrage_db(_)).
    summe(Summe,Wert1):-eintrage_db(Wert),
        Wert2=Wert1+Wert,
        retract(eintrage_db(Wert)),
        summe(Summe,Wert2).

    anforderung:-bereinige_wiba,
        nl,write("Gib Anzahl der Summanden:"),
        readint(Anzahl),
        bau(Anzahl),
        summe(Resultat,0),
        nl,write("Summe der Werte:"),write(Resultat).
```

```
/* AUFT16_1: */
goal
    anforderung
```

```
/* AUFT16_2: */
predicates
    bau_summe(integer,integer,integer)
    bestimme(integer,integer,integer)
    anforderung
clauses

    bau_summe(0,Gesamt,Gesamt).
    bau_summe(Rest_Eingabe,Summe,Wert1):-
        bestimme(Kriterium,Rest_Eingabe,Wert),
        Wert2=Wert1+Wert,
        bau_summe(Kriterium,Summe,Wert2).

    bestimme(Kriterium,Rest_Eingabe,Wert):-
        nl,write("Gib Wert:"),
        readint(Wert),
        Kriterium=Rest_Eingabe-1.

    anforderung:-nl,write("Gib Anzahl der Summanden:"),
        readint(Anzahl),
        bau_summe(Anzahl,Resultat,0),
        write("Summe der Werte:"),write(Resultat).
goal
    anforderung
```

```
/* AUFT17: */
domains
    elemente=symbol*
predicates
    ausgabe_listenelemente(elemente)
clauses
    ausgabe_listenelemente([ ]).
    ausgabe_listenelemente([Kopf|Rumpf]):-
    write(Kopf),nl,
    ausgabe_listenelemente(Rumpf).
goal
    write("Gib Liste:"),nl,
    readterm(elemente,Liste),
    ausgabe_listenelemente(Liste)
```

```
/* AUFT18: */
domains
    liste=integer*
predicates
    bau_liste(integer,liste,liste)
    bestimme(integer,integer,integer)
    anforderung
clauses
    bau_liste(0,Gesamt,Gesamt).
    bau_liste(Rest_Eingabe,Basisliste,Ergebnis):-
        bestimme(Kriterium,Rest_Eingabe,Wert),
        bau_liste(Kriterium,[Wert|Basisliste],Ergebnis).

    bestimme(Kriterium,Rest_Eingabe,Wert):-
        nl,write("Gib Wert:"),
        readint(Wert),
        Kriterium=Rest_Eingabe-1.

    anforderung:-nl,write("Gib Anzahl der Elemente:"),
        readint(Anzahl),
        bau_liste(Anzahl,[ ],Resultat),
        nl,write("erstellte Liste:"),write(Resultat).
goal
    anforderung
```

```
/* AUFT19: */
domains
    liste=symbol*
predicates
    dic(symbol,symbol)
    ic(symbol,symbol,liste,liste)
    anfrage
    ausgabe_listenelemente(liste)
clauses
    dic(ha,kö).
    dic(ha,fu).
    dic(kö,ka).
    dic(kö,ma).
    dic(fu,mü).
    dic(ma,fr).

    ic(Von,Nach,Gesamt,Gesamt):-dic(Von,Nach).
    ic(Von,Nach,Basisliste,Ergebnis):-
        dic(Von,Z),ic(Z,Nach,[Z|Basisliste],Ergebnis).
```

```
/* AUFT19: */
    anfrage:-write("Gib Abfahrtsort:"),nl,
        readln(Von),
        write("Gib Ankunftsort:"),nl,
        readln(Nach),
        ic(Von,Nach,[ ],Resultat),
        write("IC-Verbindung existiert"),nl,
        !,
        not(Resultat=[ ]),
        write("Liste der Zwischenstationen:"),nl,
        ausgabe_listenelemente(Resultat),nl.
    anfrage:-write("IC-Verbindung existiert nicht"),nl.

    ausgabe_listenelemente([ ]).
    ausgabe_listenelemente([Kopf|Rumpf]):-
        write(Kopf),nl,
        ausgabe_listenelemente(Rumpf).
goal
    anfrage
```

```
/* AUFT20: */
domains
    liste=symbol*
predicates
    dic(symbol,symbol)
    ic(symbol,symbol,liste,liste)
    umkehre(liste,liste)
    anfüge(liste,liste,liste)
    ausgabe_listenelemente(liste)
    anfrage
clauses
    dic(ha,kö).
    dic(ha,fu).
    dic(kö,ka).
    dic(kö,ma).
    dic(fu,mü).
    dic(ma,fr).

    ic(Von,Nach,Gesamt,Gesamt):-dic(Von,Nach).
    ic(Von,Nach,Basisliste,Ergebnis):-
        dic(Von,Z),ic(Z,Nach,[Z|Basisliste],Ergebnis).

    umkehre([ ],[ ]).
    umkehre([Kopf|Rumpf],Ergebnis):-
        umkehre(Rumpf,Vorder_Liste),
```

```
/* AUFT20: */
            anfüge(Vorder_Liste,[Kopf],Ergebnis).

    anfüge([ ],Hinter_Liste,Hinter_Liste).
    anfüge([Kopf|Rumpf],Hinter_Liste,[Kopf|Ergebnis]):-
        anfüge(Rumpf,Hinter_Liste,Ergebnis).

    anfrage:-write("Gib Abfahrtsort:"),nl,
        readln(Von),
        write("Gib Ankunftsort:"),nl,
        readln(Nach),
        ic(Von,Nach,[ ],Resultat),
        umkehre(Resultat,Resultat_invers),
        write("IC-Verbindung existiert"),nl,
        !,
        not(Resultat_invers = [ ]),
        write("Liste der Zwischenstationen:"),nl,
        ausgabe_listenelemente(Resultat_invers),nl.
    anfrage:-write("IC-Verbindung existiert nicht").

    ausgabe_listenelemente([ ]).
    ausgabe_listenelemente([Kopf|Rumpf]):-
        write(Kopf),nl,
        ausgabe_listenelemente(Rumpf).
goal
    anfrage
```

```
/* AUFT21: */
domains
    liste=symbol*
predicates
    anfüge(liste,liste,liste)
    anfrage
clauses
    anfüge([ ],Hinter_Liste,Hinter_Liste).
    anfüge([Kopf|Rumpf],Hinter_Liste,[Kopf|Ergebnis]):-
        anfüge(Rumpf,Hinter_Liste,Ergebnis).

    anfrage:-write("Gib Hinter_Liste:"),nl,
        readterm(liste,Hinter_Liste),
        write("Gib Vorder_Liste:"),nl,
        readterm(liste,Vorder_Liste),
        anfüge(Vorder_Liste,Hinter_Liste,Resultat),
        write(Resultat),nl.
```

```
/* AUFT21: */
```

```
/* AUFT22: */
domains
    liste=symbol*
predicates
    umkehre(liste,liste)
    anfüge(liste,liste,liste)
    anfrage
clauses
    umkehre([ ],[ ]).
    umkehre([Kopf|Rumpf],Ergebnis):-
        umkehre(Rumpf,Vorder_Liste),
        anfüge(Vorder_Liste,[Kopf],Ergebnis).

    anfüge([ ],Hinter_Liste,Hinter_Liste).
    anfüge([Kopf|Rumpf],Hinter_Liste,[Kopf|Ergebnis]):-
        anfüge(Rumpf,Hinter_Liste,Ergebnis).

    anfrage:-write("Gib Liste:"),nl,
        readterm(liste,Liste),
        umkehre(Liste,Resultat),
        write(Resultat),nl.
goal
    anfrage
```

```
/* AUFT23_1: */
domains
    liste=symbol*
predicates
    dic(symbol,symbol)
    dic_sym(symbol,symbol)
    ic(symbol,symbol,liste,liste,liste)
    umkehre(liste,liste)
    anfüge(liste,liste,liste)
    ausgabe_listenelemente(liste)
    anfrage
    element(symbol,liste)
clauses
    dic(ha,kö).
    dic(ha,fu).
    dic(kö,ka).
    dic(kö,ma).
    dic(fu,mü).
```

```
/* AUFT23_1: */
    dic(ma,fr).

    dic_sym(Von,Nach):-dic(Von,Nach).
    dic_sym(Von,Nach):-dic(Nach,Von).

    ic(Von,Nach,Gesamt,Gesamt,_):-dic_sym(Von,Nach).
    ic(Von,Nach,Basisliste,Ergebnis,Erreicht):-dic_sym(Von,Z),
        not(element(Z,Erreicht)),
        ic(Z,Nach,[Z|Basisliste],Ergebnis,[Z|Erreicht]).

    umkehre([ ],[ ]).
    umkehre([Kopf|Rumpf],Ergebnis):-
        umkehre(Rumpf,Vorder_Liste),
        anfüge(Vorder_Liste,[Kopf],Ergebnis).

    anfüge([ ],Hinter_Liste,Hinter_Liste).
    anfüge([Kopf|Rumpf],Hinter_Liste,[Kopf|Ergebnis]):-
        anfüge(Rumpf,Hinter_Liste,Ergebnis).

    anfrage:-write("Gib Abfahrtsort:"),nl,
        readln(Von),
        write("Gib Ankunftsort:"),nl,
        readln(Nach),
        ic(Von,Nach,[ ],Resultat,[ ]),
        umkehre(Resultat,Resultat_invers),
        write("IC-Verbindung existiert"),nl,
        !,
        not(Resultat_invers = [ ]),
        write("Liste der Zwischenstationen:"),nl,
        ausgabe_listenelemente(Resultat_invers),nl.
    anfrage:-write("IC-Verbindung existiert nicht").

    ausgabe_listenelemente([ ]).
    ausgabe_listenelemente([Kopf|Rumpf]):-
        write(Kopf),nl,
        ausgabe_listenelemente(Rumpf).

    element(Wert,[Wert|_]).
    element(Wert,[_|Rumpf]):-element(Wert,Rumpf).
goal
    anfrage
```

```
/* AUFT23_2: */
domains
    liste=symbol*
predicates
    dic(symbol,symbol)
    dic_sym(symbol,symbol)
    ic(symbol,symbol,liste,liste,liste)
    umkehre(liste,liste)
    anfüge(liste,liste,liste)
    ausgabe_listenelemente(liste)
    anfrage
    element(symbol,liste)
    filtern_Von(symbol,liste,liste)
    abtrenne(symbol,liste,liste)
    gleich(symbol,symbol)
clauses
    dic(ha,kö).
    dic(ha,fu).
    dic(kö,ka).
    dic(kö,ma).
    dic(fu,mü).
    dic(ma,fr).

    dic_sym(Von,Nach):-dic(Von,Nach).
    dic_sym(Von,Nach):-dic(Nach,Von).

    ic(Von,Nach,Gesamt,Gesamt,_):-dic_sym(Von,Nach).
    ic(Von,Nach,Basisliste,Ergebnis,Erreicht):-dic_sym(Von,Z),
        not(element(Z,Erreicht)),
        ic(Z,Nach,[Z|Basisliste],Ergebnis,[Z|Erreicht]).

    element(Wert,[Wert|_]).
    element(Wert,[_|Rumpf]):-element(Wert,Rumpf).

    umkehre([ ],[ ]).
    umkehre([Kopf|Rumpf],Ergebnis):-
        umkehre(Rumpf,Vorder_Liste),
        anfüge(Vorder_Liste,[Kopf],Ergebnis).

    anfüge([ ],Hinter_Liste,Hinter_Liste).
    anfüge([Kopf|Rumpf],Hinter_Liste,[Kopf|Ergebnis]):-
        anfüge(Rumpf,Hinter_Liste,Ergebnis).

    filtern_Von(Von,Liste_1,Liste_1):-not(element(Von,Liste_1)).
    filtern_Von(Von,Liste_1,Liste_2):-abtrenne(Von,Liste_1,Liste_2).

    abtrenne(Schnitt,[Schnitt|_],[ ]).
```

```
/* AUFT23_2: */
    abtrenne(Schnitt,[Kopf|Rumpf],[Kopf|Rest]):-
        abtrenne(Schnitt,Rumpf,Rest).

  anfrage:-write("Gib Abfahrtsort:"),nl,
      readln(Von),
      write("Gib Ankunftsort:"),nl,
      readln(Nach),
      not(gleich(Von,Nach)),
      ic(Von,Nach,[ ],Resultat_Vorab,[ ]),
      filtern_Von(Von,Resultat_Vorab,Resultat),
      umkehre(Resultat,Resultat_invers),
      write("IC-Verbindung existiert"),nl,
      !,
      not(Resultat_invers = [ ]),
      write("Liste der Zwischenstationen:"),nl,
      ausgabe_listenelemente(Resultat_invers),nl.
  anfrage:-write("IC-Verbindung existiert nicht").

  gleich(X,X):-write("Abfahrtsort gleich Ankunftsort"),nl.

  ausgabe_listenelemente([ ]).
  ausgabe_listenelemente([Kopf|Rumpf]):-
      write(Kopf),nl,
      ausgabe_listenelemente(Rumpf).
goal
    anfrage
```

```
/* AUFT24: */

domains
    liste=symbol*
database- erreicht
    erreicht_db(integer,liste)
predicates
    dic(symbol,symbol,integer)
    dic_sym(symbol,symbol,integer)
    ic(symbol,symbol,liste,liste,liste,integer)
    umkehre(liste,liste)
    anfüge(liste,liste,liste)
    ausgabe_listenelemente(liste)
    anfrage(symbol,symbol)
    antwort(symbol,symbol,integer,liste)
    element(symbol,liste)
    filtern_Von(symbol,liste,liste)
```

```
/* AUFT24: */
    filtern_Nach(symbol,liste,liste)
    filtern(symbol,symbol,liste,liste)
    abtrenne(symbol,liste,liste)
    gleich(symbol,symbol)
    vergleich(integer,liste)
    anforderung
    anzeige
    bereinige_wiba
    start
    dic_frage(symbol,symbol)
    auskunft
clauses
    dic(ha,kö,463).
    dic(ha,fu,431).
    dic(kö,ka,325).
    dic(kö,ma,185).
    dic(fr,mü,434).
    dic(fr,st,207).
    dic(fu,mü,394).
    dic(ma,fr,38).
    dic(ka,st,91).
    dic(st,mü,240).

    dic_sym(Von,Nach,Dist):-dic(Von,Nach,Dist).
    dic_sym(Von,Nach,Dist):-dic(Nach,Von,Dist).

    ic(Von,Nach,Gesamt,Gesamt,_,Dist):-dic_sym(Von,Nach,Dist).
    ic(Von,Nach,Basisliste,Liste,Erreicht,Dist):-
        dic_sym(Von,Z,Dist1),
        not(element(Z,Erreicht)),
        ic(Z,Nach,[Z|Basisliste],Liste, [Z|Erreicht],Dist2),
        Dist=Dist1+Dist2.

    umkehre([ ],[ ]).
    umkehre([Kopf|Rumpf],Ergebnis):-
        umkehre(Rumpf,Vorder_Liste),
        anfüge(Vorder_Liste,[Kopf],Ergebnis).

    anfüge([ ],Hinter_Liste,Hinter_Liste).
    anfüge([Kopf|Rumpf],Hinter_Liste,[Kopf|Ergebnis]):-
        anfüge(Rumpf,Hinter_Liste,Ergebnis).

    filtern(Von,Nach,Liste_1,Liste_2):-
        filtern_Von(Von,Liste_1,Liste_zwi),
        filtern_Nach(Nach,Liste_zwi,Liste_2).
```

```prolog
/* AUFT24: */

filtern_Von(Von,Liste_1,Liste_1):-
    not(element(Von,Liste_1)).
filtern_Von(Von,Liste_1,Liste_2):-
    abtrenne(Von,Liste_1,Liste_2).
filtern_Nach(Nach,Liste_1,Liste_1):-
    not(element(Nach,Liste_1)).
filtern_Nach(Nach,Liste_1,Liste_2):-
    umkehre(Liste_1,Liste_1_invers),
    abtrenne(Nach,Liste_1_invers,Liste_2_invers),
    umkehre(Liste_2_invers,Liste_2).

abtrenne(Schnitt,[Schnitt|_],[ ]).
abtrenne(Schnitt,[Kopf|Rumpf],[Kopf|Rest]):-
    abtrenne(Schnitt,Rumpf,Rest).

anforderung:-anfrage(Von,Nach),
    !,
    dic_frage(Von,Nach),
    !,
    antwort(Von,Nach,Dist,Resultat_invers),
    vergleich(Dist,Resultat_invers),fail.

anfrage(Von,Nach):-write("Gib Abfahrtsort:"),nl,
    readln(Von),
    write("Gib Ankunftsort:"),nl,
    readln(Nach),
    not(gleich(Von,Nach)).

gleich(X,X):-write("Abfahrtsort gleich Ankunftsort"),nl.

dic_frage(Von,Nach):-not(dic_sym(Von,Nach,_)).
dic_frage(Von,Nach):-dic_sym(Von,Nach,Dist),
    asserta(erreicht_db(Dist,[ ]),erreicht),fail.

antwort(Von,Nach,Dist,Resultat_invers):-
    ic(Von,Nach,[ ],Resultat_Vorab,[ ],Dist),
    filtern(Von,Nach,Resultat_Vorab,Resultat),
    umkehre(Resultat,Resultat_invers).

vergleich(Dist,Resultat_invers):-
    erreicht_db(Abstand,Liste),
    Dist<Abstand,
    retract(erreicht_db(Abstand,Liste)),
    asserta(erreicht_db(Dist,Resultat_invers)).
vergleich(Dist,Resultat_invers):-
```

```
/* AUFT24: */
          not(erreicht_db(_,_)),
          assert(erreicht_db(Dist,Resultat_invers)).

     anzeige:-not(erreicht_db(_,_)),
          write("IC-Verbindung existiert nicht"),nl.
     anzeige:-erreicht_db(Abstand,Liste),
          write("IC-Verbindung existiert"),nl,
          write("Abstand: ",Abstand),nl,
          not(Liste = [ ]),
          write("Zwischenstationen:"),nl,
          ausgabe_listenelemente(Liste),nl.

     ausgabe_listenelemente([ ]).
     ausgabe_listenelemente([Kopf|Rumpf]):-
          write(Kopf),nl,
          ausgabe_listenelemente(Rumpf).

     element(Wert,[Wert|_]).
     element(Wert,[_|Rumpf]):-element(Wert,Rumpf).

     bereinige_wiba:-retract(erreicht_db(_,_)),fail.
     bereinige_wiba.

     start:-anforderung.
     start:-anzeige.

     auskunft:-bereinige:wiba,!,start.
```

```
/* AUFT25: */
predicates
     zahl(integer)
     berechne(integer,integer,integer)
clauses
     zahl(0).
     zahl(N):-zahl(M),N=M+1.

     berechne(X,Y,Z):-bound(X),bound(Y),Z=X+Y.
     berechne(X,Y,Z):-bound(X),bound(Z),Y=Z-X.
     berechne(X,Y,Z):-bound(Y),bound(Z),X=Z-Y.
     berechne(X,Y,Z):-bound(X),free(Y),free(Z),zahl(Y),Z=X+Y.
     berechne(X,Y,Z):-bound(Y),free(X),free(Z),zahl(X),Z=X+Y.
     berechne(X,Y,Z):-bound(Z),free(X),free(Y),zahl(X),Y=Z-X.
```

```
/* AUFT26: */
domains
    liste=integer*
predicates
    rätsel(liste,liste,liste)
    berechne(liste,liste,liste,liste)
    umkehre(liste,liste)
    anfüge(liste,liste,liste)
    summe(liste,liste,liste,liste,integer,integer)
    teste(integer,integer)
    init_streiche(integer,liste,liste)
    spalte(integer,integer,integer,liste,liste,integer,integer)
    lösung
clauses
    rätsel([O,J,E,D,E,R],[O,L,I,E,B,T],[B,E,R,L,I,N]).

    berechne(Zeile1,Zeile2,Zeile3,Rest):-
        umkehre(Zeile1,Oben),
        umkehre(Zeile2,Mitte),
        umkehre(Zeile3,Unten),
        summe(Oben,Mitte,Unten,Rest,0,Ueb),
        write("Lösung existiert "),nl.
    berechne(Zeile1,Zeile2,Zeile3,Rest):-write("Lösung existiert nicht "),nl.

    summe([ ],[ ],[ ],Restliste,0,Ueb1):-write("Restliste "),
        write(Restliste),nl.
    summe([Z1|Zeile1],[Z2|Zeile2],[Z3|Zeile3], Liste,Ueb1,Ueb2):-
        spalte(Z1,Z2,Z3,Liste,Restliste,Ueb1,Ueb2),
        summe(Zeile1,Zeile2,Zeile3,Restliste,Ueb2,Ueb3).

    spalte(Z1,Z2,Z3,Vorher,Nachher,Ueb1,Ueb2):-
        init_streiche(Z1,Vorher,Liste_temp_1),
        init_streiche(Z2,Liste_temp_1,Liste_temp_2),
        init_streiche(Z3,Liste_temp_2,Nachher),
        Summe=Z1 + Z2 + Ueb1,
        teste(Z3,Summe),
        Ueb2=Summe div 10.

    teste(Z3,Summe):-Z3 = Summe mod 10.

    init_streiche(Element,Liste,Liste):-bound(Element),!.
    init_streiche(Element,[Element|Liste],Liste).
    init_streiche(Element,[K|Liste],[K|Liste1]):-
        init_streiche(Element,Liste,Liste1).

    umkehre([ ],[ ]).
```

```
/* AUFT26: */
    umkehre([Kopf|Rumpf],Ergebnis):-
        umkehre(Rumpf,Vorder_Liste),
        anfüge(Vorder_Liste,[Kopf],Ergebnis).

    anfüge([ ],Hinter_Liste,Hinter_Liste).
    anfüge([Kopf|Rumpf],Hinter_Liste,[Kopf|Ergebnis]):-
        anfüge(Rumpf,Hinter_Liste,Ergebnis).

    lösung:-rätsel(Zeile1,Zeile2,Zeile3),
        berechne(Zeile1,Zeile2,Zeile3,[0,1,2,3,4,5,6,7,8,9]),
        write(Zeile1),nl,
        write(Zeile2),nl,
        write(Zeile3),nl.
```

```
/* AUFT27: */
code=4000
domains
    fahrplan=fplan(integer,integer,integer,integer,integer)
    nummer=zug(integer)
    liste=symbol*
database - erreicht
    erreicht_db(integer,liste)
database - abfahrt
    abfahrt_db(integer)
database - frühest
    frühest_db(integer)
predicates
    dic(symbol,symbol,fahrplan)
    ic(symbol,symbol,liste,liste,integer, nummer,integer,integer,integer,integer)
    umkehre(liste,liste)
    anfüge(liste,liste,liste)
    ausgabe_listenelemente(liste)
    anfrage(symbol,symbol,integer)
    antwort(symbol,symbol,integer,liste,integer,integer)
    gleich(symbol,symbol)
    vergleich(integer,liste)
    anforderung
    anzeige
    bereinige_wiba
    start
    berechne_1(integer,integer,integer)
    berechne_2(integer,fahrplan)
    berechne_3(integer,integer,integer)
```

```
/* AUFT27: */
    eintrage(liste,integer,integer)
    run
clauses
    dic(ha,kö,fplan(3,0,00,7,43)).
    dic(ha,kö,fplan(30,12,00,20,43)).
    dic(ha,fu,fplan(1,0,00,7,11)).
    dic(ha,fu,fplan(10,12,00,20,11)).
    dic(kö,ka,fplan(2,7,43,13,08)).
    dic(kö,ka,fplan(20,20,43,3,08)).
    dic(kö,ma,fplan(3,7,43,10,48)).
    dic(kö,ma,fplan(30,20,43,0,48)).
    dic(fr,mü,fplan(4,11,26,18,40)).
    dic(fr,mü,fplan(40,23,26,7,40)).
    dic(fr,st,fplan(3,11,26,14,53)).
    dic(fr,st,fplan(30,2,26,6,53)).
    dic(fu,mü,fplan(1,7,11,13,45)).
    dic(fu,mü,fplan(10,20,11,3,45)).
    dic(ma,fr,fplan(3,10,48,11,26)).
    dic(ma,fr,fplan(30,0,48,2,26)).
    dic(ka,st,fplan(5,13,08,13,39)).
    dic(ka,st,fplan(50,1,08,2,39)).
    dic(st,mü,fplan(3,14,53,18,53)).
    dic(st,mü,fplan(30,6,53,11,53)).

    ic(Von,Nach,Gesamt,Gesamt,Dist,zug(Nr),Frühest,D2,Warte,W2):-
        dic(Von,Nach,fplan(Nr,Ab_h,Ab_min,An_h,An_min)),
        berechne_1(Abfahrt,Ab_h,Ab_min),
        Frühest <= Abfahrt,
        eintrage(Gesamt,Abfahrt,Frühest),
        berechne_2(Fahr1,fplan(Nr,Ab_h,Ab_min,An_h,An_min)),
        Dist = Fahr1+D2,
        berechne_3(Warte1,Abfahrt,Frühest),
        Warte = Warte1+W2.

    ic(Von,Nach,Basisliste,Ergebnis,Dist,zug(Nr),Frühest,D2,Warte,W2):-
        dic(Von,Z,fplan(Nr1,Ab_h,Ab_min,An_h,An_min)),
        berechne_1(Abfahrt,Ab_h,Ab_min),
        Frühest <= Abfahrt,
        eintrage(Basisliste,Abfahrt,Frühest),
        berechne_2(Fahr1,fplan(Nr1,Ab_h,Ab_min,An_h,An_min)),
        Dist2 = Fahr1+D2,
        berechne_3(Warte1,Abfahrt,Frühest),
```

```
/* AUFT27: */
            Warte2 = Warte1+W2,
            berechne_1(Frühest2,An_h,An_min),
            ic(Z,Nach,[Z|Basisliste],Ergebnis,Dist,zug(Nr2),
                        Frühest2,Dist2,Warte,Warte2).

   eintrage([ ],Abfahrt,Frühest):-retractall(abfahrt_db(_)),
       retractall(frühest_db(_)),
       asserta(abfahrt_db(Abfahrt)),
       asserta(frühest_db(Frühest)).
   eintrage(Gesamt,Abfahrt,Frühest).

   umkehre([ ],[ ]).
   umkehre([Kopf|Rumpf],Ergebnis):-
       umkehre(Rumpf,Vorder_Liste),
       anfüge(Vorder_Liste,[Kopf],Ergebnis).

   anfüge([ ],Hinter_Liste,Hinter_Liste).
   anfüge([Kopf|Rumpf],Hinter_Liste,[Kopf|Ergebnis]):-
       anfüge(Rumpf,Hinter_Liste,Ergebnis).

   berechne_1(Zeit,Zeit_h,Zeit_min):-
       Zeit = Zeit_h * 60 + Zeit_min.

   berechne_2(Fahr,fplan(Nr,Ab_h,Ab_min,An_h,An_min)):-
       An_h >= Ab_h,
       Min_Ab = Ab_h * 60 + Ab_min,
       Min_An = An_h * 60 + An_min,
       Fahr = (Min_An - Min_Ab),
       !.

   berechne_2(Fahr,fplan(Nr,Ab_h,Ab_min,An_h,An_min)):-
       /* An_h < Ab_h */
       Min_Ab = 24 * 60 - (Ab_h * 60 + Ab_min),
       Min_An = An_h * 60 + An_min,
       Fahr = Min_Ab + Min_An.

   berechne_3(Warte,Abfahrt,Frühest):-
       Abfahrt >= Frühest,
       Warte = (Abfahrt - Frühest),
       !.

   berechne_3(Warte,Abfahrt,Frühest):-
       Warte = Abfahrt + (24 * 60 - Frühest).

   anforderung:-anfrage(Von,Nach,Frühest),
       antwort(Von,Nach,Dist,Resultat_invers,Frühest,Warte),
       abfahrt_db(Abfahrt),
       frühest_db(Zeit),
```

```prolog
/* AUFT27: */
          Reisezeit = Dist + Warte - (Abfahrt - Zeit),
          vergleich(Reisezeit,Resultat_invers),
          fail.

  anfrage(Von,Nach,Frühest):-write("Gib Abfahrtsort: "),nl,
          readln(Von),
          write("Gib Ankunftsort: "),nl,
          readln(Nach),
          not(gleich(Von,Nach)),
          write("Gib Abfahrtsstunde: "),nl,
          readint(Abfahrt_h),
          write("Gib Abfahrtsminute: "),nl,
          readint(Abfahrt_min),
          berechne_1(Frühest,Abfahrt_h,Abfahrt_min).

  gleich(X,X):-write("Abfahrtsort gleich Ankunftsort "),nl.

  antwort(Von,Nach,Dist,Resultat_invers,Frühest,Warte):-
          ic(Von,Nach,[ ],Resultat,Dist,_,Frühest,0,Warte,0),
          umkehre(Resultat,Resultat_invers).

  vergleich(Reisezeit,Resultat_invers):-
          erreicht_db(Abstand,Liste),
          Reisezeit < Abstand,
          retract(erreicht_db(Abstand,Liste)),
          asserta(erreicht_db(Reisezeit,Resultat_invers)).
  vergleich(Reisezeit,Resultat_invers):-
          not(erreicht_db(_,_)),
          asserta(erreicht_db(Reisezeit,Resultat_invers)).

  anzeige:-not(erreicht_db(_,_)),
          write("IC-Verbindung existiert nicht "),nl.
  anzeige:-erreicht_db(Abstand,Liste),
          write(" IC-Verbindung existiert "),nl,
          Reisezeit_h = Abstand div 60,
          Reisezeit_min = (Abstand mod 60),
          write(" Reisezeit "),write(Reisezeit_h),write(" h. "),
          write(Reisezeit_min),write(" min. "),nl,
          !,
          not(Liste = [ ]),
          write(" Zwischenstationen: "),nl,
          ausgabe_listenelemente(Liste),nl.

  ausgabe_listenelemente([ ]).
  ausgabe_listenelemente([Kopf|Rumpf]):-
```

```
/* AUFT27: */
        write(Kopf),nl,
        ausgabe_listenelemente(Rumpf).

    bereinige_wiba:-retract(erreicht_db(_,_)),fail.
    bereinige_wiba.

    start:-anforderung.
    start:-anzeige.

    run:-bereinige_wiba,!,start.
```

```
/* AUFT30: */
domains
    ort=symbol
    zustand=ufer(ort,ort,ort,ort)
    z_liste=zustand*
predicates
    ic(zustand,zustand,z_liste,z_liste)
    dic(zustand,ort,zustand)
    n_zulässig(zustand)
    element(zustand,z_liste)
    umkehre(z_liste,z_liste)
    anfüge(z_liste,z_liste,z_liste)
    ausgabe_listenelemente(z_liste)
    aktion(zustand,zustand)
    paar(z_liste,z_liste)
    ausgabe_überfahrt(z_liste)
    start
clauses
    n_zulässig(ufer(links,rechts,_,rechts)).
    n_zulässig(ufer(rechts,links,_,links)).
    n_zulässig(ufer(links,_,rechts,rechts)).
    n_zulässig(ufer(rechts,_,links,links)).

    dic(ufer(links,links,Kohl,Ziege),wolf,ufer(rechts,rechts,Kohl,Ziege)).
    dic(ufer(rechts,rechts,Kohl,Ziege),wolf,ufer(links,links,Kohl,Ziege)).
    dic(ufer(links,Wolf,links,Ziege),kohl,ufer(rechts,Wolf,rechts,Ziege)).
    dic(ufer(rechts,Wolf,rechts,Ziege),kohl,ufer(links,Wolf,links,Ziege)).
    dic(ufer(links,Wolf,Kohl,links),ziege,ufer(rechts,Wolf,Kohl,rechts)).
    dic(ufer(rechts,Wolf,Kohl,rechts),ziege,ufer(links,Wolf,Kohl,links)).
    dic(ufer(links,Wolf,Kohl,Ziege),nichts,ufer(rechts,Wolf,Kohl,Ziege)).
    dic(ufer(rechts,Wolf,Kohl,Ziege),nichts,ufer(links,Wolf,Kohl,Ziege)).

    ic(Von,Nach,Gesamt,[Nach|Gesamt]):- dic(Von,_,Nach),
```

```
/* AUFT30: */
          not(n_zulässig(Nach)).

   ic(Von,Nach,Basisliste,Ergebnis):- dic(Von,_,Z),
      not(n_zulässig(Z)),
      not(element(Z,Basisliste)),
      ic(Z,Nach,[Z|Basisliste],Ergebnis).

   element(Zustand,[Zustand|_]).
   element(Zustand,[_|Liste]):-element(Zustand,Liste).

   umkehre([ ],[ ]).
   umkehre([Kopf|Rumpf],Ergebnis):-
      umkehre(Rumpf,Vorder_Liste),
      anfüge(Vorder_Liste,[Kopf],Ergebnis).

   anfüge([ ],Hinter_Liste,Hinter_Liste).
   anfüge([Kopf|Rumpf],Hinter_Liste,[Kopf|Ergebnis]):-
      anfüge(Rumpf,Hinter_Liste,Ergebnis).

   ausgabe_listenelemente([ ]).
   ausgabe_listenelemente([Kopf|Rumpf]):-
      write(Kopf),nl,
      ausgabe_listenelemente(Rumpf).

   ausgabe_überfahrt([_|[ ] ]).
   ausgabe_überfahrt([Kopf1,Kopf2|Rumpf]):-aktion(Kopf1,Kopf2),
      paar([Kopf2|Rumpf],Liste),
      ausgabe_überfahrt(Liste).

   paar(Liste,Liste).

   aktion(ufer(F1,W,K,Z),ufer(F2,W,K,Z)):-
      write("Der Fährmann macht eine Leefahrt von ",F1," nach ",F2),nl.
   aktion(ufer(F1,W,F1,Z),ufer(F2,W,F2,Z)):-
      write("Der Fährmann bringt den Kohl von ",F1," nach ",F2),nl.
   aktion(ufer(F1,F1,K,Z),ufer(F2,F2,K,Z)):-
      write("Der Fährmann bringt den Wolf von ",F1," nach ",F2),nl.
   aktion(ufer(F1,W,K,F1),ufer(F2,W,K,F2)):-
      write("Der Fährmann bringt die Ziege von ",F1," nach ",F2),nl.

   start:-ic(ufer(links,links,links,links),ufer(rechts,rechts,rechts,rechts),
                   [ufer(links,links,links,links)],Resultat),
      umkehre(Resultat,Resultat_invers),
      write(" Zustände: "),nl,
      ausgabe_listenelemente(Resultat_invers),nl,
      ausgabe_überfahrt(Resultat_invers).
   start:-write("keine Lösung").
```

# Glossar

**Ableitbarkeits-Prüfung:** Untersuchung, ob ein Goal aus der Wiba ableitbar ist. Dazu wird durch die Ausführung des Inferenz-Algorithmus versucht, das Goal auf die Gültigkeit von Fakten zurückzuführen, die Bestandteil der Wiba sind.

**Ableitungsbaum:** (UND-ODER-Baum, Beweisbaum) Graphisches Hilfsmittel zur Beschreibung der Ableitbarkeits-Prüfung eines Goals. Ein Ableitungsbaum enthält das Goal als Wurzel und die aus der Ableitbarkeits-Prüfung resultierenden Subgoals als Knoten.

**Anfrage:** siehe: Goal.

**Antwort:** Resultat einer Ableitbarkeits-Prüfung. Mögliche Antworten sind "yes" (Goal ist ableitbar) und "no" (Goal ist nicht ableitbar). Eine Beantwortung mit "no" bedeutet nicht, daß das Goal "falsch" (im logischen Sinn) ist, sondern lediglich, daß es nicht aus der vorgegebenen konkreten Wiba ableitbar ist. Sofern Variablen innerhalb eines Goals aufgeführt sind, lassen sich alle möglichen Variablen-Instanzierungen anzeigen, mit denen sich das Goal ableiten läßt.

**Assoziativität:** Vorschrift, in welcher Reihenfolge aufeinanderfolgende Operatoren, welche die gleiche Priorität besitzen, bearbeitet werden sollen. Operatoren werden in links-assoziative und rechts-assoziative Operatoren eingeteilt.

**Aussage:** Beschreibung eines Sachverhalts, der entweder wahr (beweisbar, ableitbar) oder falsch (nicht beweisbar, ableitbar) ist.

**Backtracking:** Scheitert der Versuch, das aktuelle Subgoal abzuleiten, so wird beim tiefen Backtracking zur letzten Backtracking-Klausel zurückgesetzt, um eine weitere Alternative für eine Ableitbarkeits-Prüfung zu versuchen. Dazu wird seichtes Backtracking durchgeführt, d.h. es wird auf die nächste verfügbare Klausel positioniert, deren Kopf mit dem aktuellen Subgoal unifizierbar ist. Beim tiefen Backtracking werden die seit der Ableitung der Backtracking-Klausel eingegangenen Variablen-Instanzierungen gelöst. Beim seichten Backtracking brauchen keine Bindungen aufgehoben zu werden, da die Variablen bzgl. der einzelnen Klauseln lokal sind.

**Backtracking-Klausel:** (Choicepoint) Die bei einer Ableitbarkeits-Prüfung zuletzt erfolgreich abgeleitete Klausel. Die Backtracking-Klausel dient als Auffangposition, von der aus die Ableitbarkeits-Untersuchung durch seichtes Backtracking fortgesetzt wird, sofern sich das nächste Subgoal, dessen Ableitbarkeit im Anschluß an das gerade erfolgreich abgeleitete Subgoal überprüft wird, als nicht ableitbar erweist.

**Boxen-Modell:** Die graphische Beschreibung in Form von Kästchen (Boxen) und Pfeilen, durch die sich die Ableitbarkeits-Prüfung eines Goals darstellen läßt. Jede Box besitzt zwei Ein- und zwei Ausgänge, die durch die Schlüsselwörter "CALL" (Beginn der Ableitbarkeits-Prüfung) und "FAIL" (endgültiges Scheitern der Ableitbarkeits-Prüfung) für die Eingänge und durch "REDO" (tiefes Backtracking) und "EXIT" (erfolgreiche Ableitung) für die Ausgänge gekennzeichnet werden. Die Kenntnis des Boxen-Modells ist Voraussetzung dafür, daß die Ausgaben, die vom Trace-Modul des PROLOG-Systems angezeigt werden, interpretiert werden können.

**Cut:** Das Standard-Prädikat "cut" wird zur Steuerung des Backtrackings eingesetzt. Es verhindert oder schränkt Backtracking ein. Wird das Prädikat "cut" abgeleitet, so ist kein (tiefes) Backtracking zu denjenigen Prädikaten mehr möglich, die vor diesem Prädikat im Rumpf der Regel zuvor abgeleitet wurden. Zudem wird gleichfalls ein seichtes Backtracking zu weiteren Klauseln des aktuellen Parent-Goals unterbunden. Cuts sind mit größter Vorsicht einzusetzen, da durch sie die prozedurale Bedeutung eines PROLOG-Programms geändert werden kann.

**Cut-Fail-Kombination:** Bezeichnet die Angabe des Prädikats "fail" in unmittelbarer Abfolge hinter dem Prädikat "cut". Durch die Ableitung der Cut-Fail-Kombination ist festgelegt, daß die Ableitbarkeits-Prüfung des Parent-Goals endgültig gescheitert ist.

**deklarative Bedeutung:** Es wird zwischen der deklarativen und prozeduralen Bedeutung unterschieden. Durch die deklarative Bedeutung wird ein Sachverhalt in Form von Fakten und Regeln beschrieben.

**Dialogkomponente:** (dialog management) Schnittstelle eines wissensbasierten Systems zum Anwender, welche die Kommunikation zwischen dem Anwender und dem wissensbasierten System durchführt.

**Disjunktion:** siehe: logische ODER-Verbindung.

**Erklärungskomponente:** (explanation component) Der Teil eines wissensbasierten Systems, der die Gründe darlegt, warum eine bestimmte Aussage aus der Wiba ableitbar oder nicht ableitbar ist.

**fail:** Das Standard-Prädikat "fail" schlägt bei jeder Ableitbarkeits-Prüfung fehl und erzwingt Backtracking. Es wird eingesetzt, um sämtliche Lösungsalternativen (Variablen-Instanzierungen) eines Goals anzeigen zu lassen.

**Fakt:** Eine zutreffende Aussage innerhalb eines konkreten Bezugsrahmens. Fakten stellen das Basiswissen der Wiba dar. Sie können als Regeln ohne Regelrumpf aufgefaßt werden.

**Fließmuster:** (flow pattern) Kennzeichnung, welche Argumente eines Prädikats als Eingabe- bzw. als Ausgabe-Parameter aufzufassen sind. Sofern ein Argument als Eingabe-Parameter ausgewiesen ist, muß es — vor der Ableitbarkeits-Prüfung — mit einer Konstanten oder einem instanzierten Wert belegt sein. Ein Ausgabe-Parameter

wird durch die Unifizierung mit einem Wert instanziert.

**Goal:** (Ziel, Anfrage) Anforderung an das PROLOG-System, eine Behauptung (Aussage, Hypothese) aus der Wiba abzuleiten (zu beweisen). Um zu überprüfen, ob das Goal ableitbar oder nicht ableitbar ist, wird der Inferenz-Algorithmus ausgeführt. Es wird zwischen internen und externen Goals unterschieden. Ein externes Goal wird auf eine Anforderung des Systems hin eingegeben, während ein internes Goal als Bestandteil des PROLOG-Programms zur unmittelbaren Ableitbarkeits-Prüfung beim Programmstart führt.

**IF/Prolog:** PROLOG-System der Firma InterFace GmbH, das den Industrie-Standard darstellt und unter UNIX und MS-DOS einsetzbar ist.

**Inferenz-Algorithmus:** Ein Algorithmus ist eine präzise Beschreibung eines allgemeinen Verfahrens zur Lösung einer Problemstellung unter Verwendung elementarer Verarbeitungsschritte. Der Inferenz-Algorithmus beschreibt das Verfahren, nach dem festgestellt wird, ob ein Goal aus der Wiba ableitbar ist. Dabei wird versucht, das Goal bzw. die sich im Verlauf der Prüfung ergebenden Subgoals mit Fakten bzw. Regelköpfen der Wiba zu unifizieren und somit auf Fakten zurückzuführen. Schlägt ein Unifizierungs-Versuch fehl, so wird der Algorithmus durch Backtracking fortgesetzt, sofern eine weitere Ableitbarkeits-Prüfung möglich ist. Grundsätzlich werden die Klauseln von oben nach unten und die Prädikate in den Regelrümpfen von links nach rechts untersucht.

**Inferenzkomponente:** (inference engine) Dies ist derjenige Bestandteil eines PROLOG-Systems, der zur Ableitbarkeits-Prüfung eines Goals die Ausführung des Inferenz-Algorithmus veranlaßt.

**Instanzierung:** Der Vorgang, bei dem eine in einem Prädikat aufgeführte Variable bei einer Unifizierung an einen konkreten Wert (Konstante) gebunden wird. Eine Instanzierung kann nicht geändert werden — es sein denn, daß sie zuvor durch Backtracking aufgehoben wurde.

**Klausel:** Oberbegriff für Fakten und Regeln. Eine Klausel besteht aus einem Klauselkopf und einem Klauselrumpf, die in einer "dann...wenn"-Beziehung zueinander stehen. Fakten haben einen leeren Klauselrumpf.

**Komma:** Das Zeichen, mit dem in einem PROLOG-Programm die logische UND-Verbindung gekennzeichnet wird.

**Konjunktion:** siehe: logische UND-Verbindung.

**Konstante:** Sie bezeichnet eine konkrete Ausprägung (Individuum).

**Liste:** Eine geordnete Reihung von Werten, die durch "[" eingeleitet, durch "]" abgeschlossen und untereinander durch Kommata getrennt werden. Eine Liste ohne Objekte (Werte) heißt leere Liste. Eine von der leeren Liste verschiedene Liste läßt sich in Listenkopf und Listenrumpf gliedern.

**logik-basierte Programmierung:** Entwicklung von Lösungsbeschreibungen, bei denen die Aufgabenstellung durch logische Beziehungen von Sachverhalten (Fakten) beschrieben wird — in Form von "dann...wenn"-Beziehungen und logischen UND- bzw. ODER-Verbindungen. Diese logischen Beziehungen werden vom PROLOG-System durch eine problem-unabhängige Inferenzkomponente untersucht.

**logische UND-Verbindung:** (Konjunktion) Verknüpfung von Prädikaten durch die logische UND-Verbindung. In PROLOG wird hierfür das Zeichen "," eingesetzt.

**logische ODER-Verbindung:** (Disjunktion) Verknüpfung von Prädikaten durch die logische ODER-Verbindung. In PROLOG wird hierfür das Zeichen ";" eingesetzt.

**Mustervergleich:** (pattern matching) Eine Methode, bei der zwei Zeichenfolgen — Zeichen für Zeichen — daraufhin verglichen werden, ob sie übereinstimmen.

**Negation:** Hierunter wird die Ableitbarkeits-Prüfung des Standard-Prädikats "not" verstanden. Diese Prüfung ist nur dann erfolgreich, wenn das für das Prädikat "not" als Argument aufgeführte Prädikat nicht Bestandteil der Wiba ist. Das Prädikat "not" kann nicht dazu eingesetzt werden, Variablen-Instanzierungen zu bestimmen, die sich aus der Wiba nicht ableiten lassen.

**Pakt:** Die Bindung einer Variablen an eine andere Variable, um eine Unifizierung zwischen Prädikaten erfolgreich durchführen zu können. Dadurch ist der Wert, mit dem eine der beiden Variablen zu einem späteren Zeitpunkt instanziert wird, automatisch auch an die andere Variable gebunden.

**Parent-Goal:** (Eltern-Ziel) Als Parent-Goal eines aktuellen Subgoals wird dasjenige Prädikat bezeichnet, das mit dem Kopf einer Klausel unifiziert wurde, in dessen Rumpf sich das aktuelle Subgoal befindet. Im Ableitungsbaum ist das Parent-Goal durch den Vorgängerknoten vom Vorgänger des aktuellen Subgoals gekennzeichnet.

**PDC-Prolog:** PROLOG-System der Firma Prolog Development Center, das eine Weiterentwicklung des von der Firma Borland International vertriebenen PROLOG-Systems "Turbo Prolog" darstellt. Es ist unter MS-DOS und OS/2 ablauffähig.

**Operator:** Eine Vorschrift zur Verknüpfung von Termen — z.B. zum Vergleich von Ausdrücken und zur arithmetischen Auswertung. Entsprechend der Anzahl der Operanden wird unterschieden in ein- und zweistellige Operatoren. In einem PROLOG-Programm lassen sich Operatoren als Prädikate mit einem oder zwei Argumenten schreiben. Dabei ist jedem Operator eine Assoziativität und eine Priorität zugeordnet. Selbstdefinierte Operatoren werden eingesetzt, um die Lesbarkeit von PROLOG-Programmen zu unterstützen.

**Prädikat:** Ein Prädikat beschreibt einen Sachverhalt und wird durch einen Prädikatsnamen gekennzeichnet. Sofern es die Beziehung von Objekten beschreibt, werden diese als Argumente angegeben. Die Argumente werden in runde Klammern eingeschlossen und durch Kommata voneinander getrennt. Dabei ist die Position der Argumente von Bedeutung. Die Anzahl der Argumente bestimmt die Stelligkeit. Prädikate mit gleichem Prädikatsnamen und verschiedener Stelligkeit gelten als verschieden.

**Priorität:** Auswertungsreihenfolge von Operatoren.

**PROLOG:** Programmiersprache zur logikbasierten Programmierung, die bei der Entwicklung von wissensbasierten Systemen eingesetzt wird.

**PROLOG-Programm:** Formulierung der im Hinblick auf eine Aufgabenstellung entwickelten Wiba in einer Notation, die durch die Syntax der Programmiersprache PROLOG vorgeschrieben ist.

**PROLOG-System:** Ein wissensbasiertes System, in dem die Wiba nach den Syntax-Regeln der Programmiersprache PROLOG als PROLOG-Programm formuliert werden muß. Das PROLOG-System verfügt über eine problem-unabhängige Inferenzkomponente, so daß Ableitbarkeits-Prüfungen von Goals durch die Ausführung des Inferenz-Algorithmus möglich sind.

**Prozedur:** Sammlung von Klauseln mit dem gleichen Prädikat (und der gleichen Stelligkeit) im Klauselkopf.

**prozedurale Bedeutung:** Es wird zwischen der deklarativen und prozeduralen Bedeutung unterschieden. Die prozedurale Bedeutung kennzeichnet, in welcher Abfolge die Klauseln bei einer Ableitbarkeits-Prüfung untersucht werden. Durch die Änderung der Reihenfolge von Klauseln und Prädikaten in Regelrümpfen und den Einsatz von Cuts kann es zur Änderung der prozeduralen Bedeutung kommen, obwohl sich die deklarative Bedeutung nicht ändert.

**Regel:** Vorschrift, nach der überprüft werden kann, ob sich Aussagen als Fakten aus der Wiba ableiten lassen. Regeln werden allgemein in der Form "Regelkopf dann ... wenn Regelrumpf" und innerhalb eines PROLOG-Programms in der Form "Regelkopf :- Regelrumpf." angegeben.

**Regelkopf:** Prädikat, das sich aus dem Regelrumpf ableiten läßt, sofern die Komponenten des Regelrumpfs ableitbar sind.

**Regelrumpf:** Ein oder mehrere durch logische UND- bzw. ODER-Verbindungen verknüpfte Prädikate.

**rekursive Regel:** Eine Regel, in der ein Prädikat sowohl im Kopf als auch im Rumpf einer Regel auftritt. Bei rekursiven Regeln ist zur Beendigung der Ableitbarkeits-Prüfung ein Abbruch-Kriterium anzugeben.

**Semikolon:** Das Zeichen, mit dem in einem PROLOG-Programm die logische ODER-Verbindung gekennzeichnet wird. Durch den Einsatz des Semikolons lassen sich, sofern Variable in einem Goal aufgeführt sind, alle Lösungsalternativen (Variablen-Instanzierungen) sukzessiv anzeigen. Anstatt das Zeichen ";" im Rumpf einer Regel einzusetzen, können auch alternative Regeln formuliert werden.

**Standard-Prädikat:** Standard-Prädikate sind vorab definierte Prädikate, die Bestandteile des PROLOG-Systems sind. Sie lassen sich einteilen in Backtracking-fähige (deterministische) und nicht-Backtracking-fähige (non-deterministische) Prädikate.

**Stelligkeit** (arity) Anzahl der Argumente eines Prädikats oder einer Struktur.

**Struktur:** Zusammenfassung von Objekten (Werten). Eine Struktur besteht aus einem Strukturnamen und in runden Klammern eingeschlossenen Argumenten. Strukturen sind syntaktisch genauso aufgebaut wie Prädikate — jedoch bewirken sie keine Ableitbarkeits-Prüfung.

**Subgoal:** (Teilziel, Unterziel). Dient der begrifflichen Trennung von "Goal" als Ausgangspunkt der Ableitbarkeits-Prüfung und daraus resultierenden neuen "Goals" als Komponenten eines Regelrumpfs. Ist zur Prüfung der Ableitbarkeit eines Regelkopfs der Regelrumpf zu untersuchen, so ist jedes Prädikat der logischen UND-Verbindung als Goal aufzufassen, so daß jeweils von einem "Subgoal" gesprochen wird.

**Term:** Oberbegriff für Konstante, Variable, Strukturen und Listen. Ein zusammengesetzter Term besteht aus einem Namen und den in runden Klammern eingeschlossenen Argumenten, die wiederum aus Termen bestehen können.

**Turbo Prolog:** PROLOG-System der Firma Borland International, das unter MS-DOS weit verbreitet ist.

**Unifizierung:** Das Verfahren, durch einen Mustervergleich zwei Prädikate identisch zu machen, indem Variable instanziert bzw. ein Pakt mit anderen Variablen geschlossen wird.

**Universum:** Das Wissen über einen begrenzten Sachverhalt aus einem Anwendungsgebiet. Das Universum besteht aus Fakten der Wiba und denjenigen Fakten, die aus der Wiba durch Regeln ableitbar sind.

**Variable:** Variable werden durch einen Großbuchstaben eingeleitet. Sie sind Platzhalter für Konstanten. Variable sind lokal bezüglich einer Klausel. Dies bedeutet, daß sich ihr Gültigkeitsbereich nur auf eine Klausel beschränkt. Somit haben gleichnamige Variable in verschiedenen Klauseln nichts miteinander zu tun. Eine anonyme Variable wird durch den Unterstrich "_" gekennzeichnet. Tritt dieses Zeichen mehrmals in einer Klausel auf, so steht es nicht für die gleiche Variable. Anonyme Variable werden insbesondere dann eingesetzt, wenn geprüft werden soll, ob sich ein Prädikat überhaupt ableiten läßt.

**Wiba:** Abkürzung für Wissensbank (knowledge base) bzw. Wissensbasis als Gesamtheit der Klauseln, die das vorhandene Wissen über einen Sachverhalt widerspiegeln. Die Wiba besteht aus einem statischen und einem dynamischen Teil. Im statischen Teil wird das Wissen über einen Sachverhalt durch Fakten und Regeln beschrieben, die Bestandteil eines PROLOG-Programms sind. Im dynamischen Teil lassen sich bereits abgeleitete Fakten speichern, die ohne erneut erforderliche Ableitung auf eine Anfrage hin unmittelbar bereitgestellt werden können.

**Wissensbasiertes System:** Programmsystem, das die Fähigkeit besitzt, aus dem vorhandenen (gespeicherten) Wissen über einen Sachverhalt neues Wissen durch die Ausführung von Ableitbarkeits-Prüfungen zu gewinnen.

**Wissenserwerbskomponente:** (knowledge acquisition) Bestandteil eines wissensbasierten Systems, mit dem neues Wissens über einen Sachverhalt bzw. bereits abgeleitetes Wissens in den dynamischen Teil der Wiba aufgenommen werden kann.

**Ziel:** siehe: Goal.

# Lösungen der Aufgabenstellungen

Bei den im folgenden angegebenen Lösungsbeschreibungen der Aufgabenstellungen geben wir für die Programmversionen im "Turbo Prolog"-System lediglich die wichtigsten Änderungen an[1].

## Lösung zu Aufgabe 2.1

```
/* loes21.pro */
vertreter(8413,meyer, bremen, 0.07, 725.15).
vertreter(5016,meier, hamburg, 0.05, 200.00).
vertreter(1215,schulze, bremen, 0.06, 50.50).

artikel(12, oberhemd, 39.80).
artikel(22, mantel, 360.00).
artikel(11, oberhemd, 44.20).
artikel(13, hose, 110.20).

umsatz(8413, 12, 40, 24).
umsatz(5016, 22, 10, 24).
umsatz(8413, 11, 70, 24).
umsatz(1215, 11, 20, 25).
umsatz(5016, 22, 35, 25).
umsatz(8413, 13, 35, 24).
umsatz(1215, 13, 5, 24).
umsatz(1215, 12, 10, 24).
umsatz(8413, 11, 20, 25).
```

Im "Turbo Prolog"-System müssen wir folgendes vereinbaren:

```
predicates
        vertreter(integer,symbol,symbol,real,real)
        artikel(integer,symbol,real)
        umsatz(integer,integer,integer,integer)
```

## Lösungen zu Aufgabe 2.2

- a) artikel(12,A_Name,A_Preis).

- b) vertreter(1215,V_Name,X,Y,Z),umsatz(1215,U,V,25).

- c) umsatz(8413,A_Nr,X,24), artikel(A_Nr,hose,Y), vertreter(8413,Z,U,V,W).

- d) umsatz(X,11,Y,25);umsatz(Z,13,U,25).

---

[1] Lösungen, die sich in das "Turbo Prolog"-System nicht *unmittelbar* übertragen lassen, führen wir im folgenden nicht auf.

## Lösung zu Aufgabe 2.3

Die Klausel des Prädikats "tätigkeit" hat die folgende Form:

```
/* loes23.pro */
tätigkeit(V_Name,A_Name,V_Tag):-
        umsatz(V_Nr,A_Nr,A_Stück,V_Tag),
        artikel(A_Nr,A_Name,A_Preis),
        vertreter(V_Nr,V_Name,V_Ort,V_Prov,V_Konto).
```

Das Prädikat "tätigkeit" ist im "Turbo Prolog"-System in der Form

```
predicates
        tätigkeit(symbol,symbol,integer)
```

zu vereinbaren.

## Lösung zu Aufgabe 2.4a

Um das Goal "ic(ha,fu)" ableiten zu können, muß es mit dem Regelkopf "ic(Von,Nach)" unifizierbar sein. Dies läßt sich für den 1. Regelkopf durch die Instanzierungen

        Von:=ha
        Nach:=fu

erreichen. Somit ist die Ableitbarkeit des aktuellen Subgoals "dic(ha,fu)" zu überprüfen. Dieses Subgoal läßt sich mit der 2. Klausel in der Wiba unifizieren. Somit ist das Subgoal, damit der Kopf der 1. Regel und folglich auch das Goal "ic(ha,fu)" ableitbar. Dies demonstriert der folgende Ableitungsbaum:

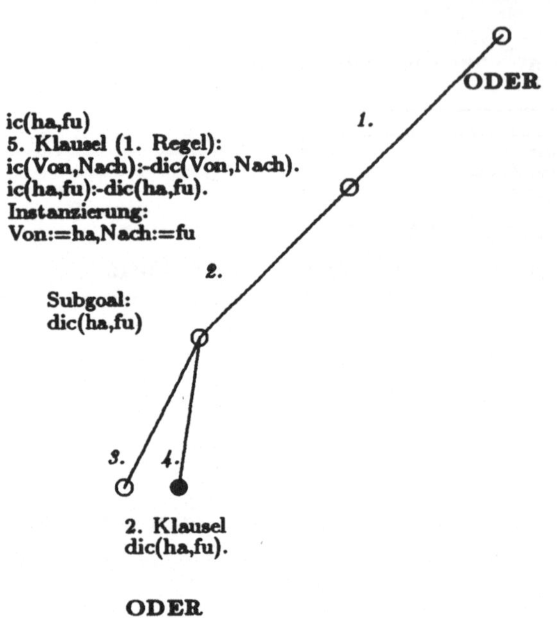


## Lösung zu Aufgabe 2.4b

Die PROLOG-Inferenzkomponente unifiziert das Goal "ic(ha,mü)" zunächst mit dem 1. Regelkopf. Dazu werden die Instanzierungen

Von:=ha
Nach:=mü

vorgenommen. Anschließend ist die Ableitbarkeit des Subgoals "dic(ha,mü)" zu überprüfen. Dieses Subgoal läßt sich mit *keiner* der ersten 4 Klauseln und somit *nicht* innerhalb der Wiba unifizieren. Wir beschreiben dies durch den folgenden Ableitungsbaum:

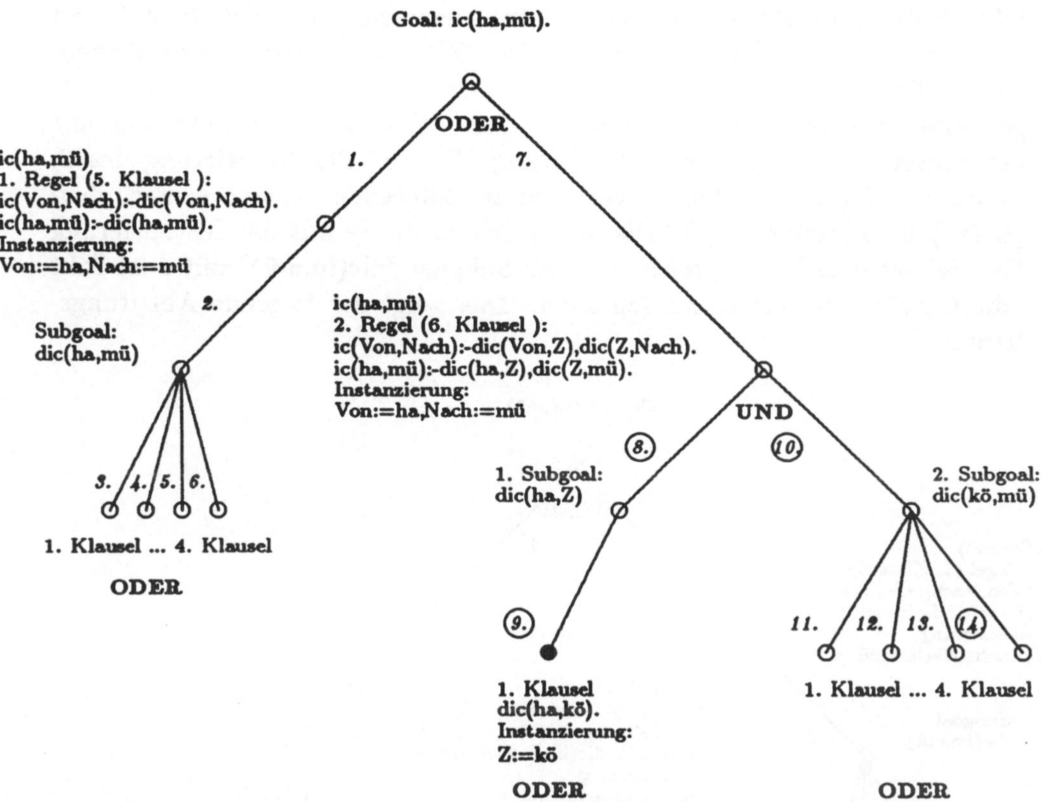


Wegen der logischen ODER-Verbindung der Regeln, ist anschließend ein (seichtes) Backtracking durchzuführen und somit der nachfolgende Regelkopf mit dem Prädikat "ic(Von,Nach)" auf eine Unifizierung zu untersuchen[2]. Die Unifizierung gelingt mit dem Kopf der 2. Regel, indem die folgenden Instanzierungen durchgeführt werden:

Von:=ha
Nach:=mü

Der Regelkopf "ic(ha,mü)" ist gemäß der Regel

ic(Von,Nach):-dic(Von,Z),dic(Z,Nach).

---

[2] Die alten Instanzierungen der Variablen "Von" und "Nach" brauchen nicht aufgehoben zu werden, da es sich bei den Variablen der 2. Regel um *neue* Exemplare der Variablen "Von" und "Nach" handelt (Variable sind lokale Größen einer Regel).

328

folglich dann ableitbar, wenn die beiden neuen Subgoals "dic(ha,Z)" und
"dic(Z,mü)" — für eine Instanzierung von "Z" — abgeleitet werden können.
Genau diesen Fall haben wir oben — bei unserer an das Programm AUF2
gestellten Anfrage — näher erläutert. Dort haben wir festgestellt, daß mit
der zuerst durchgeführten Instanzierung "Z:=kö" die Unifizierung des 2.
Subgoals "dic(kö,mü)" fehlschlägt. Der anschließende Versuch — nach dem
(tiefen) Backtracking in Schritt 14 zu Schritt 15 — mit der Instanzierung
"Z:=fu" ist jedoch erfolgreich, weil das Subgoal "dic(fu,mü)" mit dem Fakt
"dic(fu,mü)." unifiziert werden kann. Dies zeigt der folgende Ableitungsbaum:

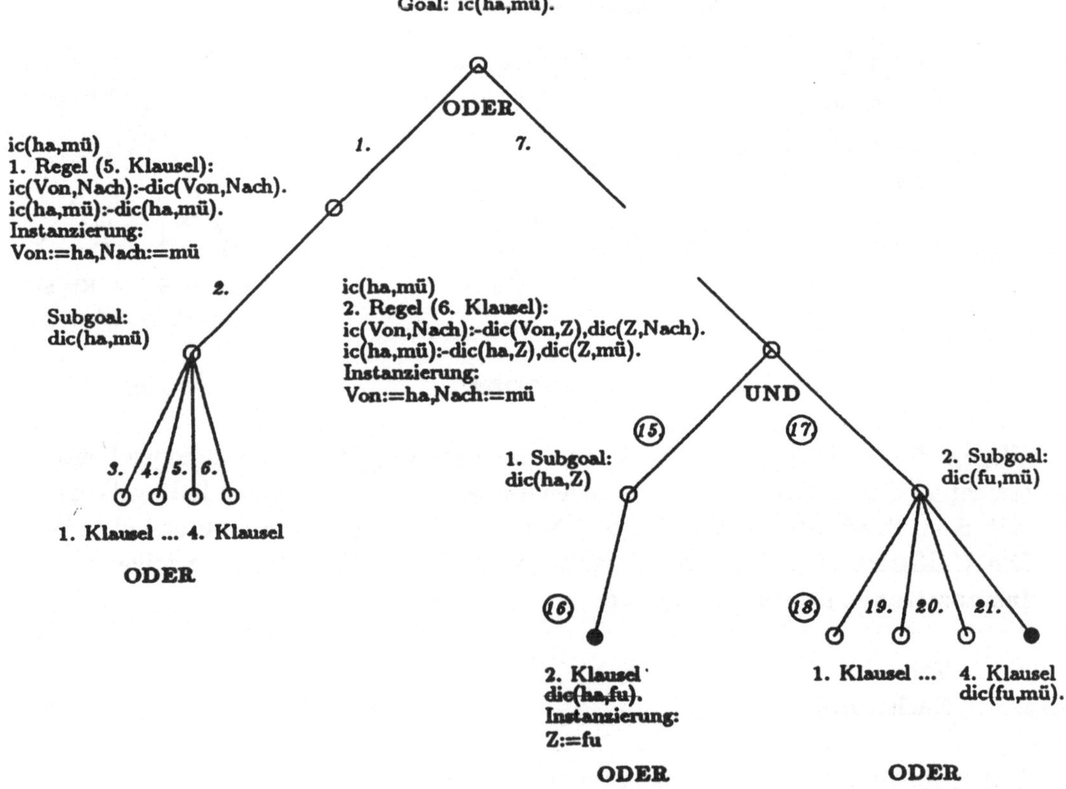


Somit läßt sich das Subgoal "dic(fu,mü)" und damit der Regelrumpf
"dic(ha,fu), dic(fu,mü)" der 2. Regel, folglich der zugehörige unifizierte Kopf
der 2. Regel — "ic(ha,mü)" — als (Parent-) Goal und somit das Goal
"ic(ha,mü)" aus der Wiba ableiten.

## Lösung zu Aufgabe 2.4c

Zur Ableitung des Goals "ic(br,ha)" wird der 1. Regelkopf unifiziert, indem die Variablen "Von" und "Nach" durch "br" bzw. "ha" instanziert werden. Somit ist zu überprüfen, ob das Subgoal "dic(br,ha)" im Regelrumpf der 1. Regel ableitbar ist. Der Versuch einer Unifizierung von "dic(br,ha)" mit einer der ersten vier Klauseln schlägt fehl. Folglich wird ein (seichtes) Backtracking durchgeführt und eine Unifizierung des Goals mit dem 2. Regelkopf versucht. Dies führt zum Erfolg, indem wiederum die folgenden Instanzierungen durchgeführt werden:

    Von:=br
    Nach:=ha

Jetzt ist die Ableitbarkeit der beiden Subgoals "dic(br,Z)" und "dic(Z,ha)" — für eine geeignete Instanzierung von "Z" — zu überprüfen. Das 1. Subgoal läßt sich *nicht* innerhalb der Wiba unifizieren, da es *keinen* Fakt gibt, bei dem das erste Argument gleich der Konstanten "br" ist. Dies demonstriert der folgende Ableitungsbaum:

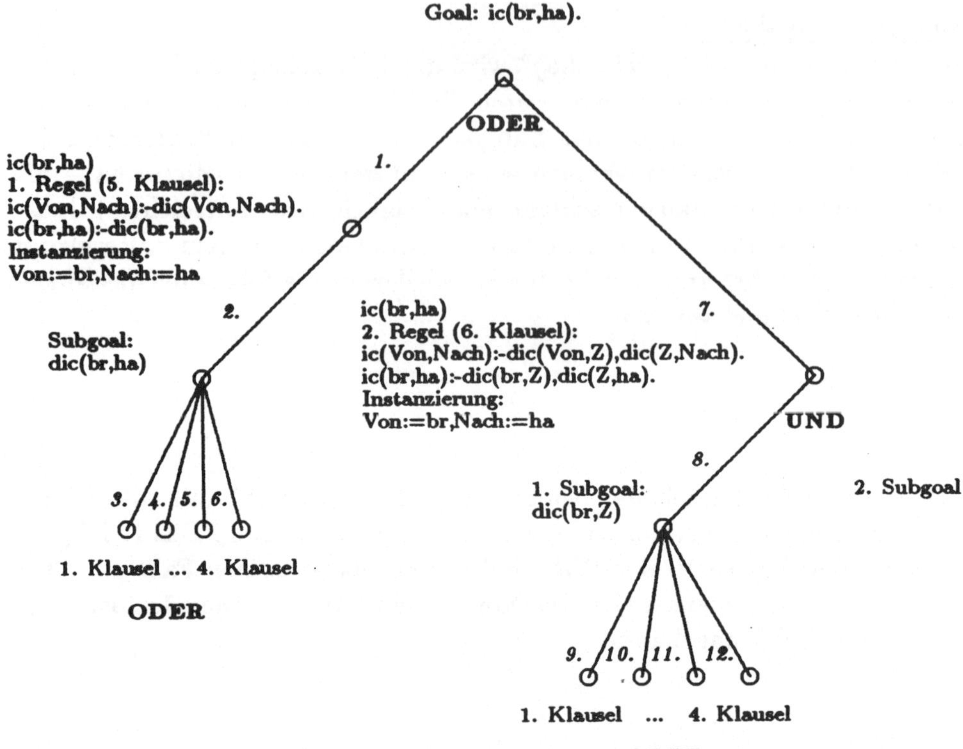


Wegen der logischen UND-Verbindung braucht das 2. Subgoal *nicht* mehr auf Ableitbarkeit hin überprüft zu werden. Selbst wenn "dic(Z,ha)" — mit einer geeigneten Instanzierung von "Z" — aus der Wiba ableitbar wäre, würde sich das Goal "ic(br,ha)" *nicht* ableiten lassen, da dazu *sowohl* das 1. Subgoal "dic(br,Z)" *als auch* das 2. Subgoal "dic(Z,ha)" ableitbar sein müssen. Da die gerade untersuchte Regel die zweite und damit letzte in der Wiba eingetragene Klausel ist, gibt es keine weiteren Alternativen für die Ableitbarkeit des Goals, d.h. weiteres (seichtes) Backtracking ist *nicht* möglich. Folglich wird vom PROLOG-System die Meldung

no

als Antwort auf die Anfrage angezeigt.

## Lösung zu Aufgabe 3.1

```
/* loes31.pro */
tür(eingang_1,1).
tür(1,2).
tür(1,4).
tür(2,5).
tür(3,ausgang_1).
tür(4,5).
tür(5,6).
tür(5,8).
tür(6,3).
tür(7,ausgang_2).
tür(8,7).
tür(9,8).
tür(eingang_2,9).

weg(Von,Nach):-tür(Von,Nach).
weg(Von,Nach):-tür(Von,Z),weg(Z,Nach).
```

Mögliche Anfragen sind:

```
?- weg(eingang_2,ausgang_1).
?- weg(eingang_2,ausgang_1);weg(eingang_2,ausgang_2).
```

Im "Turbo Prolog"-System vereinbaren wir die Prädikate "tür" und "weg" in den Formen "tür(symbol,symbol)" und "weg(symbol,symbol)". In den Fakten des Prädikats "tür" müssen demnach die Argumente z.B. in der Form "tür("1","2")" angegeben werden.

## Lösung zu Aufgabe 4.1

Zu den Klauseln zur Lösung der Aufgabenstellung 3.1 sind die Fakten mit dem Prädikatsnamen "tür" durch die folgenden Klauseln zu ergänzen[3]:

```
/* loes41.pro */
kodiere(e1,eingang_1).
kodiere(e2,eingang_2).
kodiere(a1,ausgang_1).
kodiere(a2,ausgang_2).

weg(Von,Nach):-tür(Von,Nach).
```

---

[3]Zur Lösung im "Turbo Prolog"-System siehe die Lösung zu Aufgabe 3.1.

```
/* loes41.pro */
weg(Von,Nach):-tür(Von,Z),
        write('betretener Raum: '),write(Z),nl,
        weg(Z,Nach).


anfrage:-write('Gib Eingang: '),nl,
        ttyread(Eingang),nl,
        kodiere(Eingang,Ein),
        write('Gib Ausgang: '),nl,
        ttyread(Ausgang),nl,
        kodiere(Ausgang,Aus),
        weg(Ein,Aus),
        write('Es gibt einen Weg ').
anfrage:-write('Es gibt keinen Weg ').
```

## Lösung zu Aufgabe 4.2

Die Lösung der Aufgabenstellung läßt sich aus der Lösung der Aufgabenstellung 2.3 entwickeln. Dabei ist das Prädikat "tätigkeit" um ein Argument zu erweitern. Insgesamt erhalten wir die folgenden zusätzlichen Klauseln:

```
/* loes42.pro */
tätigkeit(V_Name,A_Name,V_Tag,A_Stück):-
        umsatz(V_Nr,A_Nr,A_Stück,V_Tag),
        artikel(A_Nr,A_Name,A_Preis),
        vertreter(V_Nr,V_Name,V_Ort,V_Prov,V_Konto).

anfrage:-write('Gib Vertretername: '),nl,
        ttyread(V_Name),
        write('Gib Artikelname: '),nl,
        ttyread(A_Name),
        write('Gib Verkaufstag: '),nl,
        ttyread(V_Tag),
        tätigkeit(V_Name,A_Name,V_Tag,A_Stück),
        write('verkaufte Anzahl: '),
        write(A_Stück).
```

Im "Turbo Prolog"-System sind statt der Subgoals "ttyread(V_Name)", "ttyread(A_Name)" und "ttyread(V_Tag)" die Subgoals "readln(V_Name)", "readln(A_Name)" und "readint(V_Tag)" anzugeben.

## Lösung zu Aufgabe 4.3[4]

---

[4]Zur Lösung im "Turbo Prolog"-System siehe die Lösung zu Aufgabe 4.2.

```
/* loes43.pro */
anfrage:-write('Gib Vertreternummer: '),nl,
        ttyread(V_Nr),
        write('Gib Artikelnummer: '),nl,
        ttyread(A_Nr),
        write('Gib Stückzahl: '),nl,
        ttyread(A_Stück),
        write('Gib Verkaufstag: '),nl,
        ttyread(V_Tag),
        asserta(umsatz_db(V_Nr,A_Nr,V_Tag,A_Stück)).


sichern_um:- umsatz_db(_,_,_,_),tell('umsatz.pro'),listing(umsatz_db),told.


aufnahme:-anfrage,sichern_um.
```

## Lösung zu Aufgabe 5.1

Zur Lösung der Aufgabenstellung 5.1 erweitern wir das Programm zur
Lösung der Aufgabe 2.1 um die folgenden Klauseln:

```
/* loes51.pro */
überschrift:-write('Vertreternummer '),
        write('Artikelnummer '),
        write('Stückzahl '),
        write('Verkaufstag '),nl.

vorschub(A_Stück,9):-A_Stück < 10.
vorschub(A_Stück,8):-A_Stück >= 10,A_Stück < 100.

anfrage:-überschrift,
        umsatz(V_Nr,A_Nr,A_Stück,24),
        tab(11),write(V_Nr),
        tab(12),write(A_Nr),
        vorschub(A_Stück,X),tab(X),
        write(A_Stück),
        outtab(50),write(24),nl.

ausgabe_1:-anfrage,fail.
```

Durch die Ableitung des Standard-Prädikats "tab" in der Form "tab(12)"
erreichen wir die Ausgabe von 12 Leerzeichen "⊔". Durch das Ableiten des
Standard-Prädikats "outtab" in der Form "outtab(50)" positionieren wir den
Cursor an die 50. Spaltenposition. Da die Werte der angezeigten Stückzahlen in der Stellenanzahl variieren, setzen wir das Prädikat "vorschub" ein.
Ist der instanzierte Wert der Variablen "A_Stück" kleiner als "10", so erfolgt
die Ausgabe von 9 Leerzeichen. Im anderen Fall werden 8 Leerzeichen ausge-

geben. Die genaue Bedeutung der dabei eingesetzten Zeichen "<" (kleiner)
und ">=" (größer gleich) wird im Abschnitt 6.3 beschrieben.

Im "Turbo Prolog"-System können wir für das Prädikat "anfrage" die folgende Klausel formulieren[5]:

```
/* LOEST51.pro */
anfrage:-überschrift,
        umsatz(V_Nr,A_Nr,A_Stück,24),
        writef("%15",V_Nr),
        writef("%14",A_Nr),
        writef("%10",A_Stück),
        writef("%12",24),nl.
```

## Lösung zu Aufgabe 5.2

Zur Lösung der Aufgabenstellung 5.2 erweitern wir das Programm zur
Lösung der Aufgabe 2.1 um die folgenden Klauseln:

```
/* loes52.pro */
überschrift:-write('Vertreternummer '),
        write('Artikelnummer '),
        write('Artikelname '),
        write('Stückzahl '),
        write('Stückpreis '),
        write('Verkaufstag '),nl.

vorschub_1(A_Stück,11):-A_Stück < 10.
vorschub_1(A_Stück,10):-A_Stück >= 10,A_Stück < 100.

vorschub_2(A_Preis,2):-A_Preis < 100.
vorschub_2(A_Preis,1):-A_Preis >= 100.

anfrage:-überschrift,
        umsatz(V_Nr,A_Nr,A_Stück,24),
        artikel(A_Nr,A_Name,A_Preis),
        tab(11),write(V_Nr),
        tab(12),write(A_Nr),
        tab(1),write(A_Name),
        outtab(40),
        vorschub_1(A_Stück,X),tab(X),
        write(A_Stück),
        tab(4),
        vorschub_2(A_Preis,Y),tab(Y),
        float_format(F,f(5,2)),
        write(A_Preis),
```

---

[5]Dabei können die Klauseln des Prädikats "vorschub" aus dem Programm des
"IF/Prolog"-Systems entfallen.

```
/* loes52.pro */
          outtab(73),write(24),nl.

ausgabe_2:-anfrage,float_format(F,g(0,6)),fail.
```

Da die Werte der angezeigten Stückzahlen und die Stückpreise in der Stellenanzahl variieren, setzen wir die Prädikate "vorschub_1" und "vorschub_2" ein. Ist z.B. der instanzierte Wert in der Variablen "A_Preis" kleiner als "100", so erfolgt die Ausgabe von zwei, im anderen Fall von drei Leerzeichen. Durch den Einsatz des Standard-Prädikats "float_format" in der Form "float_format(F,f(5,2))" ändern wir das Ausgabeformat für die Anzeige reellwertiger Werte. Dabei geben wir durch den Wert "5" die Gesamtanzahl der auszugebenden Stellen (inklusive einer Stelle zur Angabe des Dezimalpunkts) und durch den Wert "2" die Anzahl der Dezimalstellen an. Durch den Einsatz des Prädikats in der Form "float_format(F,g(0,6))" stellen wir wieder das voreingestellte Ausgabeformat ein.

Im "Turbo Prolog"-System können wir für das Prädikat "anfrage" die folgende Klausel formulieren[6]:

```
/* LOEST52.pro */
anfrage:-überschrift,
        umsatz(V_Nr,A_Nr,A_Stück,24),
        artikel(A_Nr,A_Name,A_Preis),
        writef("%15",V_Nr),
        writef("%14",A_Nr),
        writef("%-12",A_Name),
        writef("%9",A_Stück),
        writef("%11.2f",A_Preis),
        writef("%12",24),nl.
```

## Lösung zu Aufgabe 5.3

Zur Lösung der Aufgabenstellung 5.3 erweitern wir das Programm zur Lösung der Aufgabe 2.1 um die folgenden Klauseln[7]:

---

[6]Dabei können die Klauseln der Prädikate "vorschub_1" und "vorschub_2" aus dem Programm des "IF/Prolog"-Systems entfallen.

[7]Zur Lösung im "Turbo Prolog"-System siehe die Lösung zu Aufgabe 5.1.

```
/* loes53.pro */
überschrift:-write('Artikelname '),
        write('Stückzahl '),nl.

vorschub_1(A_Stück,11):-A_Stück < 10.
vorschub_1(A_Stück,10):-A_Stück >= 10,A_Stück < 100.

anfrage:-überschrift,
        umsatz(V_Nr,A_Nr,A_Stück,24),
        artikel(A_Nr,A_Name,A_Preis),
        write(A_Name),
        outtab(10),
        vorschub_1(A_Stück,X),tab(X),
        write(A_Stück),nl.

ausgabe_3:-anfrage,fail.
```

## Lösung zu Aufgabe 5.4

```
regel(j,n):-write(' a1 '),nl.
regel( _ , j):-write(' a1 '),write(' a2 '),nl.
regel(n,n):-write(' a2 '),nl.

bed(j,n):-write(' Bedingung b1:j '),write(' Bedingung b2:n '),nl.
bed(n,j):-write(' Bedingung b1:n '),write(' Bedingung b2:j '),nl.
bed(n,n):-write(' Bedingung b1:n '),write(' Bedingung b2:n' ),nl.
bed(j,j):-write(' Bedingung b1:j '),write(' Bedingung b2:j' ),nl.

anfrage:-bed(X,Y),regel(X,Y).
```

## Lösung zu Aufgabe 5.5

Der zugehörige Ableitungsbaum hat die folgende Form:

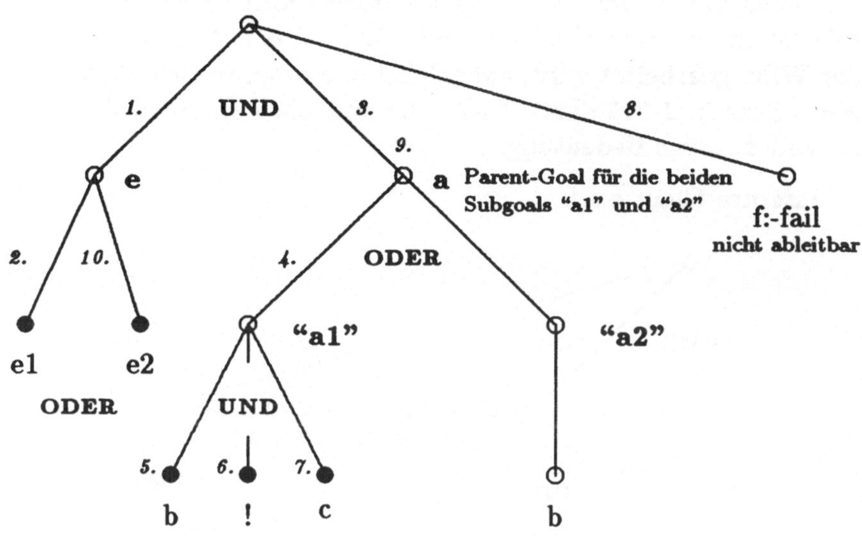


Zur Überprüfung der Ableitbarkeit des internen Goals wird als erstes das Subgoal "e" abgeleitet, weil das Prädikat "e1" unifizierbar ist. Anschließend muß die Unifizierbarkeit des 2. Subgoals "a" — als Parent-Goal für die beiden zugehörigen Subgoals "b,!,c" (im Ableitungsbaum ist dieses Parent-Goal durch "a1" gekennzeichnet) und "b" (im Ableitungsbaum durch "a2" gekennzeichnet) in den Regelrümpfen der beiden Regeln mit dem Regelkopf "a" — untersucht werden.

Dazu wird in der 1. Regel — mit dem Prädikat "a" im Regelkopf — zunächst das Prädikat "b" und anschließend das Prädikat "cut" unifiziert, so daß die 2. Regel "a:-b." für jeden zu einem späteren Zeitpunkt einsetzenden Unifizierungs-Versuch des Parent-Goals "a" gesperrt ist.

Da das Prädikat "c" in der Regel "a:-b,!,c." ebenfalls ableitbar ist, erweist sich der gesamte Regelrumpf und damit der Regelkopf "a" als ableitbar.

Anschließend wird das 3. Subgoal "f" des internen Goals überprüft. Wegen der Nicht-Ableitbarkeit des Subgoals "f" erfolgt (tiefes) Backtracking.

Da ein (seichtes) Backtracking zur 2. Regel "a:-b." — wegen der vorausgegangenen Unifizierung des Standard-Prädikats "cut" — nicht mehr möglich ist, wird das Parent-Goal "a" als *nicht* ableitbar erkannt. Dadurch wird ein (tiefes) Backtracking im internen Goal zum Prädikat "e" vorgenommen, für das die 1. Regel "e:-e1." als Backtracking-Klausel markiert ist.

Nach (seichtem) Backtracking erweist sich der Regelrumpf der 2. Regel
"e:-e2." als ableitbar. Somit wird ein *erneuter* Unifizierungs-Versuch des
2. Subgoals "a" im internen Goal versucht. Da hierbei mit einem *neuen* Exemplar der Wiba gearbeitet wird, hat folglich die ursprünglich eingetretene
Wirkung des Standard-Prädikats "cut", das nur noch Backtracking *hinter*
dem "cut" zuließ, *keine* Bedeutung.

internes Goal: e,a,f.

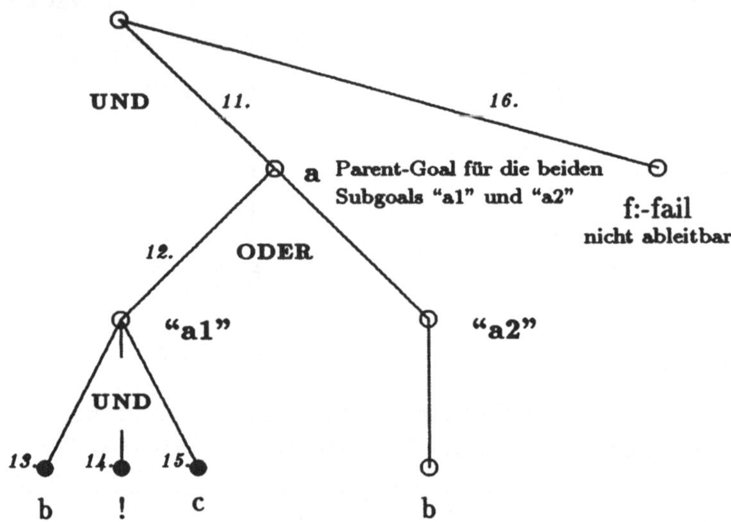


Diese erneute Ableitbarkeits-Prüfung für das 2. Subgoal mit dem Prädikat
"a" wird genauso vorgenommen, wie wir es oben für den 1. Versuch beschrieben haben. Folglich ist das Subgoal "a" (im Schritt 15) wiederum
unifizierbar. Der nachfolgende Versuch der Unifizierung des 3. Subgoals "f"
schlägt wieder fehl, so daß (tiefes) Backtracking versucht wird.

Da wiederum — wegen des bereits unifizierten Prädikats "cut" — *kein* (seichtes) Backtracking für das 2. Subgoal "a" durchgeführt werden kann und
zusätzlich auch *keine* Alternative für ein (seichtes) Backtracking zum Ableiten des 1. Subgoals "e" mehr existiert, wird (im 16. Schritt) *endgültig* das
*Scheitern* des internen Goals festgestellt.

## Lösung zu Aufgabe 5.6

Durch den Einsatz des Standard-Prädikats "cut" wird es möglich, eine bedingte Anweisung in der Form *"if <bedingung> then <aktion_1> else <aktion_2>"* zu realisieren. Als Lösung der Aufgabenstellung erhalten wir die beiden folgenden Regeln:

```
if_a_then_b_else_c:-a,!,b.
if_a_then_b_else_c:-c.
```

Eine weitere Lösung stellen die beiden folgenden Klauseln dar:

```
if_a_then_b_else_c:-a,b.
if_a_then_b_else_c:-not(a),c.
```

Nachteil dieser 2. Lösung ist, daß nach einem Scheitern des Prädikats "a" im Regelrumpf der 1. Regel anschließend das Prädikat "a" nochmals — im Rumpf der 2. Regel — abgeleitet wird.

## Lösung zu Aufgabe 5.7

Stellen wir an das angegebene Programm die Anfrage "p(a)", so wird die Meldung "stack_overflow" angezeigt. Dies liegt daran, daß bei einer Ableitbarkeits-Prüfung eines Goals oder Subgoals die Auswahl der Klauselköpfe in der Wiba strikt von *oben* nach *unten* erfolgt. Vertauschen wir die 3. und die 4. Klausel, so erhalten wir als Ergebnis der Anfrage die Antwort "yes" angezeigt.

## Lösung zu Aufgabe 5.8

Stellen wir an das angegebene Programm die Anfrage "p(a,b)", so wird die Meldung "stack_overflow" angezeigt. Dies liegt daran, daß die Ableitbarkeits-Prüfung der Subgoals im Rumpf einer Klausel str..t von *links* nach *rechts* erfolgt. Erst wenn das 1. Subgoal "p(Y,Z)" abgeleitet ist, wird das 2. Subgoal "q(X,Y)" abgeleitet. Vertauschen wir die beiden Prädikate "p(Y,Z)" und "q(X,Y)", so erhalten wir bei der Anfrage "p(a,b)" das Ergebnis "yes" angezeigt.

## Lösung zu Aufgabe 5.9

```
wiederhole.
wiederhole:-wiederhole.
```

Bei der 1. Ableitbarkeits-Prüfung kann das Prädikat "wiederhole" — mit der 1. Klausel — erfolgreich abgeleitet werden. Bei einem anschließenden Backtracking wird das Prädikat "wiederhole" mit der 2. Klausel abgeleitet, da bei der Ableitung des Regelrumpf wieder die 1. Klausel benutzt wird.

Das Prädikat "wiederhole" kann z.B. im Regelrumpf einer Regel eingesetzt werden, um eine Iteration einzuleiten. Sie beginnt mit dem Prädikat "wiederhole" und wird solange fortgesetzt, bis alle nachfolgenden Prädikate des Regelrumpfs abgeleitet werden können. Die Klauseln dieses Prädikats werden vom "IF/Prolog"-System unter dem Namen *"repeat"* zur Verfügung gestellt.

## Lösung zu Aufgabe 5.10

```
/* loes510.pro */
is_predicate(artikel_db,4).

artikel(12,oberhemd).
artikel(22,mantel).
artikel(11,oberhemd).
artikel(13,hose).

wiederhole.
wiederhole:-wiederhole.

sichern_art:- artikel_db(_,_,_),tell('artikel.pro'),listing(artikel_db),told.

anfrage:-lies(A_Nr,A_Name,A_Preis),
        write('Neuaufnahme '),nl.
anfrage:-wiederhole,
        write('Artikelstammdaten bereits in Wiba'),nl,
        write('Gib neue Artikelnummer ein: '),nl,
        lies(A_Nr,A_Name,A_Preis),
        write('Neuaufnahme '),nl.

prüfe(A_Nr):-write('Gib Artikelnummer: '),nl,
        ttyread(A_Nr),
        not(artikel(A_Nr,_)).

lies(A_Nr,A_Name,A_Preis):-write('Gib Artikelname: '),nl,
        ttyread(A_Name),
        not(artikel(A_Nr,_)),
        write('Gib Artikelpreis: '),nl,
        ttyread(A_Preis),
        asserta(artikel_db(A_Nr,A_Name,A_Preis)).

eingabe:-anfrage,sichern_art.
```

### Lösungen zu Aufgabe 5.11

- a) Nach den Regeln der Logik können die Klauseln der Aufgabenstellung wie folgt interpretiert werden[8]:

$$(b \land c) \lor (\neg\, b \land d)$$

Demnach können wir als Lösung die folgenden Regeln angeben:

```
a:-b,c.
a:-not(b),d.
```

Voraussetzung für die erfolgreiche Ableitung des Prädikats "a" mit der 1. Regel ist die erfolgreiche Ableitung des Prädikats "b". Kann dieses Prädikat *nicht* abgeleitet werden, so wird versucht, das Prädikat "a" mit der 2. Regel abzuleiten. Nachteil dieser Regeln ist, daß das Prädikat "b", falls es *nicht* ableitbar ist, zweimal untersucht wird.

- b) Die Vertauschung der Reihenfolge der Klauseln kann wie folgt interpretiert werden:

$$d \lor (b \land c)$$

- c)
```
a:-b,!,fail.
a.
```

Die Ableitung des Prädikats "a" mit der 1. Regel schlägt fehl, falls das Prädikat "b" im Regelrumpf erfolgreich abgeleitet werden kann. In diesem Fall sorgt das Prädikat "cut" vor dem Prädikat "fail" dafür, daß keine weitere Ableitbarkeits-Prüfung mit der 2. Regel versucht wird. Es verhindert somit ein (seichtes) Backtracking zur 2. Regel.

### Lösung zu Aufgabe 5.12

Nach der erfolgreichen Ableitung der beiden Prädikate "b" und "c" wird das Prädikat "cut" abgeleitet. Die Ableitbarkeits-Prüfung des Prädikats "d" schlägt fehl. Ein Backtracking findet nicht statt, da das Prädikat "cut" die Suche nach Alternativen für die Prädikate "c", "b" und "a" verhindert.

---

[8] Dabei steht das Zeichen "$\land$" für das logische UND, das Zeichen "$\lor$" für das logische ODER und "$\neg$" für die logische Negation.

Somit kann das Prädikat "a" *nicht* abgeleitet werden. Eine Ableitung wird erst möglich, wenn wir die beiden Klauseln des Prädikats "a" vertauschen.

## Lösung zu Aufgabe 5.13

Als Antwort auf die Anfrage "ic(ha,fr)" wird "no" ausgegeben. Der Grund liegt darin, daß im Regelrumpf der Regel "dic(kö,ka):-!" das Prädikat "cut" ein (seichtes) Backtracking zu der Alternative von "kö" über "ma" nach "fr" verhindert. Somit sind alle unterhalb des Parent-Goals "ic(kö,fr)" (s. Schritt 6 in der Abb. 3.3) liegenden Alternativen gesperrt.

## Lösungen zu Aufgabe 5.14

- a) Es wird die Instanzierung "X=b" und "yes" angezeigt. Durch die Ableitung des 1. Subgoals "q(X)" wird dem 2. Subgoal "p(X)" die Instanzierung "X=b" zur Verfügung gestellt. Da der Fakt "r(b)." *nicht* in der Wiba enthalten ist, kann "not r(b)" *erfolgreich* abgeleitet und somit auch die gesamte Anfrage abgeleitet werden.

- b) Es erfolgt die Ausgabe von "no". Bei dieser Anfrage wird durch die Ableitung des 1. Subgoals "p(X)" mit der Klausel "p(X):-not r(X)" die Variable "X" mit der Text-Konstanten "a" instanziert. Somit kann "not r(a)" *nicht* abgeleitet werden und damit schlägt auch die Ableitbarkeits-Prüfung der Anfrage *fehl*.

- c) Die Antwort ist "no". Da es in der Wiba keinen Fakt der Form "r(b)." gibt, kann die Anfrage *nicht* abgeleitet werden.

- d) Es wird "yes" angezeigt, da "r(b)" *nicht* abgeleitet werden kann.

Die beiden letzten Antworten sind Folgen der "Annahme einer geschlossenen Welt" (engl:. closed world assumption). Diese Annahme besagt, daß Fakten, die nicht als *wahr*, d.h. *ableitbar*, bekannt sind, als *falsch*, d.h. *nicht ableitbar*, angenommen werden. Demnach ist somit bei der Anfrage "not r(b)" die Negation von "r(b)" *wahr*, d.h. *ableitbar*.

## Lösungen zu Aufgabe 5.15

- a) Es wird "no" angezeigt.

- a) Das Ergebnis ist "X=b" und "yes".

## Lösung zu Aufgabe 5.16

In Verbindung mit einen "cut" kann "fail" die gleiche Wirkung wie das
Standard-Prädikat "not" haben. Dies können wir z.B. durch den Einsatz
der "Cut-fail"-Kombination in der folgenden Form erreichen:

```
/* loes516.pro */
a.
b.
versuche:-a,write(' a erfüllt '),nl,
       !,fail.
versuche:-b,write(' b erfüllt ').

:-versuche,fail.
```

Das Prädikat "a" kann nicht abgeleitet werden, wenn wir den Fakt "a."
aus der Wiba löschen. In diesem Fall werden die Prädikate "b" und
"write(' b erfüllt ')" erfolgreich abgeleitet. Dabei ist es notwendig, den Fakt
"is_predicate(a,0)." in die Wiba einzutragen.

## Lösung zu Aufgabe 5.17

- Änderungen in der Reihenfolge der Klauseln innerhalb der Wiba.

- Änderungen in der Reihenfolge der Prädikate in den Regelrümpfen.

- Art und Weise, wie Klauseln und Prädikate bei der Ableitbarkeits-
  Prüfung durch die Inferenz-Komponente ausgewählt werden (von *oben*
  nach *unten* und von *links* nach *rechts*).

- Vollständige Ableitung eines Prädikats im Regelrumpf, bevor das weiter rechts stehende Prädikat untersucht wird *(Tiefensuche)*.

- Einsatz von "roten" Cuts.

## Lösung zu Aufgabe 5.18

Bei der Eingabe von "Ha" wird die Variable "Von" *nicht* mit einer Text-
Konstanten, sondern mit einer Variablen instanziert. Wir erhalten somit
*alle* möglichen IC-Verbindungen zwischen *allen* möglichen Abfahrts- und
Ankunftsorten angezeigt[9].

---

[9]In der Programmversion im System "Turbo Prolog" erhalten wir den Text
   mögliche(r) Ankunftsort(e):
   Ende
angezeigt.

## Lösung zu Aufgabe 6.1

Nach dem Laden des Programms zur Lösung der Aufgabe 2.1 ist die folgende
Anfrage zu stellen:

```
vertreter(V_Nr,V_Name, _, _, _ ),
       not vertreter(V_Nr,meyer, _, _, _ ),
       write(V_Name),nl,
       fail.
```

## Lösungen zu Aufgabe 6.2

Alle Klauseln sind syntaktisch korrekt.

## Lösungen zu Aufgabe 6.3

- a)
  ```
  3
  3 − 1
  3 − 1 − 1
  3 − 1 − 1 − 1
  no
  ```

- b)
  ```
  3
  EXCEPTION:arith_expr_expected: 3 is _652 '−' 1
  ```

- c)
  ```
  3
  2
  1
  0
  − 1
  ...
  stack_overflow
  ```

- d)
  ```
  9.0
  yes
  ```

- e)
  ```
  3 ^ 2
  yes
  ```

- f)
  ```
  no
  ```

- g)
  ```
  no
  ```

## Lösung zu Aufgabe 6.4

Die Ableitbarkeits-Prüfung der Anfrage "vergleich(10.0,10)" mit der Klausel "vergleich(Wert1,Wert2):-Wert1==Wert2" wird mit "no" beantwortet,
da die Argumente "10.0" und "10" als Text-Konstanten interpretiert und

zeichenweise verglichen werden. Die Anfrage "vergleich(10.0,10)" läßt sich nur mit der 2. Klausel erfolgreich ableiten. Die Anfage "vergleich(10,10)" kann mit beiden Klauseln erfolgreich abgeleitet werden.

## Lösung zu Aufgabe 6.5

```
/* loes65.pro */
is_predicate(vertreter_db,5).

vertreter(8413,meyer,bremen,0.07,725.15).
vertreter(8413,meyer,bremen,0.07,725.15).
vertreter(5016,meier,hamburg,0.05,200.00).
vertreter(1215,schulze,bremen,0.06,50.50).

sichern_vertreter:-vertreter_db(_,_,_,_,_),
        tell('vertreter.pro'),listing(vertreter_db),told.

bestimme:-vertreter(V_Nr,V_name,V_Ort,V_Prov,V_Konto),
        not vertreter_db(V_Nr,V_name,V_Ort,V_Prov,V_Konto),
        asserta(vertreter_db(V_Nr,V_name,V_Ort,V_Prov,V_Konto)),
        fail.
bestimme.

bereinige:-abolish(vertreter_db,5).

start:-bereinige,bestimme,sichern_vertreter,listing(vertreter_db).
```

## Lösung zu Aufgabe 6.6

Die Tatsache, daß der Fakt "ic_db(ha,fr)" *siebenmal* in der Datei "ic.pro" enthalten ist, kann an dem folgenden Schema nachvollzogen werden:

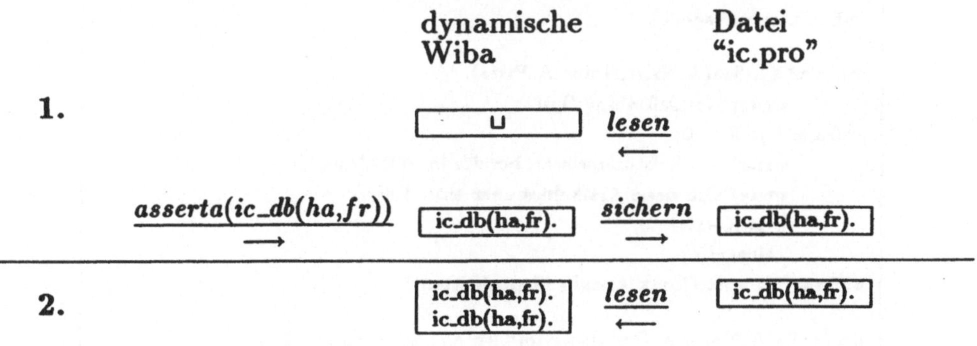

$$\underline{asserta(ic\_db(ha,fr))} \longrightarrow$$

| ic_db(ha,fr).<br>ic_db(ha,fr).<br>ic_db(ha,fr). |

$$\underline{sichern} \longrightarrow$$

| ic_db(ha,fr).<br>ic_db(ha,fr).<br>ic_db(ha,fr). |

---

**3.**

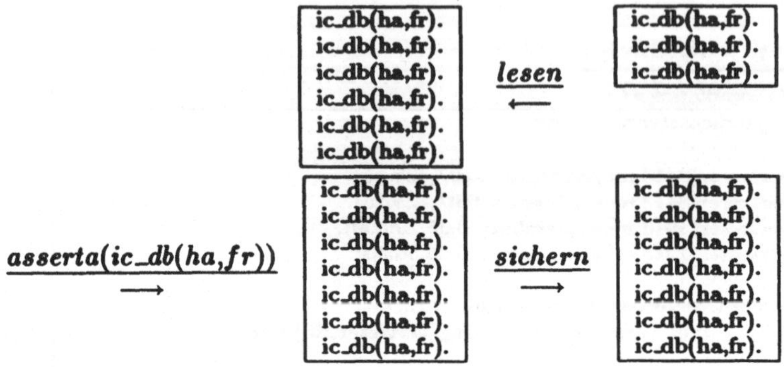

| ic_db(ha,fr).<br>ic_db(ha,fr).<br>ic_db(ha,fr).<br>ic_db(ha,fr).<br>ic_db(ha,fr).<br>ic_db(ha,fr). |

$$\underline{lesen} \longleftarrow$$

| ic_db(ha,fr).<br>ic_db(ha,fr).<br>ic_db(ha,fr). |

$$\underline{asserta(ic\_db(ha,fr))} \longrightarrow$$

| ic_db(ha,fr).<br>ic_db(ha,fr).<br>ic_db(ha,fr).<br>ic_db(ha,fr).<br>ic_db(ha,fr).<br>ic_db(ha,fr).<br>ic_db(ha,fr). |

$$\underline{sichern} \longrightarrow$$

| ic_db(ha,fr).<br>ic_db(ha,fr).<br>ic_db(ha,fr).<br>ic_db(ha,fr).<br>ic_db(ha,fr).<br>ic_db(ha,fr).<br>ic_db(ha,fr). |

## Lösung zu Aufgabe 6.7

```
/* loes67.pro */
is_predicate(artikel_db,4).

artikel(12,oberhemd).
artikel(22,mantel).
artikel(11,oberhemd).
artikel(13,hose).

sichern_art:-artikel_db(_,_,_),tell('artikel.pro'), listing(artikel_db),told.

aufnahme:-anfrage(2).

anfrage(X):-lies(A_Nr,A_Name,A_Preis),
        write('Neuaufnahme '),nl.
anfrage(X):-X > 0,
        write('Artikelstammdaten bereits in Wiba'),nl,
        write('Gib neue Artikelnummer ein: '),nl,
        Y is X-1,
        anfrage(Y).
anfrage(0):-write('max Anzahl überschritten').

lies(A_Nr,A_Name,A_Preis):-write('Gib Artikelnummer: '),nl,
        ttyread(A_Nr),
        not(artikel(A_Nr,_)),
        write('Gib Artikelname: '),nl,
        ttyread(A_Name),
        write('Gib Artikelpreis: '),nl,
        ttyread(A_Preis),
```

```
/* loes67.pro */
        asserta(artikel_db(A_Nr,A_Name,A_Preis)).

eingabe:-aufnahme,sichern_art.
```

## Lösungen zu Aufgabe 6.8

- a)
```
/* loes68a.pro */
fibonacci(1,1).
fibonacci(2,1).
fibonacci(N,F):-N > 2,
        N1 is N-1,N2 is N-2,
        fibonacci(N1,F1),fibonacci(N2,F2),
        F is F1+F2.
```

- b)
```
/* loes68b.pro */
fibonacci(1,1).
fibonacci(2,1).
fibonacci(N,F):-N > 2,
        N1 is N-1,N2 is N-2,
        fibonacci(N1,F1),fibonacci(N2,F2),
        F is F1+F2,
        asserta(fibonacci(N,F)).
```
Nach der Definition des Operators "fibonacci" z.B. in der Form

```
?- op(100,xfx,fibonacci).
```

c)   können wir anschließend eine Anfrage in der Form

```
?- 5 fibonacci Resultat.
```

stellen.

Zur Berechnung z.B. der 5. Fibonacci-Zahl werden die 3. und 4. Fibonacci-Zahl durch die Ableitung des 4. Subgoals "fibonacci(4,F1)" berechnet und in den dynamischen Teil der Wiba als Fakten in den Formen "fibonacci(3,2)." und "fibonacci(4,3)." eingetragen. Bei der nachfolgenden Ableitung des 5. Subgoals in der Form "fibonacci(3,F2)" wird die 3. Fibonacci-Zahl unmittelbar durch die Unifizierung mit dem Fakt "fibonacci(3,2)" erhalten.

Da wir im "Turbo Prolog"-System nicht den gleichen Prädikatsnamen im statischen und dynamischen Teil der Wiba einsetzen können, müssen wir zum Eintragen abgeleiteter Fibonacci-Zahlen als zusätzliches Prädikat z.B. "fibonacci_db" einführen. Wir erhalten als Lösung das folgende Programm:

```
/* LOEST68.pro */
fibonacci(1,1):-asserta(fibonacci_db(1,1)),!.
fibonacci(2,1):-asserta(fibonacci_db(2,1)),!.
fibonacci(N,F):-fibonacci_db(N,F),!.
fibonacci(N,F):-N > 2,
        N1 = N-1,N2 = N-2,
        fibonacci(N1,F1),fibonacci(N2,F2),
        F = F1+F2,
        asserta(fibonacci_db(N,F)).
```

• b)

## Lösungen zu Aufgabe 6.9

Mit Ausnahme der 2. Anfrage wird die Fehlermeldung "operator expected" angezeigt, da in beiden Fällen das Zeichen "−" bzw. "," als Prädikatsname interpretiert wird.

## Lösung zu Aufgabe 6.10

Es wird "a,b,c" angezeigt, weil die Anfrage "a, (b,c)." von links nach rechts ausgewertet wird und dabei beide Kommata "," als logische UND-Operatoren aufgefaßt werden. Hätten wir zwischen "a," und "(b,c)" kein Leerzeichen "⊔" eingetragen, so würde ",(b,c)" als Prädikat mit dem Namen "," und den Argumenten "b" und "c" interpretiert und daraufhin die Fehlermeldung "operator expected" ausgegeben.

## Lösung zu Aufgabe 6.11

```
/* loes611.pro */
:-op(900,fx,if).
:-op(800,xfx,then).
:-op(700,xfx,else).

if Wert >= 0 then positiv(Wert) else negativ(Wert):-
        Wert >= 0, write(Wert).
if Wert >= 0 then positiv(Wert) else negativ(Wert):-
        Wertpos is − Wert, write(Wertpos).
```

Stellen wir an dieses Programm die Anfrage aus der Aufgabenstellung, so erhalten wir die folgenden Anzeige:

```
5
yes
```

### Lösung zu Aufgabe 6.12

```
/* loes612.pro */
wiederhole.
wiederhole:-wiederhole.

einlesen(Eingabe):-wiederhole,
        write(' Gib Eingabe: '),nl,
        ttyread(Eingabe),
        (Eingabe == stop ; Eingabe == ende),
        write('Ende').
start:-einlesen(Eingabe).
```

Dabei kann das Prädikat "wiederhole" auf Backtracking hin immer wieder abgeleitet werden.

### Lösungen zu Aufgabe 6.13

- a) Die Antwort ist "no", da die beiden Variablen noch nicht mit Werten instanziert sind. Sie werden intern unterschieden.

- b) Als Antwort erhalten wir:
    A = _636
    B = _636
    yes

  In diesem Fall wird die Variable "A" mit der Variablen "B" unifiziert (es wird ein Pakt gebildet) und als Antwort wird der gemeinsame Speicherplatz in der Form "_636" angezeigt.

- c) Wir erhalten als Antwort:
    A = _636
    B = _636
    yes

  Nach der Ableitung von "A=B" sind die beiden Variablen "A" und "B" unifiziert und somit logisch und physikalisch identisch. Wir erhalten den gemeinsamen Speicherplatz in der Form "_636" und "yes" angezeigt.

## Lösung zu Aufgabe 6.14

```
/* loes614.pro */
dic(ha,kö).
dic(ha,fu).
dic(kö,ma).
dic(fu,mü).

anzeige:-asserta(ende),
        dic(Von,Nach),
        asserta(dic_db(Von,Nach)),
        fail.

anzeige:-retract(dic_db(Von,Nach)),
        write(Von),write(Nach),nl,
        sammle(Markierung).

sammle(Markierung):-Markierung \ == ende,
        retract(dic_db(Von,Nach)),
        write(Von),write(Nach),nl,
        sammle(Markierung).
sammle(ende).

anforderung:-abolish(dic_db(Von,Nach)),anzeige.
```

## Lösung zu Aufgabe 7.1

In den folgenden Ableitungsbäumen werden durch die Indizes "_1" und "_2"
die Variablen des jeweils 1. bzw. 2. Exemplars der Wiba gekennzeichnet.
Dabei ersetzen wir die im Programm AUF22 verwendeten Variablennamen
durch ihren jeweiligen Anfangsbuchstaben.

Das Invertieren der Liste "[a,b,c]" können wir durch die folgenden Ablei-
tungsbäume beschreiben:

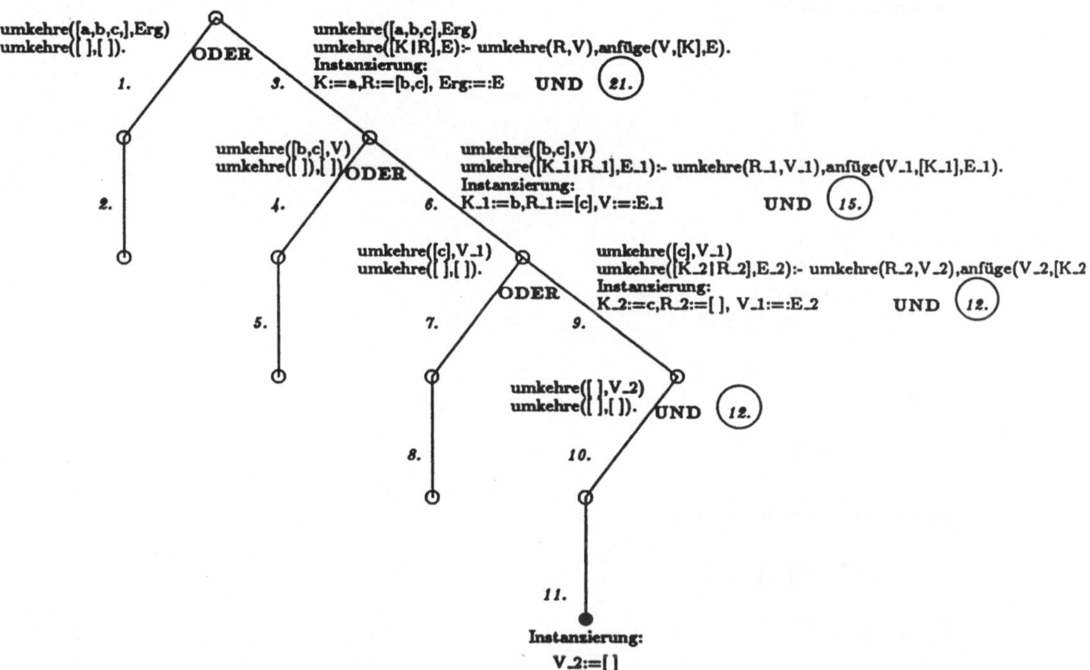


Aus Gründen der übersichtlichen Darstellung beschreiben wir den Ablauf der
Ableitbarkeits-Prüfung der mit 12, 15 und 21 gekennzeichneten Schritte dadurch, daß
wir die einzelnen Schritte nachfolgend untereinander angeben.

Es gilt:

$$V\_2:=[ ]$$
$$K\_2:=c$$

Damit wird aus 12.:

$$\text{anfüge}([ ],[c],E\_2)$$

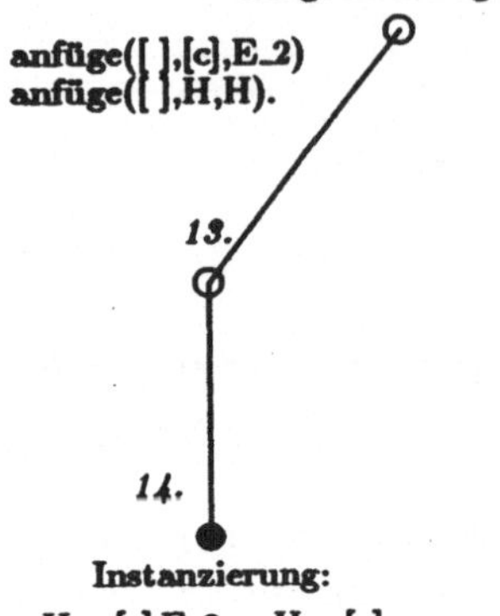



Es gilt:

$$E_2:=:H:=[c]$$

Das Ergebnis von 12. ist:

anfüge([ ],[c],[c])

Damit gilt:

umkehre([c],V_1)
umkehre([K_2|R_2],E_2):- umkehre(R_2,V_2),anfüge(V_2,[K_2],E_2).
umkehre([c|[ ]],[c]):-umkehre([ ],[ ]), anfüge([ ],[c],[c]).
umkehre([c],[c]):-umkehre([ ],[ ]), anfüge([ ],[c],[c]).

Es gilt:

$$V_1:=:E_2:=[c]$$
$$K_1:=b$$

Damit wird aus 15.:

anfüge([c],[b],E_1)

**Es gilt:**

$$E:=:H\_1:=[b]$$
$$E\_1:=:[K|E]:=:[c|E]:=[c,b]$$

**Das Ergebnis von 15. ist:**

anfüge([c],[b],[c,b])

**Damit gilt:**

umkehre([b,c],V)
umkehre([K_1|R_1],E_1):-umkehre(R_1,V_1),anfüge(V_1,[K_1],E_1).
umkehre([b|[c]],[c,b]):-umkehre([c],[c]), anfüge([c],[b],[c,b]).
umkehre([b,c],[c,b]):-umkehre([c],[c]), anfüge([c],[b],[c,b]).

**Es gilt:**

$$V:=:E\_1:=[c,b]$$
$$K:=a$$

**Damit wird aus 21.:**

anfüge(V,[K],E):-anfüge([c,b],[a],Erg).

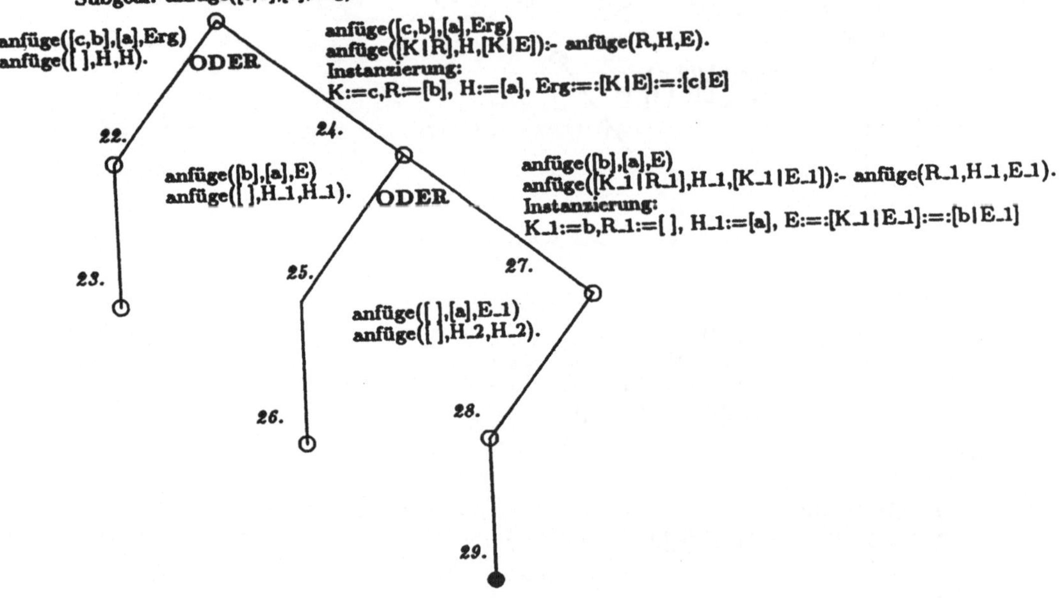



Es gilt:

$$E_1:=:H_2:=[a]$$
$$E:=:[K_1|E_1]:=[b|[a]]:=[b,a]$$
$$Erg:=:[K|E]:=[c,|[b,a]]=[c,b,a]$$

Das Ergebnis von 21. ist:

anfüge([c,b],[a],[c,b,a])

Somit gilt:

umkehre([a,b,c],[c,b,a])

## Lösung zu Aufgabe 7.2

```
/* loes72.pro */
summe([ ],0).
summe([ Kopf | Rumpf ],Res):-summe(Rumpf,Res_1),
        Res is Kopf+Res_1.

lies:-write('Gib Liste: '),nl,
        ttyread(Liste),
        summe(Liste,Resultat),
        write('Summe der Elemente: '),
        write(Resultat).
```

Im "Turbo Prolog"-System müssen wir folgendes vereinbaren:

```
domains
        elemente=integer*
predicates
        summe(elemente,integer)
        lies
```

Statt des Prädikats "ttyread(Liste)" setzen wir "readterm(elemente,Liste)" und für den Operator "is" das Zeichen "=" ein.

## Lösungen zu Aufgabe 7.3[10]

- a)

```
/* loes73a.pro */
länge([ ],0).
länge([ _ | Rumpf ],N):-länge(Rumpf,N1),N is N1+1.

lies:-write('Gib Liste: '),nl,
        ttyread(Liste),
        länge(Liste,N),
        write('Anzahl der Elemente: '),
        write(N).
```

- b)

```
/* loes73b.pro */
länge([ ],Ergebnis,Ergebnis).
länge([_|Rumpf],Ergebnis,N):-N1 is N+1, länge(Rumpf,Ergebnis,N1).

lies:-write('Gib Liste: '),nl,
        ttyread(Liste),
        länge(Liste,Ergebnis,0),
        write('Anzahl der Elemente: '),
        write(Ergebnis).
```

---

[10] Zur Lösung im "Turbo Prolog"-Sytem siehe die Lösung zu Aufgabe 7.2.

356

## Lösung zu Aufgabe 7.4

```
/* loes74.pro */
letzt(Element,[ Element ]).
letzt(Element,[ _ | Rumpf ]):-letzt(Element,Rumpf).

lies:-write('Gib Liste: '),nl,
        ttyread(Liste),
        letzt(Element,Liste),
        write('Letztes Elemente: '),
        write(Element).
```

## Lösung zu Aufgabe 7.5

```
/* loes75.pro */
benachbart(E1,E2,[ E1,E2 | _ ]).
benachbart(E1,E2,[ _ | Rumpf ]):-benachbart(E1,E2,Rumpf).

lies:-write('Gib Liste: '),nl,
        ttyread(Liste),
        write('Gib 1. Element: '),nl,
        ttyread(E1),
        write('Gib 2. Element: '),nl,
        ttyread(E2),
        benachbart(E1,E2,Liste),
        write('Die Elemente sind benachbart'),nl.
lies:-write('Die Elemente sind nicht benachbart' ),nl.
```

## Lösung zu Aufgabe 7.6

```
/* loes76.pro */
differenz([ ],Menge,[ ]).
differenz([Wert|Rumpf],Menge,Differenz):-
        element(Wert,Menge),
        !,
        differenz(Rumpf,Menge,Differenz).
differenz([Wert|Rumpf],Menge,[Wert|Differenz]):-
        differenz(Rumpf,Menge,Differenz).

element(Wert,[Wert| _ ]).
element(Wert,[ _ |Rumpf]):-element(Wert,Rumpf).
```

## Lösungen zu Aufgabe 7.7

- a) X:=1, Y:=[ 2,3 ]

- b) X:=1

- c) Y:=[ 2,3 ]

- d) nicht unifizierbar

- e) X:=1, Y:=2

## Lösungen zu Aufgabe 7.8

- a) ?– verkauf(Name,[ _ , _ | _ ]).

- b) ?– verkauf(Name,[ ]).

## Lösung zu Aufgabe 7.9

Wir setzen beim Einsatz des folgenden Programms voraus, daß der jeweilige Vertreter an dem angefragten Tag auch Umsätze getätigt hat.

```
/* loes79.pro */
vertreter(8413,meyer,bremen,0.07,725.15).
vertreter(5016,meier,hamburg,0.05,200.00).
vertreter(1215,schulze,bremen,0.06,50.50).

artikel(12,oberhemd,39.80).
artikel(22,mantel,360.00).
artikel(11,oberhemd,44.20).
artikel(13,hose,110.50).

umsatz(8413,12,40,24).
umsatz(5016,22,10,24).
umsatz(8413,11,70,24).
umsatz(1215,11,20,25).
umsatz(5016,22,35,25).
umsatz(8413,13,35,24).
umsatz(1215,13,5,24).
umsatz(1215,12,10,24).
umsatz(8413,11,20,25).

bau_liste(V_Name,V_Tag,Basisliste,Ergebnis):-
    bestimme(A_Nr,V_Name,V_Tag),
    bau_liste(V_Name,V_Tag,[A_Nr|Basisliste],Ergebnis).
bau_liste(V_Name,V_Tag,Gesamt,Gesamt).

bestimme(A_Nr,V_Name,V_Tag):-not umsatz(V_Nr,A_Nr,A_Stück,V_Tag).
bestimme(A_Nr,V_Name,V_Tag):-
    vertreter(V_Nr,V_Name,V_Ort,V_Prov,V_Konto),
    umsatz(V_Nr,A_Nr,A_Stück,V_Tag),
```

```
/* loes79.pro */
      retract(umsatz(V_Nr,A_Nr,A_Stück,V_Tag)),
      artikel(A_Nr,A_Name,A_Preis).

aktivität(V_Name,V_Tag,Resultat):-bau_liste(V_Name,V_Tag,[ ],Resultat).
```

## Lösungen zu Aufgabe 8.1

- a) Dieses Prädikat kann nicht abgeleitet werden.

- b) drei

- c) strukt(strukt(strukt(1)))

## Lösung zu Aufgabe 8.2

Stellen wir an das Programm die Anfrage "occur(X,X).", so wird auf dem Bildschirm fortlaufend

$$f(f(f(f(f(f(f(f(f(f(f(f(f(f(f(f(f(f(f(f(f(f(f(f(f(f(f(f(f(f(f(f($$

angezeigt. Außerdem wird die Meldung "trail_overflow", sowie die Antwort "yes" ausgegeben. Der Grund liegt darin, daß die vom "IF/Prolog"-System durchgeführte Unifikation nicht der theoretisch korrekten Definition entspricht. Sie ist aus Effizienzgründen nicht implementiert. Die korrekte Definition enthält noch einen *Vorkommens-Test* (engl.: occur check), durch den verhindert wird, daß Variable mit Prädikats-Argumenten — wie z.B. Strukturen — instanziert werden, in denen die Variable selbst vorkommt. Im Beispiel wird zunächst die Variable "X" mit "f(X)" und dann wiederum die Variable "X" im Argument der Struktur namens "f" mit "f(X)" instanziert usw. Somit entsteht eine zyklische Struktur der Form:

$$f(f(f(f(...f(X)...))))$$

Dies können wir uns an folgendem Schema klarmachen:

$$X:=f(X)$$
$$\quad X:=f(X)$$
$$\qquad X:=f(X)$$
$$...$$

Im "Turbo Prolog"-System ist zusätzlich folgendes zu deklarieren:

```
domains
        argument=symbol;f(argument)
predicates
        occur(argument,argument)
```

## Lösungen zu Aufgabe 8.3

- a) angebot(An,Artikel),
    nachfrage(Na,Artikel),
    write('Anbieter: '),write(An),nl,
    write('Nachfrager: '),write(Na),nl,
    write(Artikel),nl,fail.

- b) angebot(meier,Artikel).

- c) Eine Anfrage wie z.B. "nachfrage(paul,Artikel)." ist nicht sinnvoll,
    da sich dieses Prädikat nur mit einem Fakt unifizieren läßt, der Variable
    als Argumente enthält.


## Lösungen zu Aufgabe 8.4

- a) nord
    [ meier ]

- b) [ meyer ]

- c) [ sportkleidung,kinderkleidung ]


## Lösungen zu Aufgabe 8.5

- a) stationen(zwischen_station(X,ende)).
- b) stationen(zwischen_station(X, zwischen_station(Y,ende))).
- c) stationen(zwischen_station(X, zwischen_station(Y, zwischen_station(Z,ende)))).

Im "Turbo Prolog"-System müssen wir zur Lösung der Aufgabenstellung
folgendes deklarieren:

```
domains
        stadt_liste=zwischen_station(symbol,stadt_liste);ende
predicates
        stationen(stadt_liste)
```

## Lösung zu Aufgabe 8.6

```prolog
/* loes86.pro */
verb(ha,kö).
verb(ha,fu).
verb(kö,ma).
verb(fu,mü).
verb(kö,fu).
verb(kö,mü).
verb(ma,fu).
verb(ma,mü).

tour(Prädikate,[Von,Z|Rest]):-
    ic(Prädikate,verb(Von,Z),Rumpf),
    tour(Rumpf,[Z|Rest]).
tour([ ],[Station]).

ic([verb(Von,Nach)|Rest],verb(Von,Nach),Rest).
ic([verb(Von,Nach)|Rest],verb(Nach,Von),Rest).
ic([Strecke|Rest],Kante,[Strecke|Rest1]):- ic(Rest,Kante,Rest1).

bau_liste(Prädikate):-
    findall(verb(Von,Nach),verb(Von,Nach),Prädikate).

start:-bau_liste(Prädikate),
    write('Gib Abfahrtsort: '),
    ttyread(Von),
    write('Gib 1. Zwischenstation: '),
    ttyread(Z),
    tour(Prädikate,[Von,Z|Rest]),
    write(Von),write(' '),
    write(Z),write(' '),
    write(Rest).
```

Stellen wir an dieses Programm die Anfrage "start." und geben wir z.B.
"ha" als Abfahrtsort und "fu" als 1. Zwischenstation an, so erhalten wir die
Antwort "no" angezeigt. In dieser Situation gibt es *keine* zulässige Tour.
Sollen z.B. beim Abfahrtsort "ma" und der 1. Zwischenstation "kö" *alle*
zulässigen Touren angezeigt werden, so ist das Prädikat "fail" als letztes
Prädikat im Regelrumpf des Prädikats "start" einzusetzen.

## Lösungen zu Aufgabe 8.7

- a) Ergebnis = 33

  Außerdem wird die Instanzierung der Variablen "Anfrage" in der Form

  Anfrage = 33 is 11 '+' 22 ',' write('Ergebnis: ') ',' write(33)

  angezeigt.

- b)

```
dic(ha,kö).
dic(ha,fu).
start:-Anfrage = (dic(Von,Nach),write(Von),write(Nach),nl,fail),
      call(Anfrage).
```

Dabei muß zwischen dem Zeichen "=" und der öffnenden Klammer "(" mindestens ein Leerzeichen "⊔" stehen. Würden wir den Ausdruck

dic(Von,Nach),write(Von),write(Nach),nl,fail

*nicht* einklammern, so würde — nach der Eingabe der Anfrage "start." — zunächst die Variable "Anfrage" mit "dic(Von,Nach)" instanziert und anschließend die Prädikate "write(Von)" und "write(Nach)" abgeleitet. Da die Variablen "Von" und "Nach" nicht instanziert sind, erfolgt eine Ausgabe z.B. in der Form:

_640 _644

Daraufhin wird durch die Ableitung des Prädikats "fail" Backtracking erzwungen. Somit wird das letzte Prädikat "call(Anfrage)" nicht erreicht und abschließend "no" ausgegeben.

- c) Besteht die Wiba aus den beiden Fakten

```
dic(ha,kö).
dic(ha,fu).
```

und stellen wir z.B. eine Anfrage der Form

?- write('Gib Anfrage: '),nl,ttyread(Anfrage),call(Anfrage),fail.

und geben daraufhin "dic(Von,Nach),write(Von),write(Nach),nl." ein, so erhalten wir

**hakŏ**
**hafu**
**no**

angezeigt.

- d)
```
not(Prädikat):-call(Prädikat),!,fail.
not( _ ).
```

## Lösung zu Aufgabe 8.8

```
/* loes88.pro */
dic(ha,kŏ).
dic(ha,fu).
dic(kŏ,ma).
dic(fu,mü).

bau_liste(Basisliste,Ergebnis):-
        dic(Von,Nach),
        retract(dic(Von,Nach)),
        bau_liste([dic(Von,Nach)|Basisliste],Ergebnis).
bau_liste(Gesamt,Gesamt).

anforderung:-bau_liste([ ],Resultat),
        nl,write(' erstellte Liste: '),write(Resultat).
```

## Literaturverzeichnis


BRATKO I.:
Prolog. Programmierung für künstliche Intelligenz, Addison-Wesley Publishing Company, 1986.

CLOCKSIN W.F., MELLISH C.S.:
Programming in Prolog. Springer-Verlag, Berlin Heidelberg New York, 1987.

CORDES R., KRUSE R., LANGENDÖRFER H., RUST H.:
Prolog. Eine methodische Einführung, Vieweg & Sohn, Braunschweig/Wiesbaden, 1988.

IF/PROLOG:
Manual (Version 3.4.0), InterFace Computer GmbH München.

PDC-PROLOG:
User's Guide, Hrsg.: Prolog Development Center, Copenhagen, 1990.

PDC-PROLOG:
Reference Guide, Hrsg.: Prolog Development Center, Copenhagen, 1990.

SCHNUPP P.:
Prolog. Einführung in die Programmierpraxis, Carl Hanser Verlag München Wien, 1986.

TURBO PROLOG:
Benutzerhandbuch, Hrsg.: Heimsoeth software GmbH & Co. Produktions- und Vertriebs-KG, München, 1988.

TURBO PROLOG:
Referenzhandbuch, Hrsg.: Heimsoeth software GmbH & Co. Produktions- und Vertriebs-KG, München, 1988.

# Index

# Logische Grundlagen der Künstlichen Intelligenz

von Michael R. Genesereth und Nils J. Nilsson

*Aus dem Amerikanischen übersetzt und bearbeitet von Michael Tarnowski. 1989. XXIV, 576 Seiten. (Künstliche Intelligenz, hrsg. von Wolfgang Bibel und Walther von Hahn) Kartoniert. ISBN 3-528-04638-4*

Inhalt: Deklaratives Wissen – Inferenz – Resolution – Resolutionsstrategien – Nicht-Monotones Schließen – Induktion – Schlußfolgern bei unsicheren Überzeugungen – Wissen und Glaubenseinstellungen – Meta-Wissen, Meta-Inferenz – Zustände und Zustandswechsel – Planen – Architekturen intelligenter Agenten.

Dieser weitere Band aus der Reihe „Künstliche Intelligenz" ist die deutsche Übersetzung des Lehrbuches, mit dem die Autoren für den Bereich der Informatik, insbesondere das Gebiet der Künstlichen Intelligenz neue Maßstäbe gesetzt haben. Das Buch zeichnet sich dadurch aus, daß nicht nur Fachleuten ein Überblick gegeben wird über den aktuellen Stand des Wissens, sondern auch Interessenten anderer Fachbereiche in die Thematik eingeführt werden. Ein anspruchsvolles und spannendes Buch gleichermaßen. Ein Standardwerk der Logik- und Informatikliteratur.

Verlag Vieweg · Postfach 58 29 · D-6200 Wiesbaden

**vieweg**

# LISP

Fallbeispiele mit Anwendungen in der Künstlichen Intelligenz

von Rüdiger Esser und Elisabeth Feldmar

*Hrsg. von Paul Schmitz. 1989. XII, 250 Seiten. (Künstliche Intelligenz, hrsg. von Wolfgang Bibel und Walther von Hahn) Kartoniert. ISBN 3-528-03585-X*

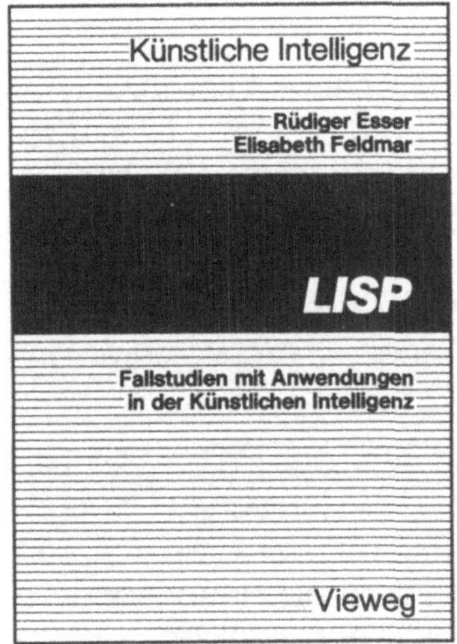


Inhalt: Editor – Suchalgorithmus für Zustandsräume – Suchen in Spielbäumen – Parser für natürliche Sprache – Computeralgebra – Platten Matching.

Mit diesem Buch soll Lesern, die bereits über Grundkenntnisse in LISP verfügen, anhand instruktiver Beispiele aus typischen Anwendungsgebieten gezeigt werden, wie sie LISP effektiv einsetzen können. Durch den Schwerpunkt „Anwendungen in der Künstlichen Intelligenz" ist das Buch nicht nur ein LISP-Lehrbuch, sondern auch eine Einführung in ausgewählte Gebiete der Künstlichen Intelligenz. Im Unterschied zu anderen LISP-Publikationen wird auf eine ausführliche Kommentierung der Programme Wert gelegt. Den Schluß der Kapitel bilden Übungsaufgaben, deren Lösungen im Anhang skizziert sind.